工业锅炉系列丛书

锅炉热工测试技术

吴江全　钱　娟　曹庆喜　主编

哈尔滨工业大学出版社

内容提要

本书详细介绍了与锅炉热工测试有关的参数测量仪表及分析仪器,包括压力测量、温度测量、流量测量、物位测量、煤灰分析、气体分析等仪表。本书主要阐述这些仪器的结构、工作原理、安装及使用注意事项等内容,还重点介绍了锅炉热效率测试方法、锅炉能效测试与评价。本书在一定的理论基础之上更注重实用性,对锅炉热工测试实践具有指导作用。

本书可作为高等院校热能、仪表、自动化、电力等相关专业的教材,也可作为相关专业的工程技术人员的参考资料,还可供开展煤的洁净燃烧及污染物减排的科学研究时参考。

图书在版编目(CIP)数据

锅炉热工测试技术/吴江全,钱娟,曹庆喜主编. —哈尔滨:哈尔滨工业大学出版社,2016.9
(工业锅炉丛书)
ISBN 978 - 7 - 5603 - 5205 - 3

Ⅰ.①锅… Ⅱ.①吴… ②钱… ③曹… Ⅲ.①锅炉-热工测量-高等学校-教材 ②锅炉-热工试验-高等学校-教材
Ⅳ.①TK226

中国版本图书馆 CIP 数据核字(2015)第 027298 号

策划编辑　王桂芝
责任编辑　刘　瑶
出版发行　哈尔滨工业大学出版社
社　　址　哈尔滨市南岗区复华四道街 10 号　邮编 150006
传　　真　0451 - 86414749
网　　址　http://hitpress.hit.edu.cn
印　　刷　哈尔滨市工大节能印刷厂
开　　本　787mm×1092mm　1/16　印张 16.5　字数 394 千字
版　　次　2016 年 9 月第 1 版　2016 年 9 月第 1 次印刷
书　　号　ISBN 978 - 7 - 5603 - 5205 - 3
定　　价　38.00 元

前　　言

锅炉是重要的能源转换设备之一。编者根据热工测试技术的发展及节能环保的需要,编写了《锅炉热工测试技术》一书,本书为"工业锅炉系列丛书"之一。

本书分为 8 章:

第 1~3 章主要介绍了压力、温度、流量等物体的基本参数的测量,并对仪器仪表的结构、工作原理、安装与使用注意事项等方面进行了介绍。压力、温度、流量等参数是锅炉热工测试的最基本参数,测量的数据对锅炉热工测试结果具有重要影响。

第 4 章介绍了物位测量及仪表,重点介绍了常用物位测量及仪表的原理、安装与使用注意事项。物位测量主要应用于锅炉运行水位的监视及安全性保障方面,物位是锅炉运行及热工测量时的重要参数。

第 5 章介绍了煤灰的特性参数测定。煤灰是锅炉燃烧系统所独有的,煤的特性对锅炉设计及运行影响很大,灰的特性对锅炉运行也有较大影响;煤灰特性测定的准确性直接影响到锅炉效率的计算准确性。

第 6 章介绍了气体成分测量。气体成分测量主要是对锅炉燃烧产生的烟气成分的测量,烟气成分的数值是锅炉效率的影响因素之一。除了考虑锅炉测试现场的气体成分测量,还要考虑实验室规模的小实验台气体成分的测量。

第 7、8 章介绍了锅炉热工测试方法、锅炉能效测试与评价。这两章主要围绕锅炉效率的测试及能效评价进行详细阐述,其内容与有关标准保持一致。

本书基于刘文铁编写的《锅炉热工测试技术》。锅炉热工测试技术所涉及的仪器仪表类别多、专业面广、内容多而零散、测量原理相互关联度不高,且仪器仪表更新换代迅速。因此,本书除保留传统实用的测量仪器仪表之外,重点介绍了一些精度较高的新型测量仪器仪表。

本书由哈尔滨工业大学吴江全、钱娟、曹庆喜任主编。具体分工如下:吴江全编写第 4 章、第 7 章和第 8 章;钱娟编写第 2 章、第 3 章和第 6 章的部分内容;曹庆喜编写第 1 章、第 5 章和第 6 章的部分内容。黄怡珉、姜宝成等也参加了本书的编写及校对工作,在此表示感谢。

限于编者水平,书中难免存在不足和疏漏,敬请读者批评指正。

编　者

2016 年 5 月

目　　录

第1章 压力测量及仪表

压力是表征热力过程中工质状态的重要的基本参数之一,也是生产过程中的重要参数之一。要保证锅炉及辅助系统和设备安全、经济运行,需要对压力进行监测和控制;要确切、深入地研究传热过程、室内燃烧、热力机械等热物理过程的状况及内部机理,也需要比较精确地得到其压力及压力分布的数值。

压力是指流体在单位面积上的垂直作用力,即物理学上的压强,工程中一般把压强称为压力。

在国际单位制和我国法定计量单位中,压力的单位是帕斯卡,简称帕,符号为 Pa,1 Pa = 1 N/m²,即 1 N 的力垂直均匀作用在 1 m² 的面积上,所形成的压力即是 1 Pa。工程应用中也使用工程大气压、毫米汞柱、毫米水柱等单位,不同单位与法定计量单位的换算关系见表 1.1。

表 1.1 压力单位换算表

单位名称	符号	与 Pa 的换算关系
工程大气压	kgf/cm²	1 kgf/cm² = 9.81×10⁴ Pa
标准大气压	atm	1 atm = 1.013 25×10⁵ Pa
巴	bar	1 bar = 1.0×10⁵ Pa
磅力/英寸²	psi	1 psi = 6.895×10³ Pa
毫米汞柱	mmHg	1 mmHg = 1.33×10² Pa
毫米水柱	mmH₂O	1 mmH₂O = 9.81 Pa

运动着的流体压力是指流体的滞止压力,即静压力与动压力之和($p = p_j + p_d$)。动压力 p_d 在流体流动速度低于 60 m/s 时,其计算式为

$$p_d = \frac{W^2 \rho}{2} \qquad (1.1)$$

式中　p_d —— 流体动压力,Pa;

　　　W —— 流体流速,m/s;

　　　ρ —— 被测介质的密度,kg/m³。

若流体在高速($M = \dfrac{W}{a} > 0.2$,其中 a 为该介质中的声速)运动时,动压力的计算式为

$$p_d = p_j \left(\frac{W^2}{2} \cdot \frac{1}{RT} \cdot \frac{k-1}{k} + 1 \right)^{\frac{k}{k-1}-1} \qquad (1.2)$$

式中　p —— 流体动压力,Pa;

　　　p_j —— 流体静压力,Pa;

k —— 被测介质的绝热指数,蒸汽为 1.3,空气和双原子气体为 1.4,单原子气体为 1.67;

R —— 介质的气体常数;

T —— 被测介质的绝对温度,K。

压力测量的仪表简称压力计或压力计。它按不同的用途和要求,分为指示型、记录型或带有远传变送、报警调节等装置。

在压力测量中,常有表压、绝对压力、负压或真空度之分。工业上压力测量的指示值,均为表压;所谓绝对压力值即为表压和大气压力之和;低于大气压力的压力值称为负压或真空度。它们之间的关系如图 1.1 所示。

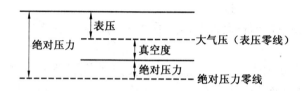

图 1.1 表压、绝对压力及真空度的关系

根据测量原理的不同,压力测量仪表主要有液柱式压力计、弹性式压力计、电气式压力计、负荷式压力计等。

压力计的精度等级,是以允许误差占压力计量程的百分率来表示的,数值越小,其精度越高。精密型压力计的精度等级分别为 0.1,0.16,0.25,0.4 级;一般型压力计的精度等级分别为 1.0,1.6,2.5,4.0 级。

1.1 液柱式压力计

液柱式压力计一般用水银、水或酒精等作为工作液,以流体静力学原理为基础,把被测压力转化为液柱高度来实现压力测量。由于液体式压力计具有结构简单、制造较容易、使用方便、比较直观、测量可靠、精度较高、价格便宜等特点,因此在低压、负压或真空度测试中都得到了广泛应用。

1.1.1 U 形液柱式压力计

1. 工作原理

U 形液柱式压力计,是最简单且能准确地测量压力、负压和压差的仪表。如果 U 形管一端通大气,另一端接通被测压力,这时便可通过测量左、右两管中的液体液位差 h 来测得压力值,如图 1.2 所示。

根据流体静力平衡原理可知,在 U 形管截面上,左边被测压力 p 作用在液面上的力与右边一段高度为 h 的液柱和大气压力 p_a 作用在液面上的力平衡,即

$$(\gamma_1 h + p)A = (\gamma h + p_a)A$$

式中 A —— U 形管内孔截面积,m^2;

γ —— U 形管内所加工作液的重度,N/m^3;

γ_1 —— U 形管内工作液面上流体的重度，N/m^3；

p —— 被测压力，N/m^2；

h —— U 形管左、右两液柱的高度差，mm；

p_a —— 大气压力，N/m^2。

由上式可得

$$h = \frac{1}{\gamma - \gamma_1}(p - p_a) = \frac{1}{\gamma - \gamma_1}p_b \qquad (1.3)$$

式中　p_b —— 表压，N/m^2。

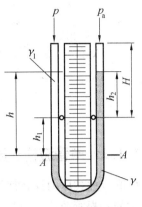

图 1.2　U 形管压力计

由式(1.3)可见，U 形管两边液柱的高度差 h 与被测压力的表压成正比。比例系数 $\frac{1}{\gamma - \gamma_1}$ 取决于工作液与被测流体的重度差。U 形压力计的工作液常用酒精、水、水银、四氯化碳等，取用何种工作液要根据被测压力的大小和被测流体的性质而定。

2. 误差分析

用 U 形管压力计进行压力测量，其误差主要有：

(1)温度误差。

因为环境温度的变化，会引起刻度标尺长度和工作液密度发生变化，一般可把前者忽略，而后者应根据需要进行修正。例如，当水从 10 ℃升高到 20 ℃时，其密度从 999.8 kg/m³ 减小到 998.3 kg/m³，相对变化量为 0.15%。

(2)安装误差。

该种压力计在安装时必须使左、右两管和水平面保持垂直，在无压力作用下两管液柱应处于标尺零位，否则会形成误差。如果 U 形管倾斜 5°，液面高度差与实际值大约相差 0.38%。

(3)重力加速度误差。

由 U 形管压力计的工作原理可知，重力加速度也会对其测量准确度产生影响。对压力测量精度要求较高时，需要准确测出当地的重力加速度，使用地点改变时，也需要对其进行修正。

(4)传压介质误差。

在实际应用中，一般来说，传压介质就是被测压力的介质。当传压介质为气体时，如果与 U 形管两管连接的两个引压管的高度差相差较大，并且气体密度也较大时，必须考虑引压管内传压介质对工作液的压力作用；如果温度变化较大，还需要考虑温度变化对传压介质密度的影响。当传压介质为液体时，不仅要考虑以上各因素，还要保证传压介质和工作液不能发生溶解和化学反应等。

(5)读数误差。

读数误差主要是由 U 形管内工作液的毛细作用引起的。当工作液与压力计管壁接触时，液体分子与固体分子间有一相互附着力，当附着力大于液体分子间的内聚力时，液面出现向下凹的现象，此时读数应以凹面的最低点为基准。当附着力小于液体分子的内聚力时，液面出现向上凸的现象，此时读数以凸面的最高点为基准，如图 1.3 所示。当管内径大于 10 mm 时，U 形管单管读数最大绝对误差一般为 1 mm。

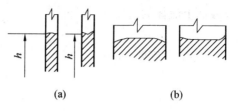

图 1.3 液封表面的形状

1.1.2 单管液柱式压力计

U 形液柱式压力计在使用时需要进行二次读数,容易带来较大的误差,如果将 U 形压力计中的一根管改为大直径的杯,即成为单管液柱式压力计,如图 1.4 所示。

单管液柱式压力计的工作原理和 U 形液柱式压力计相同,只是左边杯子的内径 D 远远大于右边管子的内径 d。左边杯内工作液体积的减少量始终与右边管内工作液体积的增加量相等,所以左边杯内液面的下降远远小于右边管内液面的上升(即 $h_0 < h$)。因为

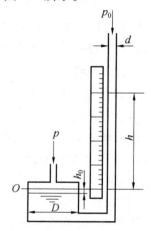

$$\frac{\pi}{4}D^2 h_0 = \frac{\pi}{4}d^2 h \text{ 或 } h_0 = \frac{d^2}{D^2}h$$

则被测压力的表压值 p_b 和液柱高度差值 H 的关系可写成

$$h\left(1 + \frac{d^2}{D^2}\right) = \frac{p_b}{\gamma - \gamma_1}$$

$$h = \frac{p_b}{(\gamma - \gamma_1)\left(1 + \frac{d^2}{D^2}\right)} = Kp_b \qquad (1.4)$$

图 1.4 单管液柱式压力计

由于 $D \gg d$,所以 $K \approx \frac{1}{\gamma - \gamma_1}$,这样就只需进行一次读数,即可得知被测压力值。

例如,当 $D = 100$ mm,$d = 5$ mm 时,则

$$K = \frac{1}{(\gamma - \gamma_1)\left(1 + \frac{d^2}{D^2}\right)} = \frac{1}{1.002\ 5(\gamma - \gamma_1)} \approx \frac{1}{\gamma - \gamma_1}$$

可见,在测量精度要求不太高时,只需以 $\frac{1}{\gamma - \gamma_1}$ 修正(所引起的误差只有 0.25%)即可。只在高精度测量时,才需以 $\frac{1}{(\gamma - \gamma_1)\left(1 + \frac{d^2}{D^2}\right)}$ 修正。

1.1.3 斜管微压计

当所测压力(或压差)很小时,测量管中的液位变化量较小,为了减少读数误差,将垂直测量管倾斜一定的角度,使测量管中液位变化增大,从而达到测量微小压力的目的,如图1.5所示。

假设斜管的倾斜角度为 α,在所测压力的作用下,测压管内的液面在垂直方向升高一定

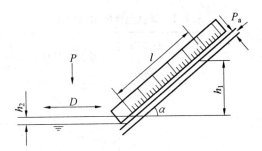

图 1.5　斜管微压计原理

的高度 h_1，而容器内的液面下降 h_2 高度，则两液位的高度差为

$$h = h_1 + h_2 \tag{1.5}$$

式中　$h_1 = L\sin \alpha$。

由于 $LF_1 = h_2 F_2$，所以 $h_2 = L\dfrac{F_1}{F_2} = L\dfrac{d^2}{D^2}$。经整理得

$$h = L\left(\sin \alpha + \frac{d^2}{D^2}\right) \tag{1.6}$$

或

$$\frac{h}{L} = \sin \alpha + \frac{d^2}{D^2}$$

从式（1.6）可以看出，当 α 越小时，测量同样大小的压力，读数标尺上 L 越大，因此，使测压计的灵敏度增加，α 角越小，仪表的灵敏度越大，但测量限度越小。然而，α 角也不能太小，因为 α 角太小时，管内液面拉得太长，使读数不易准确，反而会造成较大误差。

在有些微压计上有 1/2，1/5 等小孔，它表示测压管的斜度，即 $\left(\sin \alpha + \dfrac{d^2}{D^2}\right)\sqrt{0.81} = 1/2$ 等。

斜管微压计可以与测速元件配合，测量流体的速度。

1.2　弹性式压力计

弹性式压力计是用各种弹性元件作为感受件，以弹性元件受力后的反作用力与被测压力平衡。此时弹性元件的变形就是被测压力的函数，可以用测量弹性变形（位移）来测得压力。

目前普遍使用的弹性元件有三类，即薄膜式（包括膜盒式）、波纹管式及弹簧管式。各种弹性元件的结构特性见表 1.2。

由表 1.2 可以看出，各种弹性元件的测量范围几乎包括所有常用压力，其输出参数（应力或位移）全部或部分与被测压力成比例关系。因此仪表可得到线性的标尺。所有弹性元件都有良好的动态特性，其时间常数和自振频率可适应通常热力过程自动调节的要求，所以弹性元件常被作为自动调节器的感受元件。

对于脉动频率较高的压力来说，弹性元件是不适用的。弹性元件的品质在很大程度上取决于材料的性质和加工的质量。一般弹性元件要求使用比较特殊的合金材料，也要求进行严格而复杂的热处理。

表 1.2 弹性元件的结构特性

类别	名称	示意图	测量范围/MPa		输出量特性	动态性质	
			最小	最大		时间常数/s	自振频率/Hz
薄膜式	平薄膜	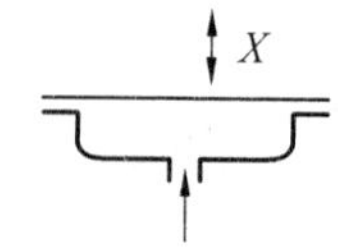	$0 \sim 10^{-2}$	$0 \sim 10^2$	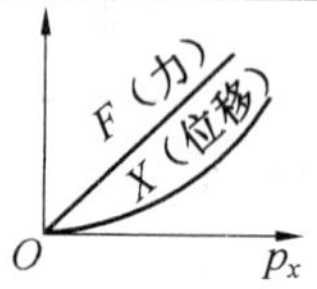	$10^{-5} \sim 10^{-2}$	$10 \sim 10^4$
	波纹膜	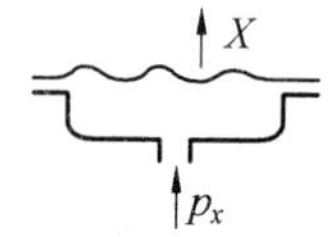	$0 \sim 10^{-6}$	$0 \sim 1$	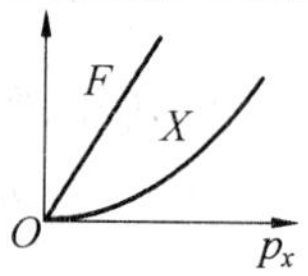	$10^{-2} \sim 10^{-1}$	$10 \sim 100$
	弹性膜	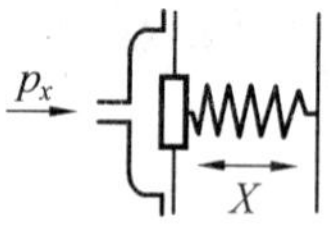	$0 \sim 10^{-6}$	$0 \sim 0.1$	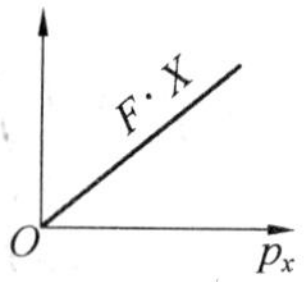	$10^{-2} \sim 1$	$1 \sim 100$
波纹管式	波纹管	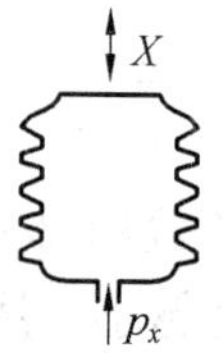	$0 \sim 10^{-6}$	$0 \sim 1.0$	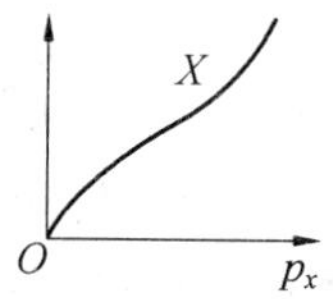	$10^{-2} \sim 10^{-1}$	$10 \sim 100$
弹簧管式	单圈弹簧管	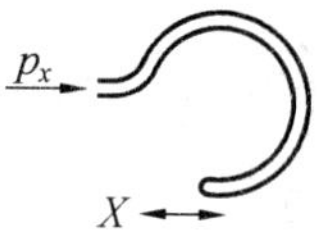	$0 \sim 10^{-4}$	$0 \sim 10^3$	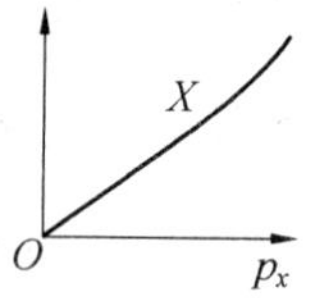		$100 \sim 1\,000$
	多圈弹簧管	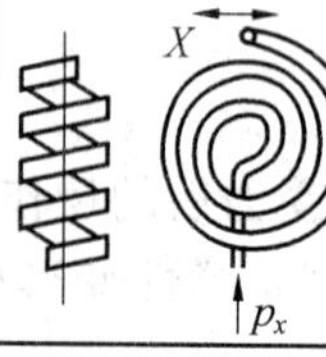	$0 \sim 10^{-5}$	$0 \sim 10^2$	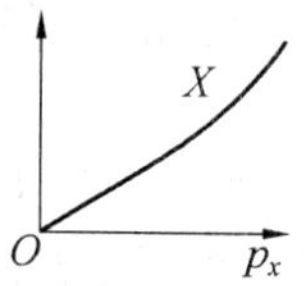		$10 \sim 1\,000$

1.2.1 膜盒式微压计

膜盒式微压计,在工业上被广泛用来测量空气和烟气的压力或负压。它的结构和工作原理如图 1.6 所示。

膜盒式微压计是采用金属膜盒作为压力-位移转换元件。被测压力 P 对膜的作用力与膜盒弹性变形的反力平衡。膜盒 1 在压力 P 的作用下所产生的弹性变形位移由连杆 2 输出,使铰链块 3 做顺时针偏转,再经拉杆 4 和曲柄 5 拖动转轴 6 及指针 7 做逆时针偏转,在板面 8 的刻度标尺上显示出被测压力的大小。游丝 10 用以消除动间隙的影响。由于膜盒位移与被测压力成正比,因此仪器具有线性刻度。

此外,这一类微压计还附有被测压力低于下限或高于上限给定值的声光报警,它的电子线路和装置是一个晶体管高频率振荡器,通过压力指针 7 尾部的金属片 9 出入振荡线圈 L_1L_2 之间,使得振荡器停振或起振,从而控制下限或上限,继电器动作断开或接通声光报警线路,实现下限(或上限)的报警作用。

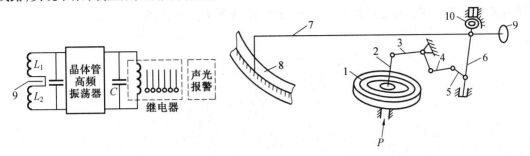

图 1.6　膜盒式微压计的结构及工作原理

1—膜盒;2—连杆;3—铰链块;4—拉杆;5—曲柄;6—转轴;7—指针;8—面板;9—金属片;10—游丝

1.2.2　波纹管式压力计

波纹管式压力计也常被用来测最低压力和负压,采用带有弹簧管的波纹管作为压力-位移的转换元件。它的结构与工作原理如图 1.7 所示。

波纹管 1 本身具有对被测介质的隔离作用和压力的转换作用。压力 p 为作用于波纹管底部的力,与弹簧 2 所产生的弹性反力平衡,弹簧压缩变形位移与被测压力成正比,并由推杆 3 输出,经连杆机构 4 的传动和放大,使记录笔 5 在记录纸 6 上记下被测压力的数值。

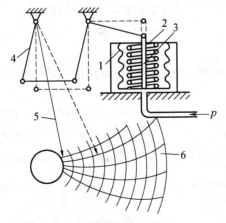

图 1.7　波纹管式压力计的结构与工作原理

1—波纹管;2—弹簧;3—推杆;4—连杆机构;5—记录笔;6—记录纸

1.2.3　弹簧管式压力计

1. 工作原理

如图 1.8 所示,弹簧管是一根扁圆形截面的管子,弯成中心角为 θ 的圆弧形,B 端封闭,A 端接被测压力,如将 A 端固定,则弹簧管在受内压后,其自由端(B 端)就会发生位移,位移最大为 W。这种现象解释如下:

由于管子的截面为扁圆形,其长轴为 a,短轴为 b,短轴与圆弧的平面平行,即 $R-r=b$。其中,R 为圆弧的外半径;r 为圆弧的内半径。

扁圆形的弹簧管内部受压后有变圆的趋势,即长轴 a 变小,短轴 b 变大,圆弧 R 变大。当弹簧管外部受压后有变扁的趋势,长轴 a 变大,短轴 b 变小,圆弧 R 变短。

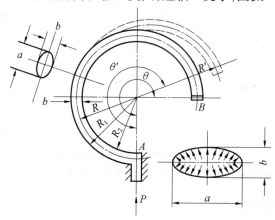

图 1.8　弹簧管的变形和自由端位移

令 R' 为受压变化后的圆弧外半径,r' 为变化后圆弧内半径,则在变化前后的外圆弧长分别为 $R\theta$ 和 $R'\theta'$,变化前后内圆弧长分别为 $r\theta'$ 和 $r'\theta'$,其中 θ' 为圆弧中心角。可以近似地认为变化前后的弧长不变,即

$$R\theta \approx R'\theta', \quad r\theta' \approx r'\theta'$$

于是

$$(R-r)\theta = (R'-r')\theta'$$

$$R-r = b, \quad R'-r' = b'$$

则

$$b\theta = b'\theta' \tag{1.7}$$

由于弹簧管受压后 $b \neq b'$,所以 $\theta \neq \theta'$,即弹簧的自由端 B 要发生一个角位移 $\Delta\theta(\Delta\theta = \theta'-\theta)$。

由上述可以看出,当内部受正压时 $b' > b$,$\Delta\theta$ 为负值,而当内部受负压作用时,$\Delta\theta$ 为正值。如果管截面为圆形,$b' = b$,$a' = a$,于是 $\theta = \theta'$,即不论管弹簧内是否受压,自由端 B 不可能有位移。这就是为什么弹簧管压力计的弹簧管要做成扁圆形截面的原因。

根据弹性变性原理可知,中心角的相对变化值 $\dfrac{\Delta\theta}{\theta}$ 与被测压力 p 成正比。其关系可表示为

$$\frac{\Delta\theta}{\theta} = p\,\frac{1-\mu^2}{E}\frac{R^2}{bh}\left(1-\frac{b^2}{a^2}\right)\frac{\alpha}{\beta+K} \tag{1.8}$$

式中　μ —— 弹簧管材料的泊松比;

　　　E —— 弹簧管材料的弹性模数;

　　　h —— 弹簧管的壁厚;

　　　K —— 弹簧管的几何参数,$K = \dfrac{Rh}{a^2}$;

　　　α,β —— 与 $\dfrac{a}{b}$ 比值有关的系数;

R —— 弹簧管的曲率半径。

式(1.8)仅适用于计算薄壁(即 $h/b<0.720\ 8$)的弹簧管。当其他条件相同时,$\Delta\theta$ 与初始中心角 θ 有关,$\Delta\theta$ 随 θ 的增大而增大。因此,为了要增大弹簧管受压变形时的位移量,可采用螺旋形多圈弹簧管结构,如图1.9所示。

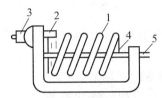

图 1.9　螺旋形多圈弹簧管

1—弹簧管;2—引入管;3—接头;4—杠杆套筒;5—输出轴

2. 结构

单管弹簧压力计的结构如图1.10所示。被测压力由接头9通入,迫使弹簧管1的自由端 B 向外扩张,自由端 B 的弹性变形位移由拉杆2传向扇形齿轮3,使扇形齿轮做逆时针偏转,带动中心齿轮4和指针做顺时针偏转,而指针的偏转度数可以通过面板6上的刻度读出来,该读数就是被测压力的数值。由于被测压力值和弹簧管自由端 B 的位移之间具有正比例关系,因此弹簧管压力计的刻度标尺是线性的。

游丝7是用来克服因扇形齿轮和中心齿轮的间隙所产生的误差。改变调整螺钉8的位置(即改变机械传动的放大系数)可以实现压力计量程的调整。

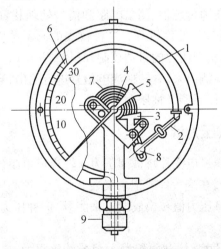

图 1.10　单管弹簧管压力计的结构

1—弹簧管;2—拉杆;3—扇形齿轮;4—中心齿轮;5—指针;6—面板;7—游丝;8—调整螺钉;9—接头

3. 引起误差的因素

弹性压力计造成误差的原因主要是弹性元件的质量变化和传动,如放大机构的摩擦、磨损、变间隙等。

(1)元件的弹性滞后现象。

弹性滞后现象与磁滞现象相似,当被测压力恢复到原来值时,变形都不能恢复原形,而出现如图 1.11 所示的现象。这种现象对于弹簧管特别明显,会造成较大的变差。

（2）元件的弹性衰退。

压力计使用一段时间后,指示值误差会逐渐增大,它主要与弹性元件的热处理有关。

（3）元件的温度影响。

除了元件材料的应力之外,金属材料的弹性模数也会随温度的升高而降低。如果弹性元件直接与较高温度的介质接触或受到其他设备的热辐射影响,弹性压力计的指示值将随之偏高,造成指示值的误差。因此,弹性压力计一般应在温度低于 50 ℃ 的环境下工作,或采取必需的防温隔离措施。

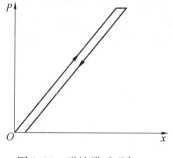

图 1.11　弹性滞后现象

1.3　电气式压力计

一般来说,液柱式压力计和弹性式压力计的安装地点距离被测对象的取压位置不能太远,以免压力信号管道太长而产生信号传递的延迟;而且对于高温高压的被测对象,压力信号管道过长也是不安全的。因此,通常采用各种远传变送装置将感受元件的输出信号就地转变为电信号,然后用导线实现信号的远传。这种能将压力信号转换成电信号进行传输及显示的仪表称为电气式压力计。

电气式压力计通常由压力传感器、测量电路和信号处理装置组成。常用的信号处理装置有指示仪、记录仪、控制器、微处理机等。这种仪表的测量范围较广,可以远距离传送信号,在工业生产过程中可以实现压力的自动控制和报警,并可以与工业控制机联用。压力传感器的作用是把压力信号检测出来,并转换成电信号进行输出,当输出的电信号能够被进一步变换为标准信号时,压力传感器又称压力变送器。

1.3.1　电阻应变式压力计

电阻应变式压力计是通过应变片将被测压力 p 转换成电阻值 R 的变化,再由桥式电路转换成电压(mV)输出信号,在毫伏计或记录仪表上显示出被测压力值。

电阻应变式压力计是将压力值转换成电阻来测量,该种压力计由传感器和检测仪两部分组成。

设有一根金属导线,长度为 L,截面积为 A,则导线电阻为

$$R = \rho \frac{L}{A}$$

当给导线施加一外力,则导线受力后会发生变形,受力变形后的导线的电阻值也发生变化,如果对上式两边取对数,经微分得

$$\frac{\mathrm{d}R}{R} = \frac{\mathrm{d}\rho}{\rho} + \frac{\mathrm{d}L}{L} - \frac{\mathrm{d}A}{A} \tag{1.9}$$

式中　$\dfrac{\mathrm{d}L}{L}$——轴向应变量,用 ε 表示;

$\dfrac{\mathrm{d}A}{A}$——横向应变，$\dfrac{\mathrm{d}A}{A}=-2\mu\varepsilon$。

则

$$\frac{\mathrm{d}R}{R}=(1+2\mu)\,\varepsilon+\frac{\mathrm{d}\rho}{\rho} \tag{1.10}$$

由式(1.10)可以看出，应变片电阻的变化，是随应变片几何尺寸$(1+2\mu)$及随电阻率$\dfrac{\mathrm{d}\rho}{\rho}$改变的结果。对于金属导体，由于$\dfrac{\mathrm{d}\rho}{\rho}$极小，可以忽略，因此$\dfrac{\mathrm{d}R}{R}\approx(1+2\mu)\,\varepsilon$。

衡量电阻片的灵敏度，通常以灵敏系数$K=\dfrac{\mathrm{d}R/R}{\varepsilon}$表示。对于金属导体$K\approx1+2\mu$，对于半导体材料$K\approx\pi E$。其中，$\pi$为半导体材料的压电电阻系数；$E$为半导体材料的弹性模数。

1.3.2 应变片式压力传感器

BPR-2 型和 BPR-3 型膜片-圆筒式压力传感器就是应变片式压力传感器中的一种类型，如图 1.12 所示。

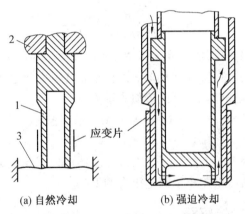

(a) 自然冷却　　　　　　　(b) 强迫冷却

图 1.12　膜片-圆筒式压力传感器
1—应变筒；2—外壳；3—不锈钢密封膜片

应变筒 1 上端与外壳 2 固定在一起，它的下端与不锈钢密封膜片 3 紧密接触，两片 PJ-320 型康铜丝应变片 R_1 和 R_2 用特殊胶合剂紧贴在应变筒外壁上，R_1 沿应变筒的轴向贴放，作为测量片，R_2 沿应变筒的径向贴放，作为温度补偿片。应变片与筒体之间应不产生相对滑动，并且保持电气绝缘。当被测压力作用于不锈钢膜片而使应变筒做轴向受压变形时，沿轴向贴放的应变片 R_1 也将产生轴向压缩应变 ε_1，于是 R_1 电阻值变小；而沿径向贴放的应变片 R_2，由于本身受到横向压缩，将引起纵向拉伸应变 ε_2，故 R_2 电阻值变大。但是，由于 ε_2 远比 ε_1 小，故 R_1 电阻值减小量比 R_2 电阻增加量大。

1.3.3 电阻应变压力传感器测量电路

一般来说，电阻应变压力传感器中电阻应变片的灵敏度系数 K 均较小$(K\approx2)$，机械应变范围一般为 $10^{-6}\sim10^{-3}$，故电阻应变片的电阻变化范围为$(10^{-4}\sim5\times10^{-1})\,\Omega$，因而测量电路应当能精确测量出这些小的电阻变化，所以在电阻应变压力传感器中，最常用的电路是桥式测量电路。电阻应变压力传感器的桥式测量电路如图 1.13 所示。

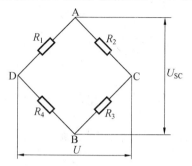

图 1.13　电阻应变压力传感器的桥式测量电路

应变片 R_1，R_2 作为电桥中相邻的两臂，R_3，R_4 两电阻作成相邻的另两臂，组合成测量电桥。电桥 AB 端的输出电压为 U_{sc}；从电桥 CD 端接入工作电压 U。当 4 个电阻达到某一定值时，$U_{sc} = 0$，否则就有电压输出，用灵敏度较高的检流计来测量，这就实现了精确测量电阻值的微小变化量。

一般情况下，U_{sc} 和 U 的关系为

$$U_{sc} = \frac{R_1 R_3 - R_2 R_4}{(R_1 + R_2)(R_3 + R_4)} U \tag{1.11}$$

为了使测量前 $U_k = 0$，只需使 $R_1 R_3 = R_2 R_4$，所以如恰当地选用各桥臂的电阻，使输出电压只与应变片的电阻有关。在实际使用时，由于桥臂电阻变化远远小于本身值（$r_i \ll \Delta r_i$），桥负载电阻无限大时，输出电压 U_{sc} 可以近似表示为

$$U_{sc} = \frac{r_1 r_2}{(r_1 + r_2)^2} \left(\frac{\Delta r_1}{r_1} - \frac{\Delta r_2}{r_2} + \frac{\Delta r_3}{r_3} - \frac{\Delta r_4}{r_4} \right) U \tag{1.12}$$

当桥路供电压最大为 10 V（直流）时，压力传感器可以得到最大达 5 mV 的直流输出信号。传感器的非线性及滞后误差小于额定压力的 1%。

1.3.4　电感式压力传感器

1. 自感式压力传感器的工作原理

当一个线圈中电流 I 发生变化，该电流所产生的磁通 Φ 也随之变化，因而线圈本身产生感电动势 e_L，这种现象称为自感，产生的感应电势称为自感电势。由法拉第电磁感应定律可知，每匝线圈产生的感应电动势为

$$e'_L = -\frac{\Delta \Phi}{\Delta t}$$

如有一线圈匝数为 w 时，则整个线圈孤自感电动势为

$$e_L = w e'_L = -w \frac{\Delta \Phi}{\Delta t} = -\frac{\Delta \Psi}{\Delta t} \tag{1.13}$$

式中　Ψ —— 全磁通或磁链，其值为 $\Psi = w\Phi$。

磁通 Ψ（磁链 Ψ）与电流 I 成正比，其比例常数 L 称为磁感系数，或称电感。其值为

$$L = \frac{\Psi}{I} = \frac{w\Phi}{I} \tag{1.14}$$

因此

$$e_L = -L\frac{\Delta I}{\Delta t} \tag{1.15}$$

电感的单位为欧姆·秒($\Omega \cdot s$),也称为亨利(H)。由于

$$\left.\begin{aligned} \Phi &= \frac{wI}{\sum\limits_{i=1}^{w} R_{mi}} \\ \sum_{i=1}^{n} R_{mi} &= \sum_{i=1}^{n} \frac{l_i}{\mu_i S_i} \end{aligned}\right\} \tag{1.16}$$

式中　　$\sum\limits_{i=1}^{n} R_{mi}$—— 磁路的总磁阻;

l_i—— 第 i 段磁路的平均长度,cm;

S_i—— 第 i 段磁路的横截面积,cm^2;

μ_i—— 第 i 段磁路的磁导率,H/cm;

n—— 磁路的系数。

将式(1.16)代入式(1.14),得

$$L = \frac{w^2}{\sum\limits_{i=1}^{n} R_{mi}} = \frac{w^2}{\sum \frac{l_i}{\mu_i S_i}} \tag{1.17}$$

从式(1.17)可看出,电感决定于线圈匝数、磁路的几何尺寸与介质的磁导率。

图 1.14 为自感传感器原理图。它由线圈 1、铁芯 2 和衔铁 3 组成。线圈套在铁芯 2 上,铁芯与衔铁之间有一空气间隙,空气间隙厚度为 δ。传感器的运动部分与衔铁相连,当运动部分发生位移时,空气间隙厚度发生变化,从而使电感值发生变化。电感值的变化可表示为

$$L = \frac{w^2}{\sum R_m} \tag{1.18}$$

式中　　$\sum R_m$—— 以平均长度表示的磁路的总磁阻。

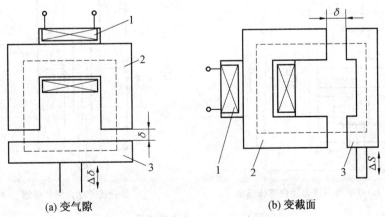

(a) 变气隙　　　　　　　　　(b) 变截面

图 1.14　自感传感器原理图

1— 线圈;2— 铁芯;3— 衔铁

空气间隙很小时,可以不考虑磁路的损失,则总磁阻为

$$\sum R_{\mathrm{m}} = \sum \frac{l_i}{\mu_i S_i} + \frac{2\delta}{\mu_0 s} \tag{1.19}$$

式中　μ_0—— 空气间隙的磁导率($\mu_0 = 4\pi \times 10^{-9}\,\mathrm{H/cm}$);

　　　　s—— 空气间隙的横截面积,cm^2。

由于一般导磁体的磁阻比空气间隙磁阻小很多($\mu_i \ll \mu_0$),因此计算时可以忽略,则式(1.18)可写成

$$L = \frac{w^2 \mu_0 s}{2\delta} \tag{1.20}$$

由式(1.20)可以看出,电感量与空气间隙厚度成反比,与空气间隙面积成正比。因此,改变空气间隙的厚度或空气间隙的面积,都可使电感量变化。图1.15所示为自感传感器的特性曲线。

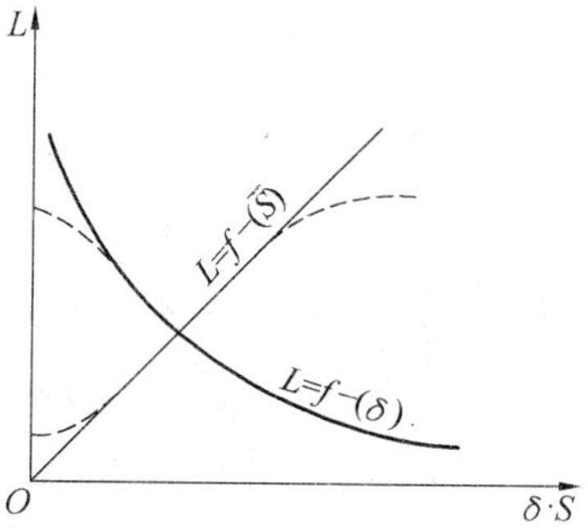

图 1.15　自感传感器的特性曲线

2. 差动自感传感器

由于自感传感器具有难以克服的缺点,所以实际应用中常采用差动自感传感器。差动自感传感器是将两个直接自感传感器和一个公共衔铁结合在一起的一个传感器,如图1.16所示。在图1.16中,当衔铁的位移为零时,衔铁处在中间位置,两线圈电感相等,负载Z_{f2}上就没有电流,此时$I_1 = I_2$,$\Delta I = 0$,输出电压$U_{sc} = 0$。当衔铁有位移时,一个自感传感器的空气间隙增加,另一个则减小,从而使一个自感传感器的电感值减小,而另一个增加,此时$I_1 \neq I_2$,在负载Z_{f2}上产生电流和输出电压U_{sc},其电流ΔI或输出电压的大小即可表示衔铁的位置,输出电压U_{sc}的极性的不同也可表明衔铁的移动方向不同。这样根据输出电压的大小和极性,就可知道自感传感器衔铁位移的大小和方向。

差动自感传感器对于抗干扰、电磁吸力有一定的补偿作用,能改善特性曲线的非线性度等。

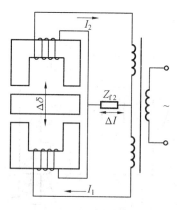
(a) 变气隙厚度差动自感传感器

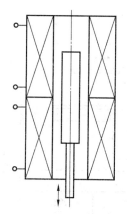
(b) 螺管式差动自感传感器

图 1.16　差动自感传感器

图1.17就是BYM型自感压力器的结构和原理图,当被测压力p变化时,弹簧管的自由端产生位移,带动与自由端刚性相连的衔铁2移动,使传感器线圈5和6中的一个电感增

加,另一个减少,线圈 5 和 6 分别装在铁芯 3 和 4 上,调节螺钉 7 用来调节传感器的机械零位,测量出传感器输出信号的大小和极性,就可知道压力的大小和压力的变化方向。所以这种传感器不但能测量压力的大小,还可用来测量压差。

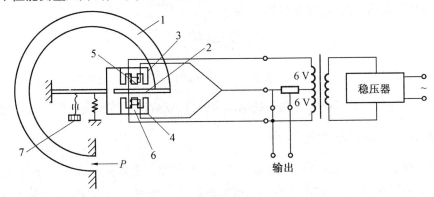

图 1.17　BYM 型自感压力传感器的结构和原理
1—弹簧管;2—衔铁;3,4—铁芯;5,6—线圈;7—调节螺钉

1.3.5　电容式压力传感器

由于电容传感器具有结构简单、抗振、耐用、稳定性好、灵敏度高等优点,因此被应用于压力的测量。

由两平行极板组成的电容器,如果忽略其边缘效应,其电容量可表示为

$$C=\frac{\varepsilon_0\varepsilon_r s}{d}=\frac{\varepsilon s}{d} \tag{1.21}$$

式中　s —— 极板相互遮盖的面积,m^2;

　　　d —— 两平行极板间的距离,m;

　　　ε —— 极板间介质的介电常数,F/m;

　　　ε_r —— 极板间介质的相对介电常数,F/m;

　　　ε_0 —— 真空的介电常数,为 8.85×10^{-12},F/m。

由式(1.21)可见,在 ε_r,s,d 三个参量中,只需保持两个不变,改变其中一个,就可使电容量 C 变化,这就是电容传感器的工作原理,如图 1.17 所示。图 1.17 中,极板 1 为固定片,极板 2 为动片,当动片(极板)2 受被测量压力作用时,极板 2 发生位移,改变了两极板之间的距离,从而使电容量发生变化。

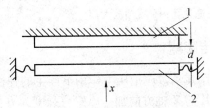

图 1.18　电容式压力传感器原理图
1—固定片极板;2—动片极板

设动片 2 未动时的电容量为

$$C_0 = \frac{\varepsilon s}{d_0}$$

当动片 2 移动 x 值后,其电容值 C_x 为

$$C_x = \frac{\varepsilon s}{d_0 - x} \tag{1.22}$$

由式(1.22)可见,电容量 C 与被测量 x 不呈线性关系。但是电容器的容抗 $X_C = \frac{1}{wC}$ 与 x 呈线性关系。因此,如果电容传感器的输出为容抗,就解决了传感器输出的线性化。

1.3.6 振筒式压力传感器

图 1.19 是一种振筒式压力传感器示意图。当忽略介质密度时,筒内外腔在任一压差作用下,由于电路开启,电干扰的冲击作用或机械扰动作用等,均通过激磁线圈 3 和激磁电磁铁磁芯 2 给振筒壁 1 以冲击力,振筒壁 1 做自由振动。这时振筒壁 1 和检测电磁铁磁芯 5 之间的间隙发生变化,在检测线圈 4 中产生感应电势,经放大移相后又正反馈给激磁线圈 3。当正反馈能量和扩散能量相等时,得到一稳定的自激振荡,其自激振荡频率接近于筒的自由振动频率(忽略了电磁影响)。当筒内外腔压差不同时,内力引起的振动反力就不同,于是自振频率也就不同,这就可以由其频率的变化量测得压差的变化量。以该原理制成的压力计,精度可达千分之几到万分之几。

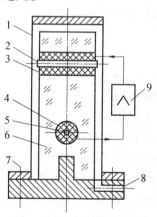

图 1.19　振筒压力传感器

1—振筒壁;2—激磁电磁铁磁芯;3—激磁线圈;4—检测线圈;5—检测电磁铁磁芯;6—芯柱;7—紧固螺钉;8—通气孔;9—反馈放大器

1.3.7 霍尔式压力传感器

霍尔式压力传感器是利用霍尔效应把压力作用下产生的弹性原件位移转换为电势输出的传感器。在半导体单晶薄片的 Z 轴方向加一磁感应强度为 B 的恒定磁场,在 Y 轴方向加一定大小的恒定电流 I。根据左手定则可知,在 X 轴方向上晶体的两个端面就会产生电势,这种现象称为霍尔效应,所产生的电势称为霍尔电势。该单晶片称为霍尔元件或霍尔片。

产生霍尔电势的原因:在半导体片中流过控制电流 I 时,电子受到磁场力(通过左手定

则可判定力的方向)的作用,其运动方向(与电流方向相反)发生偏移,在半导体片的一个横端面上形成电子累积而显示负电性,在另一横端面上缺少电子而显示正电性,因此在两个端面之间形成了一个电场,进而产生了电场力,而电场力会阻止电子运动方向的偏转。当磁场力与电场力相平衡时,形成了稳定的霍尔电势。控制电流 I 越大,磁场越强,偏转的电子就越多,霍尔电势也就越大。它们之间的关系可表示为

$$U_{\mathrm{H}} = R_{\mathrm{H}}BI \qquad (1.23)$$

式中　U_{H}—— 霍尔电势;

　　　R_{H}—— 霍尔系数,与霍尔元件的材料、尺寸等有关;

　　　B ——磁感应强度;

　　　I ——控制电流。

当选定了霍尔元件,并使电流大小保持恒定值时,那么在非均匀的磁场中,霍尔元件所受到的磁感应强度与其所处的位置有关。因此,可以得到与位移成比例的霍尔电势,实现位移–电势的线性转换。

如果将霍尔元件与弹簧管组合,就可构成霍尔片式弹簧管压力传感器,如图 1.20 所示。被测压力通过压力导入管 5 自弹簧管 3 的固定端 4 引入,弹簧管的自由端与霍尔片 2 相连接,在霍尔片的上、下方垂直放置两对磁极,使霍尔片处于两对磁极建立的非均匀磁场中。霍尔片的四个端面引出四根导线,其中与磁钢 1 相平行的两根导线与直流稳压电源相连接,另两根导线用来输出信号。

当引入被测压力 p 后,在被测压力的作用下,弹簧管自由端就会产生位移,霍尔片在非均匀磁场中的位置发生变化,形成与被测压力成正比的霍尔电势,实现压力的远传和控制。

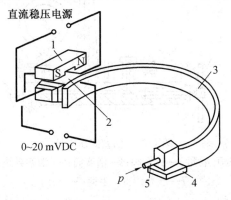

图 1.20　霍尔片式弹簧管压力传感器
1—磁钢;2—霍尔片;3—弹簧管;4—固定端;5—压力导入管

1.4　活塞式压力计

活塞式压力计应用范围广、结构简单、稳定可靠、准确度高、重复性好,能够测量正压、负压或者绝对压力;既可作为检验、标定压力计和压力传感器的标准仪器,又可作为一种标准压力发生器,在压力基准的传递系统中占有非常重要的地位。

1.4.1　结构和工作原理

活塞式压力计既是一种标准压力测量仪器,又是一种压力发生器,其结构如图 1.21 所示。

活塞式压力计利用传压介质的静力平衡原理,摇动手柄 8,挤压传压介质使管路中压力增加到 p,该压力值传给活塞 5 的底部,使其向上升,若在活塞顶部的托盘 6 上加以砝码,其重力和螺旋压力发生器所发出的压力达到平衡,则螺旋压力发生器所产生的力为

$$pA = (m_1 + m_2 + m_3)\, g$$

因此

$$p = (m_1 + m_2 + m_3)\, g/A \tag{1.24}$$

式中　　A —— 测量活塞 5 的面积,m^2;

　　　　m_1, m_2, m_3 —— 活塞、托盘和砝码的质量,kg;

　　　　g —— 活塞压力计使用地点的重力加速度。

当用来校验压力计时,螺旋压力发生器发出的压力 p,除传至活塞 5 外,同时打开阀门 9,使压力传给弹簧压力计 7。砝码等质量为标准值,压力计显示值为测量值。这就是常用标准值校验测量值的过程。

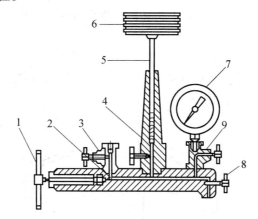

图 1.21　活塞式压力计

1—加压泵;2—传压介质;3—针形阀;4—活塞筒;5—活塞系统;6—砝码及托盘;
7—压力计;8—手柄;9—阀门

1.4.2　误差分析

(1)重力加速度的影响。

重力加速度受当地的海拔、纬度影响,计算或校准时应采用使用地点的重力加速度。

(2)空气浮力的影响。

考虑空气对砝码存在浮力的影响,需要在式(1.24)中引入如下空气浮力修正因子:

$$K_1 = 1 - \frac{\rho_1}{\rho_2} \tag{1.25}$$

式中　　ρ_1, ρ_2 —— 当地空气和砝码的密度,kg/m^3。

可见,如果忽略空气浮力的影响,所测压力值会偏大。

(3)温度变化的影响。

如果环境温度不是 20 ℃,则需要在式(1.24)中对温度进行修正。

1.4.3　使用注意事项

(1)使用前需要检查各个油路畅通与否,密封处需要紧固,不能有漏油或者堵塞现象。

(2)活塞压力计底盘应调置水平。进入活塞筒中的活塞长度占活塞全长的 2/3 ~ 3/4。

(3)不同压力计的专用砝码不能互换。在加减砝码之前先关闭与活塞连通的阀门,确认所加减砝码无误后,再打开阀门。

1.5　压力计的选用、校验和安装

应根据使用要求、技术条件等具体情况来合理选择压力计的种类、型号、量程和精度级别等。压力计的合理选用与安装关系到测量结果的精确性和仪表的使用寿命等方面,是非常重要的环节。在长期使用中,压力计会因为弹性元件疲劳、传动机构磨损以及化学腐蚀等因素产生测量误差,所以需要对仪表进行定期校验。新仪表在安装使用之前也应该进行校验。

1.5.1　压力计的选用

压力计的选用需要考虑压力测量的精度、被测压力的高低、压力测量范围、被测介质的性质、现场环境条件、仪表信号输出的要求等因素。

1. 被测介质压力大小

测量微压(几百至几千帕),采用液柱式压力计或膜盒压力计较为合适;如果被测介质压力不大,在 15 kPa 以下,宜采用 U 形管压力计或单管压力计、膜盒压力计;测高压(大于50 kPa),采用弹簧管压力计较适合;如果要测量快速变化的压力,宜选用电气式压力计。

2. 被测介质的性质

被测对象是氨、酸及其他腐蚀性介质,需要采用防腐压力计,如以不锈钢为膜片的膜片压力计;被测对象是易结晶、黏度大的介质,宜采用膜片压力计;被测对象是氧、乙炔等介质,则需要采用专用压力计。

3. 使用环境

在爆炸性气氛环境下使用电气压力计时,必须采用防爆型压力计;机械振动较大,需要采用船用压力计。

4. 仪表信号输出的要求

仅就地观察压力变化,宜采用弹簧管压力计;需要远传,宜采用电气式压力计;需要报警或位式调节,宜采用带电接点的压力计。

1.5.2　压力计量程的选择

为了保证压力计在安全的范围内可靠工作,被测对象有可能发生异常超压的情况,压力计量程的选择必须留有余量。

一般被测压力的最大值不超过压力计满量程的 3/4,但是在测量波动较大的压力时,最高压力值不超过压力计满量程的 2/3;测量高压时,不宜超过满量程的 3/5。被测压力的最低值不应低于压力计满量程的 1/3。如果被测压力变化范围很大,最小和最大工作压力有可能无法同时满足上述要求,则应该优先满足最大工作压力的要求。

压力检测仪表统一的量程系列为 1.0 kPa,1.6 kPa,2.5 kPa,4.0 kPa,6.0 kPa 以及它们的 10^n(n 为整数)倍。

1.5.3　压力计的安装

正确安装和选择合适的取压点,可以减少压力测量中的误差,为此,安装压力计时必须要注意以下几点:

(1)压力计的传压管(导压管)的安装位置不宜受到高温和振动的影响,传压管应尽可能短而直,粗细要合适,一般内径为 6~13 mm,长度应尽可能短,最长不得大于 50 m,以减轻压力指示的迟缓。传压管应具有虹吸管或类似虹吸管的装置,如图 1.22 所示,避免蒸汽和其他高温介质直接与弹性元件接触。

(2)若有较长的传压连接管时,必须在仪表前且靠近取压口的地方装接三通考克阀。三通考克阀的作用:一是可以切断通路,以便对仪表调整和调零;二是可冲洗连接管路。

(3)传压管路应严密不漏。传压管水平安装时应保证有(1∶10)~(1∶20)的倾斜度,以利于排出积存于其中的液体(或气体)。当被测介质易冷凝或冻结时,传压管必须保温。

(4)仪表的装设地点,应保证便于检修和观察。取压点应该选在被测介质流动的直线管道上,远离局部阻力件;测量气体介质时,取压口一般位于管道上部;测量蒸汽时,一般位于管道的两侧,这可保持测量管路内有稳定的冷凝液,并防止管道底部的固体介质进入测量管路和仪表;测量液体时,取压口一般应位于管道下部,这可使从液体内析出的少量气体顺利地返回管道,而不进入测量管路和仪表。

(5)一般取压口应为垂直于容器或管道内壁面的圆形开口。取压口轴线应尽量垂直于流线,偏斜度应小于 5°~10°。取压口应光滑。

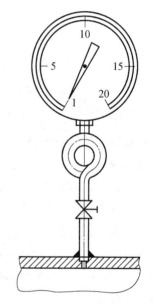

图 1.22　压力计的安装

(6)当压力计的中心位置与测点位置的垂直高度相差很大时,压力计的读数要考虑传压管内液柱垂直高度的修正。

(7)应根据被测压力的大小和介质的性质,选择压力计连接处的密封垫片,以防泄漏。低于 80 ℃,2 MPa,一般用牛皮或橡胶垫片;不高于 450 ℃,5 MPa,可用石棉或铝垫片;温度、压力更高时,用退火紫铜或铝垫片。测量氧气介质时,不可以使用浸油垫片和有机化合物垫片;测量介质为乙炔、氨时,不能用铜垫片。

1.5.4　压力计的校验

压力计在出厂前、新表安装前以及经过长期使用后均要经过校验,使之满足准确度等级要求。

压力计的校验是在标准条件下,采用适当标验等级的校验仪器(标准表等),对仪表重复(不少于三次)进行全量程逐级加载和卸载测试,获得各次校准数据,以确定仪表的基本性能指标和准确度的过程。

1. 校验条件

环境要求:温度(20±5)℃,湿度不超过 80%,大气压力(1.01±0.106)×10⁵Pa,无振动冲击。

2. 校验方法

一般有两种校验方法:一种是在相同条件下把被校表与标准表的示值进行比较;另一种是将被校表的示值与标准压力进行比较。压力计、压力传感器及变送器,都可以采用这两种方法进行校验。在被校表的测量范围内,应均匀地选择至少五个校验点,其中必须包括零点和终点。

3. 标准表的选择原则

标准表的允许绝对误差应小于被校表的允许绝对误差的 1/5 ~ 1/3。被校压力计示值与标准压力值比较的方法主要用于校验 0.2 级以上的精密压力计。

压力校验仪器主要包括有活塞式压力计、液柱式压力计、配有高准确度标准表的压力校验泵。

第2章 温度测量及仪表

2.1 温度测量的一般概念

温度是重要的热工参数之一,物质的很多物理性质与温度有关系。锅炉在调试、试验、热工测试及运行等方面,都要对锅炉中蒸汽、水、空气、烟气、炉膛的温度等进行测量。例如,流体的密度及黏度,锅炉受压元件的强度等都与温度有关;在锅炉的运行过程中,炉膛温度、烟气温度都直接影响到锅炉的热效率。可见,温度测量对保证安全运行、经济生产都有着很重要的意义。常用的测温仪表有玻璃温度计、压力计式温度计、热电偶高温计及热电阻温度计等。

2.1.1 温度

温度是表征物体冷热程度的物理量。物体温度的高低反映了物体内部分子做无规则热运动平均动能的大小。

温度不能直接加以测量,只能借助于冷热不同的物体之间的热交换,以及温度传感器的某些物理性质随冷热程度不同而变化的特性来加以间接测量。

2.1.2 温标

温标,即温度的标尺,或者称为温度单位制。温标的种类很多,目前国际上采用较多的温标有摄氏温标、华氏温标、热力学温标和国际实用温标。

1. 摄氏温标

摄氏温标是根据液体(水银)受热后体积膨胀的性质建立起来的。摄氏温标规定标准大气压下纯水的冰点定为 0 ℃,水的沸点为 100 ℃,从 0 ℃ 到 100 ℃ 之间划分 100 等份,每一等份为摄氏 1 度,单位为℃,水的三相点(水的固相、液相和气相三相平衡状态)温度为 0.01 ℃。摄氏温标是日常工作生活中最常用的温标。

2. 华氏温标

历史上最早出现的是华氏温标,是德国人华伦海特(D. G. Fahrenheit)大约在 1710 年提出的。华氏温标规定标准大气压下纯水的冰点为 32 ℃,水的沸点为 212 ℃,中间等分 180 格,每格为华氏 1 度,单位为℉。

用摄氏温标和华氏温标表示温度的数值都与温度计所采用的物质的性质有关,如水银纯度、玻璃管的材质等,而且测温的上限与下限都受到限制。因此不能严格地保证世界各国所采用的基本测温单位完全一致。

3. 热力学温标

随着科学技术的发展,人们想找到一种与物质的任何物理性质无关的温标,建立一个基本温标来统一温度测量。热力学温标是在热力学第二定律的基础上引入的一种与测温物质特性无关的更为科学而严密的温度标尺,是 1848 年英国著名的科学家开尔文(Kelvin,Lord William Thomson)提出的。用该温标规定的温度称为热力学温度,其单位为 K。热力学温标规定水的三相点热力学温度为 273.16 K。

但热力学温标是纯理论的,无法直接实现,通常借助于气体温度计来复现热力学温标。

气体温度计的结构复杂,使用麻烦,且受到测温介质的测温范围限制。所以,不适宜于实际应用。为了克服气体温度计在使用上的不便,建立了一种既符合热力学温标,又使用简便的温标,即国际实用温标。

4. 国际实用温标

国际温标是在国际实用温标的基础上不断修改出来的。由于气体温度计的复现性较差,国际间便协议制定国际实用温标,以统一国际间的温度量值,并使之尽可能接近热力学温度。

国际实用温标规定以热力学温度为基本温度,符号为 T,单位为开尔文,符号为 K,它规定水三相点热力学温度为 273.16 K,定义 1 K 等于水三相点温度的 1/273.16。

5. 各种温标之间的变换公式

摄氏温标、华氏温标、热力学温标及国际温标之间的温度变换公式见表 2.1。

表 2.1　各种温标下温度之间的换算关系

待求温度	已知温度	变换公式
摄氏(Celsius)	华氏	1 ℃ = 5/9(1 ℉ −32)
华氏(Fahrenheit)	摄氏	1 ℉ = 9/5 ℃ +32
热力学(Kelvin)	摄氏	1 K = 1 ℃ +273.15
摄氏(Celsius)	热力学	1 ℃ = 1 K −273.15

6. 温标的传递

国际上为了统一温度测量标准,相应地建立了自己国家的温度标准作为本国的温度测量的最高依据——国家基准。我国的国家基准建立在中国计量科学研究院。各地区、省、市建立的为次级标准,须定期由国家基准检定。

测温仪表按其准确度可分为基准、工作基准、一等基准、二等基准及工作用仪表。不管哪一等级的仪表都要定期到上一级计量部门进行检定,这样才能保证其准确可靠。

2.1.3　温度测量仪表的分类

我们希望用于测温的物质的物理性质最好是连续地、单值地随温度而变化,即不与其他因素有关,而且复现性好,便于精确测量;还希望有较宽的测温范围和较高的温度灵敏度。但实际上并没有一种物质的物理性质能完全满足上述要求,一般只能在一定范围内接近上述要求。人们经过长期实践已经找到一些比较成熟的测温物质,用它们制作各种温度计。

1. 按作用原理分类

按作用原理分,主要有下列几种。

(1)利用物体受热膨胀与温度的关系。

①固体膨胀,如双金属温度计。

②液体膨胀,如玻璃水银温度计。

③气体膨胀,如压力计式温度计。

(2)利用热电效应。

两种不同的金属导体在两个接点上相互接触,当其两接点温度不同时,回路内就会产生热电势。热电偶温度计就是应用这一原理。

(3)利用导体或半导体电阻与温度的关系。

对于铂、铜等导体或半导体受热温度变化时,其电阻值也相应地变化,利用这一关系可制成各种电阻温度计。

(4)利用物体的辐射能与温度的关系。

物体的辐射能与温度存在着一定的关系,利用这一物理性质可制成各种辐射式测高温的仪表,如光学高温计等。

2. 按接触方式分类

温度测量仪表按其测温接触方式可分为接触式和非接触式两类。

(1)接触式测温。

接触式测温是要求感温元件浸入被测介质或与被测物体直接接触进行测温的方法,如水银玻璃管温度计、热电偶及热电阻温度计等。

(2)非接触式测温。

非接触式测温仪表是通过热辐射原理来测量温度的。测温敏感元件不需与被测介质相接触,其测温范围很广,原则上不受温度上限的限制,也不会破坏被测对象的温度场,反应速度一般也比较快;但受到物体的发射率、对象到仪表之间的距离、烟尘和水蒸气等的影响,其测量误差较大。

常用测温仪表的种类及其优缺点见表2.2。

表 2.2　常用测温仪表种类及优缺点

测温方式	温度计的种类		测温范围/℃	测温原理	特点
接触式测温仪表	膨胀式	玻璃液体	−100~600	液体的热胀冷缩	结构简单,使用方便,测量准确,价格低廉;容易破损,读数麻烦,不能记录与远传
		双金属	−80~600	金属的热胀冷缩	结构简单,牢固可靠,价格低廉;精度低,量程与使用范围有限
	压力式	液体	−30~600	工作介质的热胀冷缩	耐振,坚固,防爆,价格低廉;精度低,测温距离短,滞后大
		气体	−20~350		
		蒸汽	0~250		
	热电偶	铂铑–铂	0~1 600	热电效应	测温范围广,精度高,便于远距离、多点、集中测量和控制;须冷端温度补偿,在低温段测量精度低
		镍铬–镍铝	0~900		
		镍铬–康铜	0~600		
	热电阻	铂电阻	−260~850	导体或半导体电阻值随温度变化特性	测温精度高,便于远距离、多点、集中测量和自动控制;不能测高温,须注意环境温度的影响
		铜电阻	−50~150		
		半导体热敏电阻	−50~300		
非接触式测温仪表	辐射式	光学高温计	800~3 200	普朗克定律等热辐射原理	不干扰被测温度场,可对运动体测温,响应较快;测温仪器结构复杂,价格昂贵
		红外热像仪	−50~800		
		比色高温计	800~2 000		
		辐射高温计	400~2 000		

2.2 膨胀式温度计

基于物体受热体积膨胀的性质制成的温度计称为膨胀式温度计。按制造温度计的材质可分为液体膨胀式(如玻璃液体温度计)和固体膨胀式(如双金属温度计)两大类。膨胀式温度计具有结构简单、使用方便、测温范围广(-100~600 ℃)、测温准确度较高、成本低廉等优点;缺点是不能自动记录,不能远传,易碎,有一定的迟延。

2.2.1 液体膨胀式温度计

玻璃液体温度计是利用感温液体(水银、酒精、煤油等)在透明玻璃感温包和毛细管内的热膨胀作用来测量温度的,是最常用的测温仪器。

1. 测温原理

玻璃液体温度计是利用液体体积随温度升高而膨胀的原理制作的温度计,温度计所显示的示值即液体体积与玻璃毛细管体积变化的差值。常用的有水银玻璃温度计和酒精玻璃温度计两种。

液体受热膨胀量可表示为

$$\Delta V = V_{t_0}(\alpha - \alpha')(t_2 - t_1) \tag{2.1}$$

式中　ΔV——液体从温度 t_1 增至 t_2 的膨胀量;

$\quad\quad V_{t_0}$——液体在 0 ℃时的体积;

$\quad\quad \alpha$——液体膨胀系数;

$\quad\quad \alpha'$——玻璃温包膨胀系数。

温度升高 1 ℃时,液体在毛细管中上升的高度可表示为

$$h = \frac{V_{t_0}(\alpha - \alpha')}{0.785 d^2} \tag{2.2}$$

式中　h——液体温度升高 1 ℃时,液体在毛细管中上升的高度,mm;

$\quad\quad d$——毛细管直径,mm。

从上式中可以看出,温包越大(即 V_{t_0} 越大),液体的膨胀系数 α 越大,毛细管越细升高度越大,则温度计的测量精度越高。

玻璃液体温度计的温度测量上限是由玻璃的机械强度、软化变形以及工作液体的沸点来决定的。它的测量下限由液体的凝固点而定。如果在工作液体的液面上的空间充以一定压力的惰性气体,则可提高工作液面的沸点,在玻璃中掺些石英,可提高玻璃的软化温度,即可提高测温上限。

2. 构造与分类

玻璃液体温度计由装有液体的玻璃温包、毛细管、刻度标尺及膨胀室四个部分构成,如图 2.1 所示。

玻璃温度计按其结构可分为三种,即棒状温度计、内标尺式温度计和外标尺式温度计。

棒状温度计由玻璃温包和与它相连接的一个厚壁玻璃毛细管构成。标尺直接刻在毛细管的外表面上。

　　内标尺式温度计是将长方形的乳白色玻璃片标尺置于连有温包的毛细管后面，一起装在玻璃管外壳内。毛细管与乳白色标尺用金属丝固定在一起。玻璃管外壳的一端密封，另一端熔接于玻璃温包上。这种温度计热惰性较大，但观测比较方便。

　　外标尺式温度计是将连有玻璃温包的毛细管固定在标尺上，这种温度计多用来测量室温。

　　上述各种玻璃温度计当测量上限温度较高时，其毛细管的顶端往往带有安全包，它的作用是避免在温度过高时液体顶破温度计。同时，利用安全包还可将断裂的水银柱重新连起来。

　　为了提高读数精度和使用方便，也有制成缩短标尺的温度计，其标尺的下限可以从温度标尺的任一点开始。这是因为在玻璃温包和标尺起始刻度线之间的一段毛细管上有一中间膨胀容器，它能容纳由 0 ℃加热到标尺始点温度所膨胀出来的水银。这样既提高了测量精度，又缩短了标尺长度。

图 2.1　玻璃液体温度计示意图
1—液体温包；2—毛细管；3—刻度标尺；4—膨胀室

　　热工测量的温度计按用途又可分为工业用、实验室用和标准水银温度计三种。标准水银温度计有棒状的，也有内标尺式，它有一等和二等之分，其分度值为 0.05 ~ 0.1 ℃，它是成套供应的，一般用于校验其他温度计。工业用温度计一般做成内标尺式，其尾部有直的、弯成 90°角和 135°角。为了避免工业用温度计在使用时被碰坏，在玻璃管外面通常罩有金属保护套管，在玻璃温包与金属套管之间填有良导热物质，以减小温度计测温的惰性。实验室用温度计形式和标准的相仿，准确度也较高。

3. 测量误差

　　玻璃液体温度计测量温度时出现测量不确定度的几个主要来源，基本上可分为两大类：一类是玻璃液体温度计在分度或检定时由标准器本身的不确定度和标准设备带来的；另一类是由玻璃温度计的特性及测试方法所带来的。其主要表现为以下几点：

　　(1)读数的误差。

　　在读取温度计数值时，观察者的视线应与标尺垂直，否则便会引起视差。对水银温度计是按凸出面的顶点进行读数，对酒精等有机液体温度计则按凹面的低点进行读数。

　　(2)温度计的插入深度不够而引起的误差。

　　标准及实验室用温度计分度时是将液柱全部插入被测介质中，使用时如不能满足这一要求，就需对读数加以修正，这是因为液柱露出部分与插入部分的温度不同，体积膨胀量有一定的差异。在使用工业用水银温度计时，应把尾部段全部插入被测介质中。

　　(3)液体的惰性。

　　工作液体的黏附性会降低温度计灵敏度，特别在工作液体或毛细管内壁被玷污的情况下，此影响更为严重。有时甚至导致液柱的高度不随温度变化，却出现跳动现象，此时就应当轻轻弹敲温度计以后再进行读数，以克服温度计的惰性。

　　(4)液柱断裂引起的误差。

　　冷热较快、水银氧化、制造时夹杂气泡等情况会引起液柱断裂。尤其是当毛细管很细，温升较快时容易出现此现象。对有安全泡的温度计用加热法将玻璃温包浸入温水中慢慢加热，直至断裂液柱全部进入安全泡为止，加热结束后应让温度计逐渐冷却。对无安全泡的温度计采用冷缩法,将温度计浸入冷却剂中使温度逐渐降低到液柱断裂处缩入玻璃温包内为止,然后取出使温度慢慢回升到原来的度数。

(5)零点位移。

在制造和使用温度计的过程中,由于加热和冷却交替进行,使玻璃的内部组织产生一定的变化而引起玻璃温包的收缩(这就是所谓的热后效应),其结果是引起温度计零点位移,原有刻度产生误差,因此在使用过程中应该定期校验。克服零点位移最好的方法是将温度计加热到测温上限,然后再逐渐冷却到室温,反复进行多次。它可以在短时间内使温包的体积获得某一比较固定的数值。

4. 玻璃液体温度计的校验

玻璃液体温度计在使用时应注意因玻璃的热胀冷缩而引起的零点漂移。应定期校验零点位置,避免由此带来的测量误差。在生产中,除需对修复后的温度计进校验外,对一般正常使用的温度计,也需要定期校验。校验用的温度计,一般采用二等标准水银温度计。各测量温度范围的校核点见表2.3。

表2.3　温度计校核点

测量温度范围/℃	校核点/℃
−30 ~ 50	−21,2,0,50
0 ~ 50	0,50
0 ~ 100	0,50,100
0 ~ 150	0,100,150
0 ~ 200	0,100,200
0 ~ 250	0,100,200,250
0 ~ 300	0,100,200,300
0 ~ 350	0,100,200,300,350
0 ~ 400	0,100,200,300,400
0 ~ 450	0,100,200,300,400,450
0 ~ 500	0,100,200,300,400,500

校验方法可参考相关资料。实验室用水银温度计允许基本误差见表2.4。

表2.4　实验室用水银温度计允许基本误差

温度范围 /℃	标尺的最小分度值/℃			
	0.1	0.5	1	2
	允许基本误差			
−30 ~ 0	±0.3	±1.0	±1.0	
0 ~ 100	±0.2	±1.0	±1.0	±2.0
100 ~ 200	±0.5	±1.0	±2.0	±2.0
200 ~ 300	±1.0	±2.0	±3.0	±4.0
300 ~ 400	±1.2	±3.0	±4.0	±4.0
400 ~ 500				±5.0

5. 安装及使用

玻璃温度计中应用最多的是水银玻璃温度计,虽然水银膨胀系数并不大,但与其他液体相比有许多优点:不易氧化,不粘玻璃,易获得高纯度,凝固点和沸点间间隔大,能在很大温度范围内保持液态(-38~356 ℃),特别是在 200 ℃ 以下其膨胀系数的线性度较好。

玻璃温度计的安装应注意下列几项:

(1)不能超出温度计标度的测量范围,否则将损坏温度计。

(2)在使用前应进行校验。

(3)应安装在常压热水锅炉设备不易振动和被碰撞的地方,但要便于读数。

(4)读数时,视线要与温度计垂直。温度计不要离开被测物质,并且要在示数稳定后读数。

(5)温度计感温包应装在被测介质流速最大处,且不得倒装或倾斜安装。

(6)温度计可放在盛有热传导良好介质(如变压器油)的金属套管内,以减小玻璃温度计的时间常数。

(7)不应很快地将温度计从高温介质中插入或抽出,以免液柱断裂。

2.2.2 固体膨胀式温度计

基于固体受热体积膨胀的性质制成的温度计称为固体膨胀式温度计。工业中使用最多的是双金属温度计,它是利用两种线膨胀系数不同的金属(或非金属)组合在一起构成的。图 2.2 所示为双金属温度计原理图。双金属温度计是利用两种线膨胀系数不同的材料制成的,其中一端固定,另一端为自由端。当温度变化时,由于两种金属的线膨胀系数不同,每片产生的与被测温度成比例的变形不同。由此二者之间出现一个偏转角 α,从而反映出被测温度的大小,并通过相应的传动机构带动指针指示出温度数值。温度越高产生的线膨胀长度差越大,因而引起弯曲的角度就越大。双金属温度计就是根据这一原理制成的。

固体长度随温度而变化,其关系式为

$$L_t = L_{t_0}[1+\alpha(t-t_0)] \qquad (2.3)$$

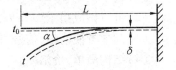

式中　L_t——在温度 t 时的固体长度;

　　　L_{t_0}——在温度 t_0 时的固体长度;

　　　α——固体在温度 t 和 t_0 之间的平均线膨胀系数。

图 2.2　双金属温度计原理图

双金属温度计抗振性能好,坚固耐用,但精度较低,一般等级为 1~2.5 级。常用于工业生产中,测温范围为-60~500 ℃。由于这种温度计结构简单、耐振动、耐冲击、使用方便、维护容易、价格便宜,因此适用于振动较大场合的温度测量,并可以代替很大一部分工业用水银玻璃温度计。

用双金属片制成的温度计通常被用作温度继电控制器、极值温度信号器或某一仪表的温度补偿器。

2.3　压力计式温度计

压力计式温度计是根据封闭系统中的液体或气体受热后压力变化的原理而制成的一种

机械式测温仪表,适用于远距离测量非腐蚀性气体蒸汽的温度。

压力计式温度计的构造如图2.3所示,主要由以下三部分组成:

(1)温包。温包是直接与被测介质相接触来感受温度变化的元件,因此要求它具有强度高、膨胀系数小、热导率高及抗腐蚀等性质。根据所填充工作物质和被测介质的不同,温包可用铜合金钢或不锈钢来制造。

(2)毛细管。它是用铜或钢等材料冷拉成的无缝圆管,用来传递压力的变化。其外径为 1.2 ~ 5 mm,内径为 0.15 ~ 0.5 mm。

(3)弹簧管(或盘簧管)。它是一般压力计用的弹性元件。

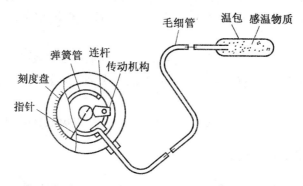

图 2.3　压力式温度计结构示意图

若封闭系统中充进气体,称之为充气式压力温度计。充以氮气时,压力式温度计其测温上限可达 500 ℃,压力与温度的关系近似呈线性关系。若封闭系统中充进液体,称之为充液式压力式温度计。充液采用的液体常为二甲苯、甲醇或丙酮等,测温范围一般为 -40 ~ 550 ℃,压力与温度呈非线性关系。

压力计式温度计是一种工业使用的仪表,具有如下特点:

(1)适于测量 0 ~ 300 ℃ 的温度,允许基本误差不超过 ±1.5% 或 ±2.5%。

(2)可以做成指示型、记录型,并且很容易做成温度信号器和温度调节器。

(3)读数方便清晰,信号可以远传。

(4)结构简单,价格便宜。

(5)抗振性能好,一般压力式温度计不带任何电源。

(6)热惯性较大,动态性能差,示值的滞后较大,不易测量迅速变化的温度。

(7)测量准确度不高,只适用于一般工业生产中的温度测量。

压力计式温度计的精度较低,但使用简便,而且抗振动,常用在对温度波动范围不大的场合作监测使用。

2.3.1　液体压力计式温度计

液体压力计式温度计是在温包、毛细管和弹簧管构成的封闭系统中充以液体,当温包周围温度升高时,温包内的液体膨胀,通过毛细管使弹簧管产生变形,并借助于指示机械指示出温度数值。

这种温度计对工作液体的要求是体膨胀系数要大,对温包、毛细管、弹簧管无腐蚀,还要求黏性小、比热容小、热导率高等特点。水银是常用的工作液体,测温上限可达 650 ℃。温包、毛细管及弹簧管采用不锈钢制成。测量 150 ℃ 和 400 ℃ 以下的温度可分别采用甲醇和二甲苯作为工作液体。

这种温度计的测温下限不能低于工作液体的凝固点，但测温上限可以高于常压下工作液体的沸点。这是由于随着被测温度的升高，封闭容器内的压力也将升高，从而可以使工作液体的沸点随之升高的缘故。

2.3.2 气体压力计式温度计

气体压力计式温度计，在温包、毛细管和弹簧管的封闭系统中充的是气体。由于气体的膨胀系数比液体或固体大得多，所以应用时可以忽略温包、毛细管和弹簧管等由于温度变化及其内部压力的改变所引起的容积变化，即认为封闭系统在工作中是定容的。因为在封闭系统中，所充气体的摩尔数是一定的，体积 V 可以是定容的，所以它的温度 T 与压力 P 成正比。当温包周围的温度升高时，封闭系统的压力也将随之升高，此压力由弹簧管测出并通过指示机构指示出相应的温度。此封闭系统中通常充氮气，它能测得最高温度可达 500 ~ 550 ℃，在低温下则充氢气，它的测量下限可达 -120 ℃。但在过高的温度下，温包内充填的气体会有一部分透过金属壁面而扩散，这样会使仪表读数偏低，产生过大的误差。

2.3.3 蒸汽压力计式温度计

蒸汽压力计式温度计是根据低沸点液体、饱和蒸汽压力与气、液分界面的温度有关这一原理制作的，如图 2.4 所示。

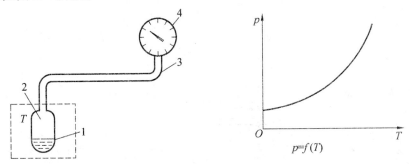

图 2.4 蒸汽压力计式温度计及其特性曲线
1—低沸点液体；2—饱和蒸汽；3—毛细管；4—压力计

金属温包的一部分容积内盛放着低沸点的液体，而在其余空间及毛细管、弹簧管内是这种液体的饱和蒸汽。由于气、液分界面在温包内，因而这种温度计的读数仅和温包温度有关。这种温度计的压力与温度关系是非线性的，如图 2.4 所示。不过可在压力计的连杆机械中采取一些补偿措施，使温度刻度线性化。温包中所充液体的种类及其使用的温度范围大致是：氯甲烷，-20 ~ 100 ℃；氯乙烷，0 ~ 120 ℃；二乙醚，0 ~ 150 ℃；丙酮，0 ~ 170 ℃；苯，0 ~ 120 ℃ 等。

蒸汽压力计式温度计比液体压力计式温度计的价格便宜，也不会因毛细管周围介质温度变化而产生误差，温包的尺寸和温包中充填液体数量多少对仪表的刻度及其精度均无影响，但必须保证在测温上限时，温包内仍有液体。蒸汽压力计式温度计的毛细管长度一般可达 60 m。

2.3.4 测量误差

压力计式温度计除了由于制造中的尺寸不精确、传动间隙和摩擦等会引起误差外,下面一些因素也会引起误差。

1. 感温部分浸入深度的影响

温包应浸入被测介质中,否则会引起误差。尤其是液体压力式温度计,当温包只有部分浸入被测介质时,误差更大,指示的温度大致和温包浸入被测介质中的长度成正比。

即使是蒸汽压力计式温度计,虽然从原理上讲,只要气液面浸入被测介质中就不会产生测量误差,但是气、液分界面是不固定的,所以为了测量精确,也应把温包浸入被测介质中。

2. 环境温度的影响

在液体压力计式温度计中,如果充液和毛细管材料、弹簧管材料的膨胀系数不同,则环境温度变化就会产生测量误差。虽然可以把温包容积做得比毛细管和弹簧管的容积大得多,从而减小这一误差,但是对于高精确度的测量仪表,这样做还不能满足要求。一般用下列方法来减小误差:①另外再装一根补偿毛细管和弹簧管,如图2.5所示。这种方法可以同时补偿毛细管和弹簧管周围温度变化所引起的误差。这种方法的成本比较高,但测量精度高。②在弹簧管自由端与仪表指针之间插入一条双金属片,如图2.6所示。环境温度变化,双金属片产生相应的变形,以此来补偿弹簧管周围环境温度变化引起的测量误差。

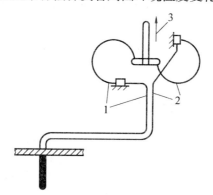

图 2.5 液体压力计式温度计的环境温度补偿
1—工作毛细管和弹簧管;2—补偿环境温度变化的毛细管和弹簧管;3—接指针

补偿毛细管法在气体压力计式温度计中是不能满足补偿要求的,因为气体的膨胀率高,而且在工作毛细管内的压力不等于补偿毛细管的压力,因此其误差较大。为了减小误差,通常都将温包的容积做得比毛细管的容积大得多,这样,毛细管中气体随环境温度变化而产生的误差也就相对减小。

蒸汽压力计式温度计不适于测量环境温度附近的介质温度,因为此时毛细管及弹簧管中的蒸汽会产生完全冷凝(被测温度高于环境温度时)或完全汽化(被测温度低于环境温度时)的不稳定情况,当温包和弹簧管不在同一水平高度时,就很难断定示值中是否存在液柱高度误差。

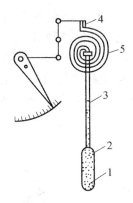

图 2.6　具有双金属片的液体压力计式温度计
1—工作液体;2—温包;3—毛细管;4—双金属片;5—弹簧管

3. 液柱高度的影响

液体压力计式温度计在安装时,如果温包与压力计的相对位置高低不同,那么,毛细管中的液柱高度对压力计将施加一个正的或负的压力。如果系统中原来充压很高时,毛细管中的液柱高低对系统产生的误差就相对很小,在蒸汽压力计式温度计中,充压很低,液柱高度产生的压力在总压力中占的比例很大,因此,安装不正确时,就会产生较大的附加误差。

2.3.5　安装及使用

(1)压力式温度计的表头应装在便于读数的地方。表头及金属软管的工作环境温度不宜超过 60 ℃,相对湿度应为 30% ~ 80% 。

(2)金属软管的敷设不得靠近热表面或温度变化大的地方,并应尽量减少弯曲,弯曲半径一般不要小于 50 mm。外部应有完整的保护装置,以免受机械损伤。

2.4　热电偶温度计

热电偶是工业上应用最为广泛的一种接触式测温元件。热电偶温度计在工业锅炉上常用来测量蒸汽温度、炉膛火焰温度和烟囱内的烟气温度。

与其他温度计相比,它有足够的测量精度、较好的动态响应、工作可靠、便于远距离多点测量和自动记录、结构简单、维护方便、价格便宜等优点,并且性能稳定可靠、精度高,可测量 $-200 \sim 2\,800$ ℃范围内的温度。在工业测量中,已有不同型号的定型热电偶产品可供选用。在实验室和一些研究中,根据不同的需要可自行制作一些特殊尺寸和结构的热电偶,因此,热电偶温度计是一种应用面宽、比较理想和方便的测温方法。

2.4.1　热电偶测温的基本原理

热电偶是由两根不同的导体或半导体材料焊接或铰接而成。在两种不同的导体(或半导体)A,B 组成的闭合回路中(图 2.7),如在闭合回路中放置一台电流表,当 $T=T_0$ 时,电流表中的磁针不受影响,而当 $T>T_0$ 时,磁针发生偏转,在热电偶回路中产生热电势 E。该热电势 E 与热电偶两端的温度 T 和 T_0 及导体材料有关。如果 T_0 保持不变,则热电势 E 便只与 T

和导体材料有关。换言之,在热电偶材料已定的情况下,它的热电势 E 只是被测温度 T 的函数。用电测仪表测得 E 的数值后,便可知道被测温度的大小。

上述现象说明:当闭合回路中两端温度 $T \neq T_0$ 时,回路中产生电流称为热电流,产生热电流的电动势称为热电势,并把这一现象称之为热电现象。这是在 1821 年首先由塞贝克(Seeback)发现的,故又称为塞贝克效应。研究表明,热电势由两部分组成,即温差电势和接触电势。

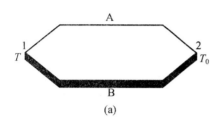
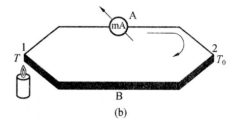

图 2.7　热电效应示意图

1. 接触电势

如图 2.8 所示,当导体 A 和 B 相互接触时,由于它们的自由电子密度不同,电子密度大的导体中的电子就向电子密度小的导体内扩散。设导体 A 中的自由电子的能量与密度比导体 B 中的高,那么,导体 A 中的自由电子就通过界面向导体 B 扩散。扩散的结果使得在界面处导体 A 具有正电位,导体 B 具有负电位,从而在 A,B 的接触界面处建立起一个由 A 向 B 的静电场。这个电场的方向正好对抗这一扩散过程的进行。所以,当接点处的温度一定时,也就是说,当自由电子的能量一定时,扩散力和电场力达到平衡后,A 和 B 之间就形成了一个电位差,这个电位差称为接触电动势,用符号 $E_{AB}(T)$ 来表示。其数值可以根据电子理论得出,即

$$E_{AB}(T) = U_{AT} - U_{BT} = \frac{KT}{e} \ln \frac{N_A(T)}{N_B(T)} \quad (2.4)$$

式中　$E_{AB}(T)$——导体 A 和 B 的接点在温度 T 时形成的电位差,mV;

　　　K——玻耳兹曼常数,1.38×10^{-23} J/℃;

　　　T——接触面的绝对温度,K;

　　　e——单位电荷,4.083×10^{-10} 绝对静电单位;

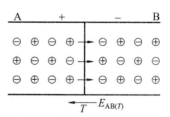

图 2.8　接触电势产生原理

　　　$N_A(T)$,$N_B(T)$——导体 A,B 在温度 T 时的电子密度。

2. 温差电势

如图 2.9 所示,对单一金属导体,如果两端的温度不同,则两端的自由电子就具有不同的动能。温度高则动能大,动能大的自由电子就会向温度低的一端扩散。失去了电子的这一端就处于正电位,而低温端由于得到电子而处于负电位,从而在高、低温端之间形成一个从高温端指向低温端的静电场。电子的迁移力和静电场力达到平衡时所形成的电位差称为温差电势。温差电势的方向是由低温端指向高温端,只与导体性质和导体两端温度有关,而与导体长度、截面积大小、沿导体长度上的温度分布无关。根据物理学有关理论推导、温差

电势可表达为

$$E_A(T,T_0) = \frac{K}{e}\int_{T_0}^{T}\frac{1}{N_A}\mathrm{d}(N_A t) \qquad (2.5)$$

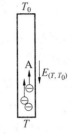

式中 N_A——导体 A 的电子密度,它是温度的函数;

t——导体沿各端面的温度,K;

T,T_0——导体两端的温度,K。

图 2.9 温差电势产生原理

3. 热电偶回路中的热电势

如图 2.10 所示,在整个闭合回路中,两端接点温度为 T 和 T_0,且 $T>T_0$,$N_A>N_B$。热电偶回路的总热电势为

$$E_{AB}(T,T_0) = E_{AB}(T) + E_B(T,T_0) - E_{AB}(T_0) - E_A(T,T_0) \qquad (2.6)$$

由式(2.6)可以看出,热电偶回路中存在着两个接触电势 $E_{AB}(T)$ 和 $E_{AB}(T_0)$,两个温差电势为 $E_A(T,T_0)$ 和 $E_B(T,T_0)$。

由式(2.4)~(2.6)有

$$E_{AB}(T,T_0) = \frac{K}{e}\int_{T_0}^{T}\ln\frac{N_A}{N_B}\mathrm{d}t \qquad (2.7)$$

由于 N_A,N_B 是温度的单值函数,则式(2.7)的积分可表达为

$$E_{AB}(T,T_0) = f(T) - f(T_0) \qquad (2.8)$$

或写成摄氏度的形式,即

$$E_{AB}(t,t_0) = f(t) - f(t_0) \qquad (2.9)$$

通过式(2.8)和式(2.9),可得出以下结论:

(1)热电偶回路热电势的大小,只与组成热电偶的材料性质和材料两端接点处的温度有关,而与热电偶的几何尺寸和中间各点的温度分布无关。当热电偶两接点处的温度相同时,回路中总的热电势等于零。

(2)只有用两种均匀的不同性质的导体才能构成热电偶,单一的相同材料组成的闭合回路中不会产生热电势。

(3)对于已确定的两种材料所构成的热电偶,如

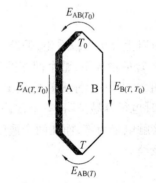

图 2.10 热电偶回路热电势分布图

果保持其一端的温度固定不变,即保持 T_0=常数(实际工作中,一般常取 T_0 = 0 ℃),则 $E_{AB}(T,T_0)$ 的数值将是 T 的单值函数。

因此,可以用测量 $E_{AB}(T,T_0)$ 的方法来测量温度 T 的数值,这就是利用热电偶测温的基本原理。这时,应该预先知道不同的 T 所对应的 $E_{AB}(T,T_0)$ 的数值。在实际工作中,$E_{AB}(T,T_0)$ 数值并不是用式(2.8)来计算的,而是通过所谓标定(或称校准)的方法实际测出的。将这些数值制成热电偶的分度表,以供查用。在实际测量中,只要能测得热电偶所产生的热电势值,就可以从相应的表中查出被测的温度。目前,对于一些典型的热电偶,国家已公布了标准的分度,使用时,可查相应分度表得到所需的温度示值。

2.4.2 热电偶的基本定律

在使用热电偶温度计测量温度时,还需要应用热电偶的三条基本定律,它们已由实验所确定,可分述如下。

1. 均质导体定律

由任何一种均质导体(或半导体)组成的闭合回路中,不论导体(半导体)的截面积及各处的温度分布如何,都不能产生热电势。由此定律可以得到如下结论:

(1)热电偶必须由两种不同性质的材料构成。

(2)当由一种材料组成的闭合回路存在温差时,回路若产生热电势,则说明该材料是不均匀的。

利用该定律可检验热电极材料的均匀性。

2. 中间导体定律

如图 2.11 所示,为了测量热电势,必须在热电偶回路中接入测量仪表及其引线,图中用导体 C 来代表。那么,这种接入对回路的热电势有无影响呢? 图 2.11(a)所示是在热电偶 A,B 材料的参考端接入仪表及引线 C。

根据均质导体定律可知,在均质导体 C 上面,由于其两端温度相等,都是 T_0,所以,它上面所产生的接触电势等于零。而根据式(2.6),温度为 T_0 的两个接点处的接触电势之和为

$$E_{AC}(T_0)+E_{CB}(T_0)=\frac{KT_0}{e}\left(\ln\frac{N_A}{N_C}+\ln\frac{N_C}{N_B}\right)=\frac{KT_0}{e}\left(\ln\frac{N_A}{N_C}\cdot\frac{N_C}{N_B}\right)=\frac{KT_0}{e}\ln\frac{N_A}{N_B}=E_{AB}(T_0)$$

$$(2.10)$$

由以上分析可以看出,回路中虽然增加了一个中间导体 C,但当保持分开的两个接点温度都是 T_0 的情况下,整个回路的热电势值没有改变。

图 2.11(b)所示是在导体 B 中接入中间导体 C。如果增加的两个接点的温度都保持为 T_1,这时也很容易证明,整个回路的热电势不因增加了中间导体 C 而改变。因为在导体 C 中的接触电势为零,而在两个温度为 T_1 的接点所产生的温差电势大小相等,方向相反,恰好互相抵消。

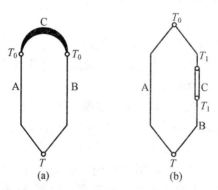

图 2.11　加有中间导体的热电偶回路

总之,在热电偶测量回路中,当接入第三种导体时,只要被接入的中间导体两端的温度相等,则对回路的热电势没有影响。这一原理称为中间导体定律。

如果两种导体 A,B 对另一种参考导体 C 的热电势为已知,则这两种导体组成热电偶的热电势是它们对参考导体热电势的代数和,如图 2.12 所示。参考导体也称标准电极。因为铂的物理、化学性能稳定,熔点高,易提纯,易复制,所以标准电极常用纯铂丝制作。这个结论大大简化了热电偶的选配工作。只要我们取得一些热电极与标准铂电极配对的热电势,则其中任何两种热电极配对时的热电势可通过计算求得。

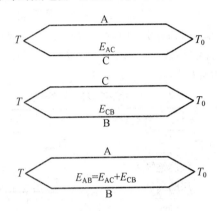

图 2.12　材料热电势的代数和

当使用热电偶测温时,中间导体定律是在回路中接入测量仪表进行测温的理论根据。

3. 中间温度定律

如图 2.13 所示,两种不同的材料组成的热电偶回路在两接点温度为 T_1 和 T_2 时,其热电势(E_1)为 $E_{AB}(T_1,T_2)$;在接点温度为 T_2 和 T_3 时,其热电势(E_2)为 $E_{AB}(T_2,T_3)$,则在接点 T_1 和 T_3 时,该热电偶的热电势(E_3)即 $E_{AB}(T_1,T_3)$ 为前两者之和,即

$$E_{AB}(T_1,T_3) = E_{AB}(T_1,T_2) + E_{AB}(T_2,T_3) \tag{2.11}$$

式(2.11)表明,一个热电偶在两接点温度为 T 和 T_0 时,热电势 $E_{AB}(T,T_0)$ 等于该热电偶在 T 和 T_n 与 T_0 之间相应的热电势 $E_{AB}(T,T_n)$ 和 $E_{AB}(T_n,T_0)$ 的代数和。T_n 称为中间温度,这就是中间温度定律。此定律是制订和使用分度表的理论依据。

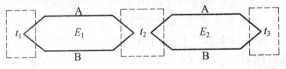

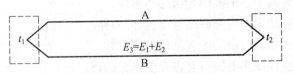

图 2.13　中间温度定律

当接点温度为 T_1 和 T_3 时,它的热电势等于接点温度分别为 T_1,T_2 和 T_2,T_3 的两支同性质热电偶的热电势的代数和。由此定律可以得到如下结论:

(1)已知热电偶在某一给定冷端温度下进行分度,只要引入适当的修正,就可在另外的冷端温度下使用。这就为制订热电偶的热电势–温度关系分度表奠定了理论基础。

（2）和热电偶具有同样热电性质的补偿导线可以引入热电偶的回路中,相当于把热电偶延长而不影响热电偶的热电势。这就为工业测温中应用补偿导线提供了理论依据。

在测温时,为了使热电偶的冷端温度保持恒定,可以把热电偶做得很长,使冷端远离工作端,并连同测量仪表一起放置到恒温或温度波动较小的地方。但这种方法要耗费许多贵重的热电极材料,因此,一般是与一种所谓补偿导线的热电偶的冷端相连接。这种补偿导线是两根不同的金属丝,它在 0~100 ℃ 的温度范围内和热电偶具有相同的热电性质,其材料又是廉价金属,可用它们来做热电偶的延伸线。对于价格低廉的镍铬-考铜等类型的热电偶,则可用其本身材料作为补偿导线。一般补偿导线电阻率较小,线径较粗,这有利于减小热电偶回路的电阻。常用的补偿导线列于表 2.5 中。

表 2.5 常用热电偶的补偿导线

热电偶名称	补偿导线				工作端为 100 ℃ 冷端为 0 ℃ 的标准热电势/mV
	正极		负极		
	材料	线芯绝缘层的颜色	材料	线芯绝缘层的颜色	
铂铑-铂	铜	红	镍 铜	白	0.64±0.03
镍铬-镍硅(镍铝)	铜	红	康 铜	白	4.10±0.15
镍铬-考铜	镍 铬	褐 绿	考 铜	白	6.95±0.30
铁-考铜	铁	白	考 铜	白	5.75±0.25
铜-康铜	铜	红	康 铜	白	4.10±0.15

2.4.3 热电偶的种类及结构形式

常用热电偶可分为标准热电偶和非标准热电偶两大类。所谓标准热电偶是指国家标准规定了其热电势与温度的关系、允许误差、并有统一的标准分度表的热电偶,它有与其配套的显示仪表可供选用。非标准化热电偶在使用范围或数量级上均不及标准化热电偶,一般也没有统一的分度表,主要用于某些特殊场合的测量。从原理上讲,任意两种不同的导体（或半导体）材料都可以构成热电偶。但在生产实际中,广泛使用的热电偶并不多,这是由于在测温时,对测温热电偶有一定要求,从而限制了某些材料的使用。

为了保证热电偶可靠、稳定地工作,对它的结构要求如下:

（1）组成热电偶的两个热电极的焊接必须牢固。

（2）两个热电极彼此之间应很好地绝缘,以防短路。

（3）补偿导线与热电偶自由端的连接要方便可靠。

（4）保护套管应能保证热电极与有害介质充分隔离。

常用的热电偶代号、分度号、测温范围及允许误差见表 2.6。

表 2.6　标准化热电偶性能比较

分度号	热电偶		等级	测温范围/ ℃	允许误差
	正极	负极			
S	铂铑 10	铂	I	0 ~ 1 100	±1 ℃
				1 100 ~ 1 600	±[1+0.03(t-1 100)] ℃
			II	0 ~ 600	±1.5 ℃
				600 ~ 1 000	±0.25% |t|
R	铂铑 13	铂	I	0 ~ 1 100	±1 ℃
				1 100 ~ 1 600	±[1+0.03(t-1 100)] ℃
			II	0 ~ 600	±1.5 ℃
				600 ~ 1 000	±0.25% |t|
B	铂铑 30	铂铑 6	II	600 ~ 1 700	±0.25% |t|
			III	600 ~ 800	±4.0 ℃
				800 ~ 1 700	±0.5% |t|
K	镍铬	镍硅	I	−40 ~ 1 100	±1.5 ℃或±0.4% |t|
			II	−40 ~ 1 300	±2.5 ℃或±0.75% |t|
			III	−200 ~ 40	±2.5 ℃或±1.5% |t|
N	镍铬硅	镍硅	I	−40 ~ 1 100	±1.5 ℃或±0.4% |t|
			II	−40 ~ 1 300	±2.5 ℃或±0.75% |t|
			III	−200 ~ 40	±2.5 ℃或±1.5% |t|
E	镍铬	铜镍合金（康铜）	I	−40 ~ 800	±1.5 ℃或±0.4% |t|
			II	−40 ~ 900	±2.5 ℃或±0.75% |t|
			III	−200 ~ 40	±2.5 ℃或±1.5% |t|
J	纯铁	铜镍合金（康铜）	I	−40 ~ 750	±1.5 ℃或±0.4% |t|
			II	−40 ~ 700	±2.5 ℃或±0.75% |t|
T	纯铜	铜镍合金（康铜）	I	−40 ~ 350	±1.5 ℃或±0.4% |t|
			II	−40 ~ 350	±2.5 ℃或±0.75% |t|
			III	−200 ~ 40	±2.5 ℃或±1.5% |t|

①铂铑 10 表示含铂 90%，铑 10%，依此类推；

②t 为被测温度，\|t\| 为 t 的绝对值；

③允许偏差以温度偏差值或被测温度绝对值的百分数表示，二者之中采用最大值

1.热电极的选择

根据热电效应原理,任意两种不同性质的导体或半导体都可以作为热电极组成热电偶。热电极材料应满足如下要求:

(1)物理稳定性要高,即在测温范围内其热电性质不随时间而变化,以保证与其配套使用的温度计测量的准确性。

(2)化学稳定性要高,即在高温下不被氧化和腐蚀。

(3)电阻温度系数要小,电导率要高。这样,在不同温度下的电阻值相差不大,由于线路电阻变化引起的测量误差比较小,这对于配用动圈式仪表的热电偶尤为重要。

(4)有较高的热电势率,即在测温范围之内,单位温度变化引起的热电势变化大,这样有利于提高仪表的测量精度。

(5)热电势与温度之间最好呈线性关系或近似线性的单值函数关系,这样可使显示仪表的刻度均匀。

(6)材料复现性要好(同种成分的材料制成的热电偶,其热电特性相一致的性质称为复现性),在使用上要保证有良好的互换性。

(7)材料组织要均匀,要有良好的韧性,便于加工成丝。

在实际生产中还很难找到一种能够完全满足上述要求的热电极材料,因此,在选择热电极材料时,应根据具体情况,在不同的测温条件下选用不同的热电极材料。

2.标准化热电偶

所谓标准化热电偶是指制造工艺比较成熟的、应用广泛、能成批生产、性能优良而稳定并已列入工业标准化文件中的那些热电偶。由于标准化文件对同一型号的标准化热电偶规定了统一的热电极及其化学成分、热电性质和允许偏差,故同一型号的标准化热电偶互换性好,具有统一的分度表,并且与其配套的显示仪表可供选用。

温度的测量范围是指热电偶在良好的使用环境下允许测量温度的极限值。实际使用,特别是长期使用时,一般允许测量的温度上限是极限值的 $60\% \sim 80\%$。8 种标准化热电偶的热电势与温度关系如图 2.14 所示。由图可见,热电偶热电势与温度之间存在非线性,使用时应进行修正。

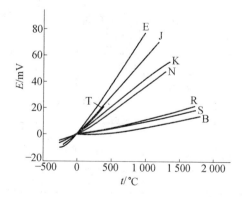

图 2.14　标准化热电偶的热电特性曲线

3.贵金属热电偶

(1)S 型热电偶(铂铑 10-铂热电偶)。

S 型热电偶正极(SP)的名义化学成分为铂铑合金,其中 w_{Rh} 为 10%,w_{Pt} 为 90%,负极(SN)为纯铂,故俗称单铂铑热电偶。该热电偶长期最高使用温度为 1 300 ℃,短期最高使用温度为 1 600 ℃,适用于氧化性气氛中测温,不推荐在还原性气氛中工作,短期可以在真空中使用。参考点在 0 ~ 100 ℃不用补偿导线。

(2)R 型热电偶(铂铑 13-铂热电偶)。

R 型热电偶正极(RP)的名义化学成分为铂铑合金,其中 w_{Rh} 为 13%,w_{Pt} 为 87%,负极

（RN）为纯铂。

R 型热电偶也具有准确度很高、稳定性好、测温区宽、使用寿命长等优点。其物理化学性能、热电势稳定性及在高温下抗氧化性能都很好,适用于氧化性和惰性气氛中。R 型热电偶的综合性能与 S 型电偶相当,R 型热电偶的稳定性和复现性比 S 型热电偶稍好。

（3）B 型热电偶（铂铑 30-铂铑 6 热电偶）。

B 型热电偶正极（BP）的名义化学成分为铂铑合金,其中 w_{Rh} 为 30% , w_{Pt} 为 70% ;负极（BN）为铂铑合金, w_{Rh} 为 6% , w_{Pt} 为 94% ,故俗称双铂铑热电偶。

B 型热电偶分为标准和工业两大类。标准分为一等标准和二等标准,主要用于实验室中 1 100 ~ 1 500 ℃ 温区内的温标传递工作。工业用 B 型热电偶分 Ⅱ 级和 Ⅲ 级,其长期使用测温范围为 600 ~ 1 600 ℃ ,短期使用测温上限可达 1 800 ℃ 。

B 型热电偶在热电偶系列中具有准确度最高、稳定性最好、测温区宽、使用寿命长、测温上限高等特点,适用于氧化性和惰性气氛中,也可短期用于真空中,但不适用于还原性气氛或含有金属或非金属蒸汽的气氛中。B 型热电偶的优点是不用补偿导线进行补偿,因为在 0 ~ 50 ℃ 内热电势小于 3 μV ;但其不足之处是热电势值小,灵敏度低,高温下机械强度下降,对污染非常敏感,价格昂贵,工程一次性投资较大。

4. 廉金属热电偶

（1）K 型热电偶（镍铬-镍硅热电偶或者镍铬-镍铝热电偶）。

K 型热电偶是工业中广泛使用的廉金属热电偶。正极镍铬（KP）的名义化学成分为 w_{Ni} : w_{Cr} = 90 : 10 ;负极镍硅（KN）的名义化学成分为 w_{Ni} : w_{Si} = 97 : 3 ,其测温范围较宽,使用温度为 -200 ~ 1 300 ℃ 。K 型热电偶具有线性好、热电动势较大、灵敏度高、稳定性和均匀性较好、抗氧化性能强、价格便宜等特点。温度每变化 1 ℃ ,热电势变化 0.04 mV ,热电势比 S 型热电势高 4 倍左右,在 1 000 ℃ 以下可以长期使用,在 500 ℃ 以下可以应用于各类气氛中,短期可以应用于真空,不宜在 500 ℃ 以上的还原性气氛及含硫气氛中使用。需要说明的是,我国已经基本上用镍铬-镍硅热电偶取代了镍铬-镍铝热电偶。国外仍然使用镍铬-镍铝热电偶。两种热电偶的化学成分虽然不同,但其热电特性相同,使用同一分度表。

（2）N 型热电偶（镍铬硅-镍硅热电偶）。

N 型热电偶是一种最新国际标准化的热电偶,在 20 世纪 70 年代初由澳大利亚国防部实验室研制成功。它克服了 K 型热电偶在 300 ~ 500 ℃ 由于镍铬合金的晶格短程有序而引起的热电势不稳定以及在 800 ℃ 左右由于镍铬合金发生择优氧化引起的热电势不稳定问题。正极（NP）的名义化学成分为 w_{Ni} : w_{Cr} : w_{Si} = 84.4 : 4.2 : 1.4 ,负极（NN）的名义化学成分为 w_{Ni} : w_{Si} : w_{Mg} = 95.5 : 44 : 0.1 ,其使用温度为 -200 ~ 1 300 ℃ 。N 型热电偶不能直接在高温下用于还原性或还原、氧化交替的气氛中和真空中,也不推荐用于弱氧化气氛中。

由于 N 型热电偶综合性能优于 K 型热电偶,在国内并有部分取代 S 型热电偶的趋势,是一种很有应用前途的热电偶。

（3）E 型热电偶（镍铬-铜镍热电偶）。

E 型热电偶又称镍铬-康铜热电偶,正极（EP）为镍铬 10 合金,负极（EN）为铜镍合金,名义化学成分 w_{Cu} 为 55% , w_{Ni} 为 45% 以及少量的锰、钴、铁等元素。该热电偶的使用温度为 -200 ~ 900 ℃ 。

E 型热电偶热电动势之大、灵敏度之高属所有热电偶之最,宜制成热电堆,测量微小的温度变化。对于高湿度气氛的腐蚀不太敏感,可用于湿度较高的环境。它还具有稳定性好、抗氧化性能优于铜-康铜、铁-康铜热电偶,价格便宜等优点,能用于氧化性和惰性气氛中;缺点是不能直接在高温下用于含硫、还原性气氛中,热电势均匀性较差。

(4)J型热电偶(铁-铜镍热电偶)。

J型热电偶又称铁-康铜热电偶,正极(JP)的名义化学成分为纯铁,负极(JN)为铜镍合金,常被含糊地称之为康铜,其名义化学成分 w_{Cu} 为 55% 和 w_{Ni} 为 45% 以及少量却十分重要的锰、钴、铁等元素,尽管它叫康铜,但不同于镍铬-康铜和铜-康铜的康铜,故不能用 EN 和 TN 来替换。铁-康铜热电偶的覆盖测量温区为 -200 ~ 1 200 ℃,但通常使用的温度为 0 ~ 750 ℃。

J型热电偶具有线性度好、热电动势较大、灵敏度较高、稳定性和均匀性较好、价格便宜等特点。既可用于氧化性气体中,又可用于还原性气氛中,前者使用温度上限为 750 ℃,后者为 950 ℃,并且耐 H_2 和 CO 气体腐蚀,但不能直接无保护地在高温下用于硫化气氛中。

(5)T型热电偶(铜-铜镍热电偶)。

T型热电偶又称铜-康铜热电偶,正极(TP)是 w_{Cu} 为 100% ,负极(TN)为铜镍合金,w_{Cu} 为 55% ,w_{Ni} 为 45% 。正名为康铜,它与镍铬-康铜的康铜 EN 通用,尽管它们都叫康铜。但与铁-康铜的康铜 JN 不能通用,铜-铜镍热电偶的测量温区为 -200 ~ 350 ℃。

T型热电偶具有线性度好、热电动势较大、灵敏度较高、稳定性和均匀性较好、价格便宜等特点。特别在 -200 ~ 0 ℃温区内使用,稳定性更好,年稳定性可小于 ±3 μA,经低温检定可作为二等标准进行低温量值传递。

T型热电偶的正极铜在高温下抗氧化性能差,故使用温度上限受到限制。

5. 非标准化热电偶

非标准化热电偶无论在使用范围或数量上均不及标准化热电偶,一般也没有统一的分度表。但在某些特殊环境中,如在高温、低温、超低温、高真空或有核辐射等被测对象中,这种热电偶具有某些特别良好的性能。

(1)钨铼系热电偶。

钨铼系热电偶是目前一种较好的超高温热电偶材料。其最高使用温度受绝缘材料限制,一般可用到 2 400 ℃,在真空中用裸丝测量时可测到更高温度。这种系列热电偶可用在干燥的氢气、中性气氛和真空中,不宜用在还原性的气氛、潮湿的氢气及氧化性气氛中。常用的钨铼系热电偶有钨-钨铼$_{26}$、钨铼$_3$-钨铼$_{25}$等,这些热电偶的常用温度为 300 ~ 2 000 ℃。

(2)铱铑系热电偶。

铱铑系热电偶是当前在真空中和中性气氛中,特别是氧化性气氛中唯一可以测量到 2 000 ℃的高温热电偶,它是高温试验及火箭技术、航空和宇航技术中一种极其重要的测量工具。

国产的铱铑-铱铑热电偶,正极为含铱 60% 、含铑 40%(质量分数)的合金,负极为纯铱,在中性气氛中可长期使用到 2 000 ℃,准确度为 ±1% ;在空气中能短期使用到 2 100 ℃。

(3)金铁-镍铬热电偶。

此热电偶具有结构简单、制作容易、操作方便、感温部件热容量小、对温度变化反应快、能保证一定精度等特点,从而在低温测量中很受重视。国产该种热电偶可在 2 ~ 273 K 范围内使用,灵敏度约为 10 μV。

（4）非金属热电偶。

非金属热电偶主要包括热解石墨热电偶、二硅化钨-二硅化钼热电偶、石墨-二硼化铌热电偶、石墨-碳化钛热电偶和石墨-碳化铌热电偶等。这几种热电偶的准确度为±1%～1.5%，在氧化性气氛中可用于1 700 ℃左右。这些热电偶的出现，开辟了含碳气氛中测温的途径，使得不用贵金属也能在氧化性气氛中测量高温。由于其复现性差，故没有统一的分度表，也不能成批生产。另外，它的机械强度较差，因此在使用中受到较大限制。

6.铠装热电偶

由偶丝、绝缘材料和金属套管三者组合加工而成的坚实的组合体称为铠装热电偶，其结构如图2.15所示。

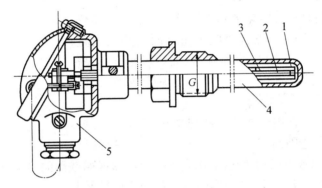

图2.15　铠装热电偶的基本结构

1—热电偶测量器；2—热电极；3—绝缘管；4—保护管；5—接线盒

铠装热电偶的外径可以加工得很细小，长度可以很长（最小直径可做到 ϕ0.25 mm，长度可达几百米）。因此，铠装热电偶具有以下优点：

（1）热惰性小，测量反应快，最小可达到毫秒的数量级，如 ϕ2.5 mm 露头型，时间常数 $T=0.05$ s。例如，碰底型 $T=0.3$ s，不碰底型 $T=1.5$ s。

（2）热接点处的热容量很小。由于热电偶外径可以做得极细，在热容量非常小的被测物体上也能测量出准确的温度值。

（3）很节省材料，特别是贵金属，从而可以降低成本。

（4）热电偶有很大的可挠性，套管的材料由于进行了完全退火而有着良好的柔软性，可适应复杂结构的安装要求，如安装到狭小、需要弯曲的测量部位。

（5）寿命长。由于偶丝材料有外套管的气密性保护和化学性能稳定的绝缘材料的牢固覆盖，因此其寿命较一般热电偶长。

（6）具有良好的机械性能，适应性强。由于组合体结构坚实，具有很好的机械性能，可耐强烈的振动和冲击，适用于各种高压装置。

7.热电偶的结构形式

在工业生产过程和科研实验中，根据不同的温度测量要求和被测对象，需要设计和制造各种结构的热电偶。从结构上看，热电偶主要分为普通型和铠装型两种。

（1）普通型热电偶。

由于热电偶广泛地应用在各种条件下的温度测量，根据它的用途和安装位置不同，具有多种结构形式。虽然它们的结构和外形不尽相同,但其基本组成部分大致是一样的。通常都是由热电极、绝缘管、保护套管和接线盒等组成,如图 2.16 所示。

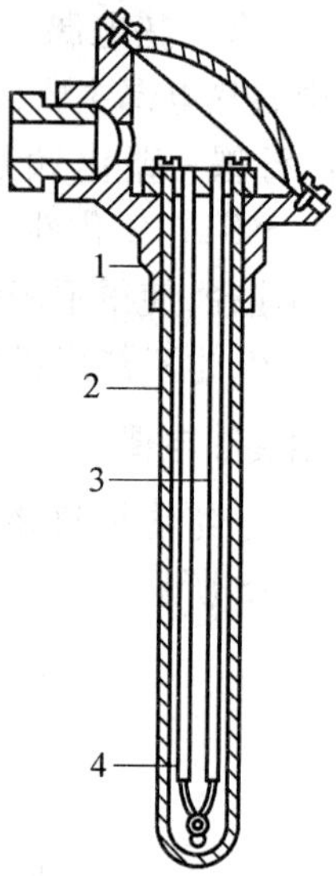

①热电极。热电极的直径由材料的价格高低、机械强度、电导率以及热电偶的用途和测量范围等决定。贵金属的热电极大多采用直径为 0.3 ~ 0.65 mm 的细丝,它不仅保证了必要的强度,而且也满足了整个热电偶的电阻值要小的要求。普通廉价金属热电极的直径一般是 0.5 ~ 3.2 mm。热电偶的长度由安装条件,特别是工作端在介质中的插入深度决定,通常为 350 ~ 2 000 mm。

热电偶测量端通常采用焊接方式形成。为了减小传热误差和滞后,焊点宜小,焊点直径应不超过两倍热电极直径。焊接点应具有金属光泽、表面圆滑、无玷污变质、夹渣和裂纹等。焊的形式有点焊、对焊、绞状点焊等,如图 2.17 所示。

图 2.16　热电偶结构示意图
1—接线盒;2—保护套管;3—绝缘管;4—热电极

②绝缘管。绝缘管用于防止两根热电极短路,其材料的选用由使用温度范围而定。在低温下可用橡胶、塑料等制作绝缘材料;在高温下采用氧化铝、陶瓷等制成圆形或椭圆形的绝缘管,套在热电极上进行绝缘。绝缘管的形状如图 2.18 所示,常用的绝缘材料见表 2.7。

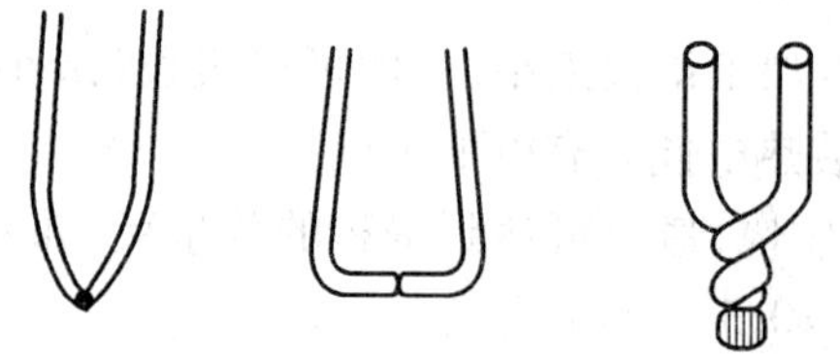

点焊接　　　　对焊　　　　绞状点焊

图 2.17　热电偶测量端的焊点形式

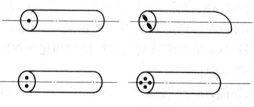

图 2.18　绝缘管的外形

表 2.7　绝缘材料

名　　称	长期使用温度上限 /℃	名　　称	长期使用温度上限 /℃
橡胶、塑料	60 ~ 80	石英	1 300
聚乙烯	80	陶瓷	1 400
氟塑料	250	氧化铝	1 600
玻璃丝、玻璃管	500	氧化镁	2 000

③保护套管。为了使热电偶免受化学和机械损伤,以得到较长的使用寿命和测温的准确性,通常都是将其装在不透气的并带有接线盒的保护套管内。接线盒内有连接热电极的两个接线柱,以便连接补偿导线或导线。对保护套管材料的要求是能承受温度的剧变,耐腐蚀,有良好的气密性和足够的机械强度,有较高的热导率,在高温下不致和绝缘材料及热电极起作用而使它们变质,也不产生对热电极有害的气体。因此应根据具体工作条件选择保护套管的材料。常用的保护套管材料及其所耐温度见表 2.8。

表 2.8　常用保护管材料

材料名称 (金属)	所耐温度 /℃	材料名称 (非金属)	所耐温度 /℃
铜	350	石英	1 300
20° 碳铜	600	高温陶瓷	1 400
1Cr18Ni9Ti 不锈钢	900	高纯氧化铝	1 800
镍铬合金	1 200	氧化镁	2 000

④接线盒。接线盒的作用是固定接线座和连接热电极与补偿导线。通常由铝合金制成,一般分为普通式和密封式两种。为了防止灰尘和有害气体进入热电偶保护套管内,接线盒的出线孔和盖子均用垫片和垫圈加以密封。接线盒内用于连接热电极和补偿导线的螺丝必须紧固,以免产生较大的接触电阻而影响测量的准确性。

在实验室或某些场合测量中,常常使用自制的热电偶。从制造厂购得热电偶的材料,可将其制作成不同规格或型号的热电偶,因为没有加保护套管,俗称"裸系统"热电偶,每根热电偶丝的外面都涂上了薄薄的绝缘漆。

自制热电偶要求:在整个测温范围内能可靠工作,有足够的绝缘电阻及电绝缘强度,有足够的机械强度、耐振和耐热冲击,必须经过热电偶标定程序等。

(2)铠装型热电偶。

为能满足各工业和科研部门的需要,铠装型热电偶的结构也是多种多样的,根据使用的需要,它的测量端具有碰底型、非碰底型、露头型及帽型等多种结构形式,如图 2.19 所示。

①碰底型。它是将偶丝的感温部分与金属套管接触并焊接在一起,这是一种比较常用的形式,适用于温度较高、气氛稍坏的场合。其反应时间比露头型慢,比不碰底型快。

②不碰底型。它是将偶丝的感温部分单独焊接后,填以绝缘材料,再将金属套管端部焊牢,即偶丝与套管完全分开,因此偶丝与金属套管是绝缘的。它适用于一些电磁场干扰较大

　(a) 碰底型　　　　　　(b) 不碰底型　　　　　　　(c) 露头型　　　　　　(d) 帽型

图 2.19　铠装热电偶测量端的形式

和要求偶丝与金属套管绝缘的仪表设备上。

　　③露头型。它是将偶丝的感温部分露在金属套管外面,测量时偶丝直接和被测的介质接触。它一般用于被测量的温度不高、气氛良好、对偶丝不产生侵蚀的介质,如果测量端绝缘材料是敞开的,则只适用于干燥的介质。露头型铠装热电偶的时间常数仅为 0.05 s,适于测量发动机排气等要求响应快的温度测量或动态测温,但机械强度较低。

　　④帽型。帽型也称为绝缘型,它是将露头型的偶丝的感温部分套上一个用套管材料制作的保护帽,用银焊密封起来。

2.4.4　热电偶冷端(自由端)的温度补偿

　　从热电偶的测温原理中知道,热电偶的热电势的大小不但与热端温度有关,而且与冷端温度有关,只有在冷端温度恒定的情况下,热电势才能反映热端温度的大小。在实际应用时,热电偶的冷端放置在距热端很近的大气中,受高温设备和环境温度波动的影响较大,因此冷端温度不可能是恒定值。为消除冷端温度变化对测量的影响,可采用下述几种冷端温度补偿方法。

1. 计算法

　　各种热电偶的分度关系是在冷端温度为 0 ℃ 的情况下得到的。如果测温热电偶的热端温度为 t ℃,冷端温度不是 0 ℃ 而是 t ℃,这时不能用测得的 $E(t,t_0)$ 去查分度表得到,而应该根据下式计算热端为 t ℃,冷端为 0 ℃ 时的热电势,即

$$E(t,0) = E(t,t_0) + E(t_0,0) \qquad (2.12)$$

式中　$E(t,0)$ ——冷端为 0 ℃ 而热端为 t ℃ 时的热电势;

　　　　$E(t,t_0)$ ——冷端为 t_0 ℃ 而热端为 t ℃ 时的热电势,即实测值;

　　　　$E(t_0,t)$ ——冷端为 t_0 ℃ 时的应加校正值,相当于同一支热电偶在冷端为 0 ℃、热端为 t_0 ℃ 时的热电势,该值可从分度表中查得。

　　用 $E(t,0)$ 从分度表中查得温度 t ℃,这种方法在连续测量中不实用。

2. 冰点槽法

　　在一个标准大气压下,冰和纯水的混合物平衡温度为 0 ℃。在实验室中,通常用碎冰与蒸馏水混合放在保温瓶中,并使它们达到热平衡,这种方法称为冰点槽法。如图 2.20(a) 所示,在瓶盖上插进几根盛有变压器油或水银的试管(试管里的变压器油或水银是为了保证传热性能良好),将热电偶的冷端插到试管里。为了防止水银蒸汽逸出,水银面上应存放少量蒸馏水或变压器油。为了减少环境传热的影响,应使水面略低于冰屑面。插入玻璃试管中的参考端,其插入深度一般应大于 140 mm,而且试管壁宜薄且直径小。这样实现的冰点平衡温度约为 -0.06 ℃,对于热电偶测温可以认为参考端处于 0 ℃。

热电偶参考端插入试管中的方法有两种：

（1）首先两个参考端分别插入两根试管底部并与少量清洁的水银相接触，然后分别用铜导线引出接显示仪表，如图 2.20（a）所示。根据中间导体定律，可认为图 2.20（b）与（c）是线路等效。

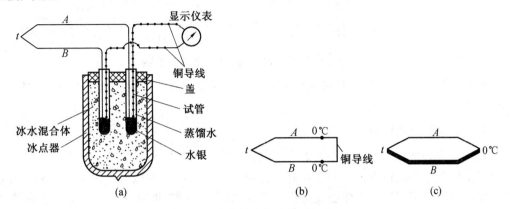

图 2.20　参考端连接示意图（一）

（2）两个参考端插入同一根试管底部并与水银相接触，如图 2.21（a）所示。由于铜导线两端均为室温 t_1，所以图 2.21（b）与（c）所示为线路等效。

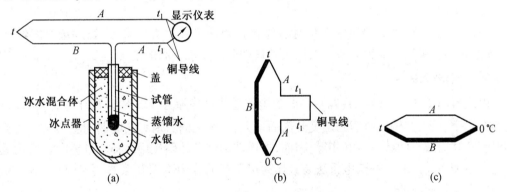

图 2.21　参考端连接示意图（二）

冰点槽法是一种准确度很高的冷端处理方法，然而使用起来比较麻烦，需要保持冰水两相共存，因此这个办法只用于实验室，工业生产中一般不采用。

3. 补偿导线法

热电偶在使用过程中一般规定为：热电偶温度已知的一端为冷端或参考点，而热电偶温度未知的一端为测量端或热端。如果冷端温度不是 0 ℃，就要进行冷端温度补偿修正，对应于测量某处的温度，如图 2.22 所示。

为了使热电偶的冷端温度保持恒定（最好是 0 ℃），当然可以把热电偶做得很长，使冷端远离热端，并连同显示仪表一起放置到恒温或温度波动较小的地方（如集中控制室），但这种方法既不便于安装使用，又要消耗许多贵重的金属材料，显然是不经济的。

必须指出，只有当新移的冷端温度恒定或配用仪表本身具有冷端温度自动补偿装置时，应用补偿导线才有意义。若新移的冷端仍处于温度较高或有波动的地方，那么此时的补偿导线就完全失去了它应有的作用。因此，热电偶的冷端必须妥善安置。

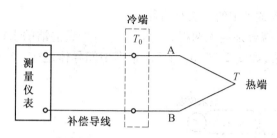

图 2.22　冷端温度不为 0 ℃时的测量电路

此外,热电偶和补偿导线连接端所处的温度不应超出 100 ℃,否则也会由于热电特性不同而带来新的误差。

4. 仪表机械零点调整法

显示仪表的标尺通常是以热电偶冷端温度为 0 ℃时刻度的,因此在没有信号输入时,显示仪表指针指在零的位置上。对于具有零位调整的显示仪表的机械零位调整法的程序是:首先将热电偶冷端温度用水银温度进行测量,比如 $t_0 = 20$ ℃,然后将显示仪表的电源和输入信号切断。这时就可以用螺丝刀在指针零位调整器上将仪表指针调整到所测得的热电偶冷端的温度 $t_0 = 20$ ℃上。这样,以后显示仪表的读数就直接代表了热电偶测量端的温度。这个方法虽然精度不高,有一定的误差,但是一种很简单方便的方法,因此在工业生产过程中还是经常采用的。

应该注意的是,当冷端温度变化时需要重新调整仪表的机械零点,如冷端温度经常变化,此法就不宜采用。这种方法一般用于测量准确度要求不高的情况。

5. 补偿电桥法

由式 $E_{AB}(T, T_0) = f(T) - f(T_0)$ 可知,热电偶总热电势随着冷端温度 T_0 升高而减小,如果能够有一个装置,其输出电压随温度升高而增大,且增大的数值和热电偶的总热电势由于冷端温度升高而减小的数值恰好相等,因而,这样就起到了补偿作用。补偿电桥的线路就是根据这个原理而设计的。补偿电桥法装置作为定型产品称为冷端补偿器,它是利用不平衡电桥的原理设计而成的。

冷端补偿器与热电偶冷端串联相接,它们处于同一环境温度中。在不平衡电桥 a,b,c,d 中,电阻 $R_1 = R_2 = R_3 = 1$ Ω,都是用锰铜线绕制而成的,补偿电阻 R_{cn} 是用铜漆包线绕制而成的,限流电阻 R_S 的大小是根据热电偶的种类和温度补偿范围来确定的,桥路的供电电源 E 为直流 4 V,ab 为输出端。补偿电阻 R_{cn} 的选择原则是:使得在此数值和规定的温度下,电桥处于平衡状态。例如,选择补偿电阻 R_{cn} 在温度为 20 ℃时为 1 Ω,则意味着这时桥路处于平衡状态,ab 输出端的电压 $u_{ab} = 0$;当热电偶冷端温度升高时,补偿电阻 R_{cn} 也随着增大,ab 输出端的电压 u_{ab} 也随着增大。我们知道,当热电偶冷端温度升高时,其热电势 E_x 将减小,而补偿器输出端的电压 $u_{AB} = E_x + u_{ab}$,如果 u_{ab} 的增加量正好等于 E_x 的减少量,则 u_{AB} 的大小就不随温度的变化而变化,也就是说,由于热电偶冷端的温度升高,使热电偶热电势 E_x 减小的数值由 ab 输出端的电压 u_{ab} 来补偿,这就是补偿器的作用原理,如图 2.23 所示。

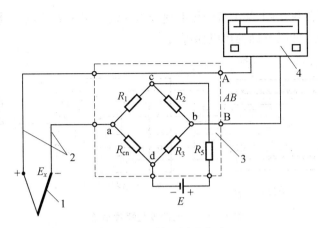

图 2.23　补偿电桥法线路
1—热电偶;2—补偿导线;3—补偿电桥;4—显示仪表

2.4.5　热电偶的校验

热电偶在使用过程中,由于热电极的热端受氧化、腐蚀和在高温下热电偶材料发生再结晶,引起热电特性发生变化而使测量误差越来越大。为了使温度的测量能保证一定精度,热电偶必须定期进行校验,以测出热电势变化情况,确定其误差大小,当其误差超出规定范围时,要更换热电偶或把原来热电偶的热端剪去一段,重新焊接后加以使用。在使用时还必须重新进行检验。

热电偶的检测方法有两种,即比较法和定点法。这里介绍工业上较为常用的比较法,即用被校热电偶和标准热电偶同时测量同一对象的温度,然后比较两者的示值,以确定被校热电偶的基本误差等质量指标。热电偶的示值检定点温度,按热电偶丝材质及电极的粗细决定,见表 2.9。

表 2.9　廉金属热电偶检定点温度

分度号	电极直径/mm	检定点温度/℃
K 或 N	0.3	400　600　700
	0.5　0.8　1.0	400　600　800
	1.2　1.6　2.0　2.5	400　600　800　1 000
	3.2	400　600　800　1 000　(1 200)
E	0.3　0.5　0.8　1.0　1.2	100　300　400
	1.6　2.0　2.5	(100)　200　400　600
	3.2	(200)　400　600　700
J	0.3　0.5	100　200　300
	0.8　1.0　1.2	100　200　400
	1.6　2.0	(100)　200　400　500
	2.5　3.2	(100)　200　400　600

∗括号内的检定点可根据实际需要选定

一般检定温度在 300~1 200 ℃的热电偶校验系统如图 2.24 所示。校验装置由管式电炉、切换开关、电位差计以及标准热电偶等组成。

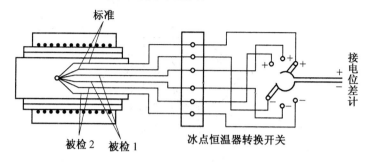

图 2.24　热电偶校验装置示意图

其中管式电炉的管子内径为 50~60 mm,管子长度为 600~1 000 mm。要求管内温度场稳定,最好有 100 mm 左右的恒温区。读数时炉内各点温度变化每分钟不得超过 0.2 ℃,否则不能读数。温度数值通过自耦变压器调节电流来达到。标准热电偶系采用二等或三等标准铂铑-铂热电偶。

热电偶放入炉中后,炉口应用石棉堵严。热电偶插入炉中深度一般为 300 mm,最小不得小于 150 mm。热电偶的冷端置于冰点槽中以保持 0 ℃。管式炉内腔长度与直径之比至少为 20∶1,才能确保在炉内有足够长的等温区域,即造成一个均匀的温度场。为使被检热电偶和标准热电偶的热端处于同一温度环境中,可在管式炉的恒温区放置一个镍块,在镍块上钻孔,以便把各支热电偶的热端插入其中,进行比较测量。检定时应注意以下事项:

(1)冰点槽必须是均匀的纯净冰水混合物,热电偶的冷端必须插入冰点槽的中部,且相互绝缘。

(2)被校热电偶若是铂铑-铂材料,则在校验前应对其进行退火和清洁处理;被校热电偶若是廉金属材料,则应将标准热电偶的测量端用套管加以保护以免被污染。

(3)300 ℃以上的各点在管式炉中与标准铂铑 10-铂热电偶进行比较,其中,检定 I 级热电偶时,必须采用一等铂铑 10-铂热电偶。

(4)将标准热电偶套上高铝保护管,与套好高铝绝缘瓷珠的被检热电偶用细镍铬丝捆扎成一束圆形,其直径不大于 20 mm。捆扎时应将被检热电偶的测量端围绕标准热电偶的测量端均匀分布一周,并处于垂直标准热电偶同一截面上。

(5)将捆扎成束的热电偶装入管式炉内,热电偶的测量端应处于管式炉最高温区中心;标准热电偶应与管式炉轴线位置一致。

(6)检定顺序:由低温向高温逐点升温检定。炉温偏离检定点温度不应超过±5 ℃。当炉温升到检定点温度,炉温变化小于 0.2 ℃/min 时,自标准热电偶开始依次测量各被检热电偶的热电动势。测量顺序如下:标准→被检 1→被检 2→…→被检 n→…→被检 2→被检 1→标准。读数应迅速准确,时间间隔应相近,测量读数不应少于 4 次。测量时管式炉温度变化不大于±0.25 ℃。

2.4.6　热电偶测温误差分析

1. 热交换的误差

用热电偶测温时,显示仪表反映出来的温度是热电偶测量端的温度值,它和被测介质的温度数值并不完全一致。这是因为在热电偶与被测介质和周围环境之间存在着复杂的热交换现象,要使热电偶测量端达到与被测介质相同的温度数值是不可能的,因而引起了测量误差。

由于被测空间或被测物体与外界往往存在着温差,从而存在着热交换,使热电偶热端温度达不到被测温度。

热交换所引起的误差主要有以下三方面原因:

(1)热平衡不充分所造成的误差。

实际测温时,热电偶热端未与被测对象充分接触,未达到热平衡而造成误差。

(2)动态测温误差。

当被测对象温度变化时,由于温度传感器固有的热惰性和仪表的机械惯性,使温度计示值不能迅速跟踪其变化而造成的误差称为动态测温误差。被测对象温度变化越快,动态测温误差越大。

常采取以下措施减小动态测温误差:

①采用导热性能好的材料作保护管,并将管壁做得很薄、内径做得很小。但这样会增加导热误差和降低机械强度,设计、使用时应多方权衡。

②尽量缩小热电偶测量端的尺寸,并使体积与面积之比尽可能小,以减小测量端的热容量,提高响应速度。

③减小保护管与热电偶测量端之间的空气间隙或填充传热性能好的其他材料。

④增加被测介质流经热电偶测量端的流速,以增加被测介质和热电偶之间的对流换热。

(3)热损失。

热损失指沿电极方向的导热损失和保护管向周围环境的辐射换热损失。它主要取决于沿电极方向的温差、被测介质与周围环境的温差和插入深度。

为了减少辐射散热造成的误差,应采取以下措施:

①在管壁外敷设绝热层,如石棉、玻璃纤维等,以尽量减少管壁与被测介质或测量端的误差。

②尽量减少保护管的外径以及保护管、热电极的黏度。

③在热电偶和管壁间加装防辐射罩,以减小热电偶与管壁之间的直接辐射。

为了减小导热误差可采取以下措施:

①增加热电偶的插入深度,以减小露在管壁外面的长度。如改垂直安装为倾斜安装,或在弯头处安装,或将直形热电偶改成“L”形,如图 2.25 所示。

②减小保护管的直径和壁厚。

③采用热导率小的保护管材料,以减小导热误差,但这样会增加热惯性,使动态误差增大,因此应综合考虑。

④在管道和热电偶的支座外面包上绝热材料,以减小热电偶保护管两端的温度差。

⑤提高被测介质的流速,以增加被测介质对热电偶的放热系数。

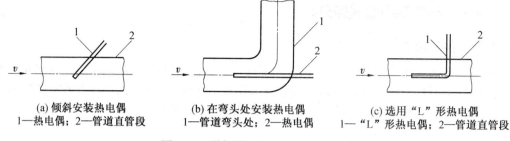

(a) 倾斜安装热电偶　　　　(b) 在弯头处安装热电偶　　　　(c) 选用"L"形热电偶
1—热电偶；2—管道直管段　1—管道弯头处；2—热电偶　1—"L"形热电偶；2—管道直管段

图 2.25　增加热电偶插入深度的方法

为减小动态测温误差和热损失，除采取以上措施外，还可通过对温度传感器进行热分析，来优化设计或建立模型进行补偿修正。

2. 热电偶材料不均匀性引起的误差

均匀性是指热电极材料的化学成分、应力分布和晶体结构的均质程度。若热电极材料是非均质的，两热电极又处于温度梯度场中，则热电偶回路相当于由若干支不同性质的热电偶相串联而成，这样就会产生一个附加热电势。这个附加热电势的大小取决于沿热电偶长度的温度梯度分布状态、材料的不均匀形式和不均匀程度以及热电极在温度场所处的位置。附加热电势的存在会使热电偶的热电特性发生一定的变化，从而降低了测温的准确度。有时材料不均匀性引起的误差是很可观的，同时也严重影响着热电偶的稳定性和互换性。

对热电偶材料的不均匀性，虽然可采取某些措施，如提高热电极材料抗氧化的能力、提高金属的纯度、进行退火等来减弱，但无法完全消除。

因为材料不均匀性而引起的误差很难计算出来，一般把它包括在分度误差中。

3. 分度误差

工业上常将热电特性符合一定规范的热电极组成各种热电偶，对它们的热电势和温度特性进行测定，并通过分析、计算得出这些热电偶的平均热电势和温度特性关系，制成相应的分度表。由于热电偶的离散性，同一类热电偶的化学成分、微观结构及应力都不尽相同。同时，热电偶在使用过程中，由于氧化腐蚀或挥发、弯曲应力及高温下的再结晶等也都将使热电特性发生变化，这样就造成了热电偶的热电特性与分度表的热电特性值不一致，这种特性之间的差值称为分度误差，分度误差要通过校验得知。

4. 补偿导线所致误差

补偿导线所致误差一般包括两个方面：一方面是由于补偿导线与所配用的热电偶在规定的工作温度范围内热电特性不一致而造成的，这类误差不得超出表 2.5 的规定；另一方面是因为补偿导线与热电偶连接处的两个接点温度不一致所造成的，这个误差应尽量避免。

若补偿导线使用不当，如未按规定使用或正负极接错等，将使误差显著增加。

5. 冷端温度引起的误差

除平衡点与计算点外，在其他各点的冷端温度均不能得到完全补偿，由此产生的误差各热电偶均不相同。如铂铑-铂热电偶在正常工作条件下约为 ±0.04 mV；镍铬-镍硅热电偶约为 ±0.16 mV；镍铬-康铜约为 ±0.18 mV。

6. 绝缘不良引起的误差

因测量系统绝缘电阻下降而引进的误差主要包括以下两方面：

（1）在高温下使用的热电偶,其绝缘性能的降低,主要是由于绝缘物或填充物的绝缘电阻降低,致使热电势泄漏而引起热电势下降。

（2）在低温下使用的热电偶,其绝缘性能下降主要是由于空气中水分凝结造成的。因此应将保护管内充满干燥空气后加以密封,以切断同外界的联系。在热电偶使用时,应注意两热电极间以及它们和大地之间均应有良好的绝缘,不然将会有热电势损耗,直接影响测量结果的准确性,严重时会影响仪表的正常运行。

2.4.7　热电偶的选择、安装和使用

1. 热电偶的选择

在实际测温时,被测对象极其复杂,应在熟悉被测对象、掌握各种热电偶特性的基础上,根据测量要求、使用环境、温度的高低等正确选择热电偶。

（1）根据使用温度选择。

当 $t<1\,000\ ℃$ 时,多选用廉金属热电偶,如 K 型热电偶。它的特点是使用温度范围广,高温下性能较稳定。当 t 为 $-200\sim300\ ℃$ 时,最好选用 T 型热电偶,它是廉金属热电偶中准确度最高的;也可选择 E 型热电偶,它是廉金属热电势变化率最大、灵敏度最高的。当 t 为 $1\,000\sim1\,400\ ℃$ 时,多选用 R 型和 S 型热电偶。当 $t<1\,300\ ℃$ 时,可选用 N 型或者 K 型热电偶。当 t 为 $1\,400\sim1\,800\ ℃$ 时,多选用 B 型热电偶。当 $t<1\,600\ ℃$ 时,短期可用 S 型或 R 型热电偶。当 $t>1\,800\ ℃$ 时,常选用钨铼热电偶。

（2）根据被测介质选择。

①氧化性气氛。当 $t<1\,300\ ℃$ 时,多选用 N 型或 K 型热电偶,因为它们是廉金属热电偶中抗氧化性最强的。当 $t>1\,300\ ℃$ 时,选用铂铑系热电偶。

②真空、还原性气氛。当 $t<950\ ℃$ 时,可选用 J 型热电偶,它既可以在氧化性气氛下工作,又可以在还原性气氛下工作。当 $t>1\,600\ ℃$ 时,应选用钨铼热电偶。

（3）根据冷端温度的影响选择。

当 $t<1\,000\ ℃$ 时,可选用镍钴-镍铝热电偶,其冷端温度在 $0\sim300\ ℃$ 时,可忽略其影响,它常被用于飞机尾喷口排气温度的测量。当 $t>1\,000\ ℃$ 时,常选用 B 型热电偶,一般可忽略冷端温度的影响。

（4）根据热电极的直径与长度选择。

热电极直径和长度的选择是由热电极材料的价格、比电阻、测温范围及机械强度决定的。对于快速反应,必须选用细直径的电极丝。测量端越小越灵敏,响应速度越快,但电阻也越大。如果热电极直径选择过细,会使测量线路的电阻值增大。若选择粗直径的热电极丝,虽然可以提高热电偶的测温范围和寿命,但要延长响应时间。热电极丝长度的选择是由安装条件所决定的,主要取决于插入深度。

综上所述,热电偶丝的直径与长度,虽不影响热电势的大小,但是它却直接与热电偶的使用寿命、动态响应特性及线路电阻有关,所以它的正确选择也很重要。根据使用温度及环境的不同要求,合理正确地选用组合体各部分的材料是保证使用精度的一个很重要的问题。

2. 热电偶的安装

热电偶的安装应遵循如下原则:

（1）安装方向。

安装热电偶时,应尽可能保持垂直,以防保护管在高温下产生变形。若水平安装热电偶,则在高温下会因自重的影响而向下弯曲,可用耐火砖或耐热金属支架来支撑,以防止弯曲。

测流体温度时,热电偶应与被测介质形成逆流,即安装时热电偶应迎着被测介质的流向插入,至少要与被测介质呈正交状态。

（2）安装位置。

热电偶的测量端应处于能够真正代表被测介质温度的地方。如测量管道中流体的温度,热电偶工作端应处于管道中流速最大的地方,热电偶保护管的末端应越过管道中心线5～10 mm。

（3）插入深度。

热电偶应有足够的插入深度。在实际测温过程中,如热电偶的插入深度不够,将会受到与保护管接触的侧壁或周围环境的影响而引起测量误差。对于金属保护管热电偶,插入深度应为直径的15～20倍;对非金属保护管热电偶,插入深度应为直径的10～15倍。此外,热电偶保护管露在设备外的部分应尽可能短,最好加保温层,以减少热损失。

（4）细管道内流体温度的测量。

在细管道(直径小于80 mm)内测温,往往因插入深度不够而引起测量误差,安装时应接扩大管,如图2.26(a)所示;或按图2.26(b)所示的方法,选择适宜部位安装,以减小或消除此项误差。

（5）含大量粉尘气体的温度测量。

由于气体内含大量粉尘,对保护管的磨损严重,因此应按图2.27所示,采用端部切开的保护筒。如采用铠装热电偶,不仅响应快,而且寿命长。

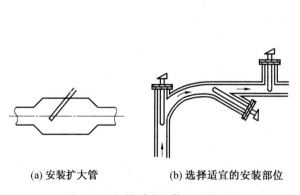

(a) 安装扩大管　　　(b) 选择适宜的安装部位

图2.26　细管道内流体温度的测量

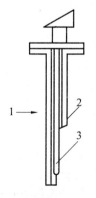

图2.27　含大量粉尘气体的温度测量
1—流体流动方向;2—端部切开的保护筒;
3—铠装热电偶

（6）负压管道中流体温度的测量。

热电偶安装在负压管道中,必须保证其密封性,以防外界冷空气吸入,使测量值偏低。

（7）接线盒安装。

导线及电缆等在穿管前应检查其有无断头和绝缘性能是否达到要求,管内导线不得有接头,否则应加接线盒。热电偶接线盒的盖子应朝上,以免雨水或其他液体浸入,影响测量的准确度。

(8)如果被测物体很小,在安装时应注意不要改变原来的热传导及对流条件。

3.热电偶的使用

(1)为减小测量误差,热电偶应与被测对象充分接触,使两者处于相同温度。

(2)保护管应有足够的机械强度,并可承受被测介质的腐蚀。保护管的外径越粗,耐热、耐腐蚀性越好,但热惰性也越大。

(3)当保护管表面附着灰尘等物质时,将因热阻增加,使指示温度低于真实温度而产生误差,故应定期清洗。

(4)磁感应的影响。热电偶的信号传输线,在布线时应尽量避开强电区(如大功率的电机、变压器等),更不能与电网线近距离平行敷设。如果实在避不开,也要采取屏蔽措施或采用铠装线,并使之完全接地。若担心热电偶受影响,则可将热电极丝与保护管完全绝缘,并将保护管接地。

(5)如在最高使用温度下长期工作,应注意热电偶材质发生变化而引起的误差。

(6)冷端温度的补偿与修正。

热电偶的冷端必须妥善处理,保持恒定,补偿导线的种类及正、负极不要接错,补偿导线不应有中间接头,最好与其他导线分开敷设。

(7)热电偶的焊接、清洗、定期检查与退火等应严格按照有关规定进行。

2.4.8 热电偶的故障处理

热电偶感温元件在使用中常会出现一些故障,其产生的原因和处理方法见表2.10。

表2.10 热电偶常见故障及处理方法

故障现象	可能原因	处理方法
热电势比实际值小 (显示仪表指示值偏低)	热电极短路	找出短路原因,如因潮湿所致,则需进行干燥;如因绝缘子损坏所致,则需更换绝缘子
	热电偶的接线柱处积灰,造成短路	清扫积灰
	补偿导线线间短路	找出短路点,加强绝缘或更换补偿导线
	热电偶热电极变质	在长度允许的情况下,剪去变质段重新焊接,或更换新热电偶
	补偿导线与热电偶极性接反	重新接正确
	补偿导线与热电偶不配套	更换相配套的补偿导线
	热电偶安装位置不当或插入深度不符合要求	重新按规定安装

续表 2.10

故障现象	可能原因	处理方法
热电势比实际值小（显示仪表指示值偏低）	热电偶冷端温度补偿不符合要求	调整冷端补偿器
	热电偶与显示仪表不配套	更换热电偶或显示仪表使之相配套
热电势比实际值大（显示仪表指示值偏高）	热电偶与显示仪表不配套	更换热电偶或显示仪表使之相配套
	补偿导线与热电偶不配套	更换补偿导线使之相配套
	有直流干扰信号进入	排除直流干扰
热电势输出不稳定	热电偶接线柱与热电极接触不良	将接线柱螺丝拧紧
	热电偶测量线路绝缘破损，引起断续短路或接地	找出故障点，修复绝缘
	热电偶安装不牢或外部振动	紧固热电偶，消除振动或采取减振措施
	热电极将断未断	修复或更换热电偶
	外界干扰（交流漏电、电磁场感应等）	查出干扰源，采用屏蔽措施
热电偶热电势误差大	热电极变质	更换热电极
	热电偶安装位置不当	改变安装位置
	保护管表面积灰	清除积灰

2.5　热电阻温度计

利用导体或半导体的电阻率随温度变化的物理特性实现温度测量的方法，称为电阻测温法。实验表明，很多物体的电阻率与温度有关。温度每升高 1 ℃，一般金属的电阻值升高 0.4% ~ 0.6%，而半导体的电阻值则下降 1.6% ~ 5.8%。电阻温度计就是利用导体或半导体的电阻值随温度变化的性质来测量温度的。用导体或半导体材料制作温度计不仅要考虑材料的耐温程度，更重要的是要考虑所用材料的电阻率与温度特性的单一性、稳定性和变化率都应符合测量温度的要求。电阻温度计的测温范围和准确度与选用的材料有关。通常用来制造电阻温度计的纯金属材料有铂、铜、铟等，选用的合金材料有铑-铁、铂-钴，制造半导体温度计的材料有锗、硅以及铁、镍等金属氧化物。一般情况下，将用导体制成的感温元件称为热电阻，用半导体制成的感温元件则称为热敏电阻。

用热电偶测量 500 ℃ 以下的温度时，热电势小，测量精度低，因此有时采用电阻温度计进行测量。尤其对于低温测量，电阻温度计应用更为广泛，例如，铂电阻温度计可测到

-200 ℃的温度;铟电阻温度计可测到 3.4 K 的低温。

电阻温度计有许多优点:测温精度高,因此在 13.8 ~ 630.74 ℃范围内铂电阻温度计作为实用标准温度计,不需要冷端温度补偿,且信号便于远传,所以电阻温度计在温度测量中占有重要地位。

它的缺点是:不能测量太高的温度;感温部分体积大,热惯性大;不能测量某一点的温度,只能测量一个区域的平均温度;在应用时,需要外电源供电,因此在某些情况下就受到限制,而且连接导线的电阻易受环境温度的影响,产生测量误差。

根据上述要求,比较适宜制作热电阻的材料主要有铂、铜及镍。它们的主要性能如表2.11 和图 2.28 所示。

表 2.11　常用热电阻材料的特性

材料	化学符号	测温范围/℃	电阻温度系数/℃$^{-1}$	比电阻/$(\Omega \cdot mm^2 \cdot m^{-1})$	稳定性	电阻-温度的关系	价格
铂	Pt	-200 ~ +650	$3.8 \times 10^3 ~ 3.9 \times 10^{-3}$	0.098 1	在氧化性介质中稳定	线性尚好	贵
铜	Cu	-50 ~ +150	$4.3 \times 10^3 ~ 4.4 \times 10^{-3}$	0.017	超过 100 ℃易氧化	线性好	廉
镍	Ni	-100 ~ +200	$6.3 \times 10^{-3} ~ 6.7 \times 10^{-3}$	0.128	较稳定	线性较差	中等

* 电阻温度系数是 0 ~ 100 ℃的平均值

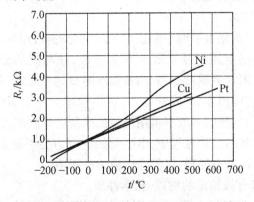

图 2.28　金属电阻值与温度的关系曲线

2.5.1　热电阻测温原理及其特点

通常电阻温度计由热电阻、连接导线和测量电阻值的显示仪表组成,它是利用某些金属导体或半导体的电阻随温度的变化而改变的性质来进行工作的。

在一定温度范围内,金属导体的电阻与温度的关系可表示为

$$R_t = R_{t_0} [1 + \alpha (t - t_0)] \tag{2.13}$$

式中　R_t——温度为 t ℃时的电阻值;

　　　R_{t_0}——温度为 t_0 ℃时的电阻值;

　　　$t - t_0$——温度的变化,即 $\Delta t = t - t_0$;

α——温度在 $t_0 \sim t$ 之间金属导体的平均电阻温度系数。

从此式可见,若要保持 R_{t_0} 与 t_0 为一常数,那么 R_t 与 t 之间是单值函数关系,则 R_t 的大小就反映了温度的高低。对于金属热电阻有 $\alpha>0$,即电阻随温度升高而增加;对于半导体热敏电阻,温度系数 α 可正可负;对于常用的 NTC 型热敏电阻 $\alpha<0$,即电阻随温度升高而降低。作为基准器用的铂电阻,要求 $\alpha > 3.925 \times 10^{-3} ℃^{-1}$;一般工业用的铂电阻,则要求 $\alpha>3.85 \times 10^{-3} ℃^{-1}$。

图 2.29 所示为电阻比 R_t/R_0 与温度 t 的特性曲线。由图可见,铜热电阻的特性比较接近直线;而铂电阻的特性呈现出一定的非线性,温度越高,电阻的变化率越小。

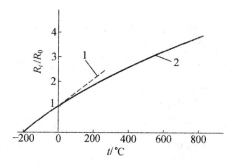

图 2.29　常用热电阻的特性曲线
1—铜热电阻;2—铂电阻

虽然大多数金属导体的电阻值随温度变化而变化,但是它们并不都能作为测温用的热电阻。制作热电阻的材料必须满足下列要求:

(1)电阻温度系数要大。

电阻温度系数指温度变化 1 ℃时电阻值的相对变化的量,用 α 表示,单位是 $℃^{-1}$。

必须指出,一般材料的电阻温度系数 α 并非常数,在不同的温度下具有不同的数值。电阻温度系数越大,热电阻的灵敏度越高,测量温度时就越容易得到准确的结果。材料的纯度值越高,α 值就越大;杂质越多,α 值就越小,且不稳定。纯金属的温度系数比合金的要高,而且纯金属也较易复制,所以一般多采用纯金属来制造电阻温度计的感温元件。α 值还与制造工艺有关,在电阻丝的拉伸过程中,电阻丝的内应力会引起 α 的变化,所以电阻丝在做成热电阻之前,必须进行退火处理,以消除内应力的影响。

(2)在测温范围内具有较稳定的物理、化学性质。

(3)要求有较大的电阻率。这样,在相同的电阻值下,电阻体的体积可做得小一些,因而热容量和热惯性也就小些,对温度变化的反应较快,即动态特性较好。

(4)电阻与温度的关系最好近似于线性的函数关系,以便于分度和读数。

(5)复现性好,复制性强,是容易提纯的物质。

(6)价格便宜。

但是,要完全符合上述要求的热电阻材料实际上是很困难的,目前应用最广泛的热电阻材料是铂和铜。另外,随着低温和超低温测量的发展,开始采用铟、锰和碳等作为热电阻的材料。

电阻式温度计的优缺点如下:

(1)优点。

①工业上广泛用于测量 -200 ~ 850 ℃内的温度,其性价比高;在少数情况下,高温可达 1 000 ℃。

②同类材料制成的热电阻不如热电偶测温上限高,但在中、低温区稳定性好、准确度高,且不需要冷端温度补偿,信号便于远传。

③与热电偶相比,在相同温度下,灵敏度高,输出信号大,易于测量。

④标准铂电阻温度计的准确度最高,在 ITS - 90 国际温标中,作为 13.803 3 ~ 1 234.93 K 范围内的内插用标准温度计。

(2)缺点。

①不适用于测量高温物体。

②不同种类的电阻式温度计个体差异较大,如铜电阻温度计感温元件结构复杂,体积较大,热惯性大,不适于测体积狭小和温度瞬变对象的温度,半导体热敏电阻的互换性差等。

2.5.2　铂电阻温度计

金属铂是一种比较理想的材料,因为它的化学稳定性好,能耐较高温度,容易得到高纯度的铂。又因为它的电阻率较大,所以温度计的感温部分可以做得小些。此外,它的测量精度高,应用温度范围广,性能可靠。

但是铂电阻在还原性气氛中,特别是在高温下很容易被还原性气体污染,使铂丝变脆,并改变其电阻与温度间的关系。因此,在这种情况下,必须用保护管把电阻体与有害气体隔离开。

铂的电阻-温度关系在 0 ~ 650 ℃范围内可表示为

$$R_t = R_0(1+At+Bt^2) \tag{2.14}$$

在 -200 ~ 0 ℃范围内则为

$$R_t = R_0[1+At+Bt^2+Ct^3(t-100)] \tag{2.15}$$

式中　R_t,R_0——铂热电阻在 t ℃和 0 ℃时的电阻值;

　　　A,B,C——分度系数,由实验确定。

铂热电阻在 100 ℃及 0 ℃时的电阻值之比(R_{100}/R_0)是衡量铂热电阻铂丝纯度品质的一个重要指标。铂热电阻铂丝纯度越高,其稳定性、复现性、测温精度也越高。标准铂电阻温度计的 R_{100}/R_0 规定应高于 1.392 5,而工业用的铂电阻温度计的 R_{100}/R_0 则为 1.391。

标准或实验室用的铂热电阻 R_0 为 10 Ω 或 30 Ω 左右。国产工业铂电阻温度计主要有三种,分别为 Pt50,Pt100 和 Pt300,其技术指标见表 2.8。

铂电阻体是用很细的铂丝绕在云母、石英或陶瓷支架上制成的。铂电阻是由直径为 0.03 ~ 0.07 mm 的铂丝绕在云母片制成的平板形支架上,云母片的边缘上开有锯齿形的缺口,铂丝绕在齿缝内以防短路。铂丝绕成的绕组两面盖以云母片绝缘。为了改善热电阻的动态特性和机械强度,再在其两侧用金属薄片制成的夹持件与它们铆合在一起,铂丝绕组的线端与银丝引出线相焊,并穿以瓷管加以绝缘和保护。

热电阻引线对测量结果有较大的影响,目前常用的引线方式有两线制、三线制和四线制三种。

表 2.12　工业用铂热电阻的主要技术指标

分度号	R_0/Ω	R_{100}/R_0	R_0 的允许误差/%	精度等级	最大允许误差/℃
Pt50	50.00	1.391 0±0.000 7 1.391 0±0.001	±0.05 ±0.1	Ⅰ Ⅱ	对于Ⅰ级准确度： −200~0 ℃： $\pm(0.15+4.5\times10^{-3}t)$； 0~500 ℃： $\pm(0.15+3.0\times10^{-3}t)$。
Pt100	100.00	1.391 0±0.000 7 1.391 0±0.001	±0.05 ±0.1	Ⅰ Ⅱ	对于Ⅱ级准确度： −200~0 ℃： $\pm(0.3+6.0\times10^{-3}t)$； 0~500 ℃： $\pm(0.3+4.5\times10^{-3}t)$
Pt300	300.00	1.391 0±0.001	±0.1	Ⅱ	

1. 两线制

在热电阻感温元件的两端各连一根导线的引线形式称为两线制,如图 2.30 所示。从图中可见,热电阻两引线电阻 R_A,R_B 和热电阻 R_t 一起构成电桥测量臂,这样引线电阻因沿线环境温度变化而引起的阻值变化量以及因被测对象温度变化而引起的热电阻 R_t 的阻值变化量 ΔR_t 一起作为有效信号被转换成测量信号,从而造成测量误差。可见,这种引线方式结构简单、安装费用低,但是引线电阻以及引线电阻的变化会带来附加误差。因此两线制适用于引线补偿、测温准确度要求较低的场合。

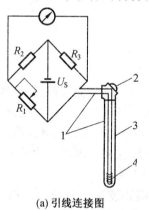 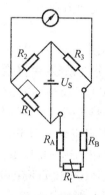

(a) 引线连接图　　　　　　　　(b) 等效原理示意图

图 2.30　两线制引线的热电阻温度计

1—连线;2—接线盒;3—保护套管;4—热电阻感温元件

2. 三线制

在热电阻感温元件的一端连接两根引线,另一端连接一根引线,此种引线形式称为三线制,如图 2.31 所示。从图中可见,当电桥平衡时有

$$R_3(R_1+R_A)=R_2(R_t+R_B) \tag{2.16}$$

若 $R_2=R_3$,则有

$$R_1 + R_A = R_t + R_B \tag{2.17}$$

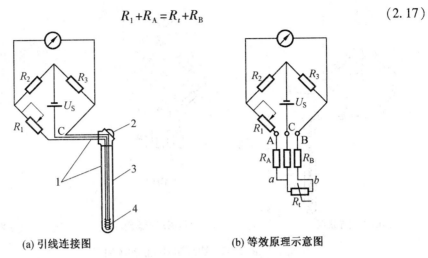

(a) 引线连接图　　　　　　　　(b) 等效原理示意图

图 2.31　三线制引线的热电阻温度计

1—连线;2—接线盒;3—保护套管;4—热电阻感温元件

若两引线电阻相等,即 $R_A = R_B$,则式(2.17)变成 $R_1 = R_t$。可见,这种引线形式可以较好地消除引线电阻的影响,且引线电阻因沿线环境温度变化而引起的阻值变化量也被分别接入两个相邻的桥臂上,可以相互抵消。因此三线制测量准确度高于两线制,应用较广。工业热电阻温度计通常采用三线制接法,尤其是在测温范围窄、导线长、架设铜导线途中温度发生变化等情况下,必须采用三线制接法。

3. 四线制

在热电阻感温元件的两端各连两根引线的方式称为四线制,如图 2.32(a)所示。其中两根引线为热电阻提供恒流源,在热电阻上产生的压降通过另两根引线引至电位差计进行测量。当按图 2.32(b)连接转换开关时,通过调节 R_1 使电桥平衡,则有

$$R_3(R_1 + R_A) = R_2(R_t + R_B) \tag{2.18}$$

再按图 2.32(c)连接转换开关,调节 R_1 使电桥再度平衡,则有

$$R_3(R'_1 + R_B) = R_2(R_t + R_A) \tag{2.19}$$

式中　R'_1——按图 2.32(c)连接并达到平衡时,R_1 的新阻值,Ω。

若 $R_2 = R_3$,则联合式(2.18)和式(2.19),可得

$$R_t = \frac{R_1 + R'_1}{2} \tag{2.20}$$

可见,四线制不管引线电阻是否相等,通过两次测量均能完全消除引线电阻对测量的影响,且在连接导线阻值相同时,还可消除连接导线的影响。这种方式主要用于高准确度温度检测。

值得注意的是,无论是三线制还是四线制,引线都必须从热电阻感温元件的根部引出,不能从热电阻的接线端子上分出。

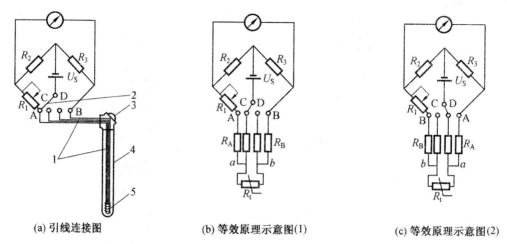

(a) 引线连接图　　　　　(b) 等效原理示意图(1)　　　　(c) 等效原理示意图(2)

图 2.32　四线制引线的热电阻温度计

1—连线;2—转换开关;3—接线盒;4—保护套管;5—热电阻感温元件

2.5.3　铜电阻温度计

工业上除了铂电阻应用很广外,铜电阻使用也很普遍。因为铜电阻的电阻与温度的关系几乎是线性的,电阻温度系数也比较大,而且材料容易提纯,价格比较便宜,所以在一些测量准确度要求不是很高而且温度较低的场合,可以使用铜电阻。铜电阻通常可以测量 $-50 \sim 150$ ℃范围内的温度。铜电阻和温度函数表达式为

$$R_t = R_0(1 + \alpha t) \tag{2.21}$$

式中　　R_0, R_t——温度为 0 ℃和 t ℃时的铜电阻值,Ω;

　　　　α——铜电阻温度系数,$\alpha = 4.25 \times 10^{-3}$ ℃$^{-1}$。

铜热电阻的缺点是易氧化,氧化后即失去其线性关系。所以测温范围不能超过 150 ℃,一般在使用温度 100 ℃以下和无水分及无腐蚀性的环境下工作。另外,铜的电阻率较小,所以要制造一定电阻值的热电阻其铜丝的直径很细,影响机械强度,而且长度很长,这样制成的热电阻体积较大,热惯性也较大。

铜电阻体是用直径约为 0.1 mm 的绝缘铜钱采用无感双线绕法绕在圆柱形塑料支架上而制成。用直径为 1 mm 的铜丝或镀银铜丝制作引出线,并穿以绝缘套管。热电阻体和引出线都装在保护套管内。绝缘套管与保护套管的要求与热电偶的相同。

为了改善热传导,在铂电阻体和铜电阻体与保护套管之间,置有金属片制的夹持件或内套管。

2.5.4　半导体热敏电阻温度计

热敏电阻通常是用半导体材料制成的,它的电阻随温度变化而急剧变化。热敏电阻分为负温度系数(NTC)热敏电阻和正温度系数(PTC)热敏电阻两种。NTC 热敏电阻的体积很小,其阻值随温度变化比金属电阻要灵敏得多,因此,它被广泛用于温度测量、温度控制以及电路中的温度补偿、时间延迟等。

热敏电阻是由氧化锰、氧化镍、氧化钴及氧化铜等金属氧化物烧结而成的,它们具有大

而且负的电阻温度系数。热敏电阻的性能取决于氧化物的类型及热敏电阻的尺寸和形状。

1. 热敏电阻的材料与构造

制造热敏电阻的材料大多数是由各种金属氧化物,如氧化铜、氧化铁、氧化铝、氧化锰和氧化镍等原料制成。将上述各种氧化物按一定的比例混合起来进行研磨成形,然后高温烧结而制成,并焊上引线就成为热敏电阻。改变这些混合物的成分及配比,就可改变热敏电阻的测温范围、阻值及温度系数。该电阻测温范围为−100 ~ 300 ℃。

热敏电阻可制成各种形状,如珠状、圆柱状、片状等,如图 2.33 所示。

常见的热敏电阻的结构形式如图 2.34 所示。图 2.34(a)为带玻璃保护管的热敏电阻;图(b)为带密封玻璃柱的热敏电阻。套管内的电阻体为直径 0.2 ~ 0.5 mm 的珠状小球,铂丝引线直径为 0.1 mm。

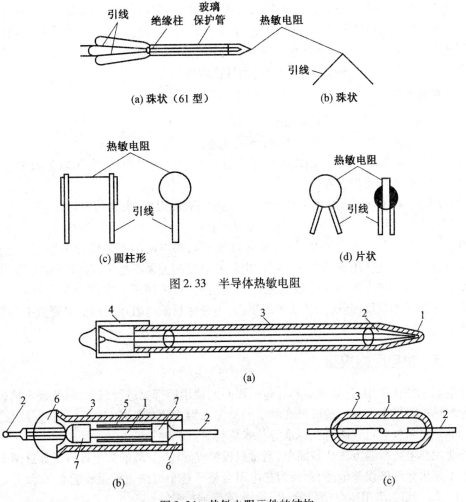

图 2.33　半导体热敏电阻

图 2.34　热敏电阻元件的结构

1—电阻体;2,4—引出线;3—玻璃保护管;5—锡箔;6—密封材料;7—导体

2. 热敏电阻与温度的关系

对大多数热敏电阻来说,电阻与温度不是线性关系,它可以表示为

$$R(T) = De^{B/T} \tag{2.22}$$

或

$$R(T) = R_0(T_0) e^{B\left(\frac{1}{T} - \frac{1}{T_0}\right)} \tag{2.23}$$

式中　$R(T)$，$R_0(T_0)$——被测温度 T 及某参考温度 T_0 时的电阻值，Ω；

D，B——常数，其值与半导体材料的成分和制造方法有关。

$$B = \frac{\ln R(T) - \ln R_0(T_0)}{\frac{1}{T} - \frac{1}{T_0}} \tag{2.24}$$

热敏电阻的电阻温度系数 α 不是一个常数，应为

$$\alpha = \frac{1}{R} \cdot \frac{dR}{dT} \approx -\frac{B}{T^2} \tag{2.25}$$

热敏电阻在常温下的电阻值可达 $1 \sim 200$ kΩ，电阻温度系数可达-5.8%，约为热电阻的 10 倍，所以它具有很高的灵敏度，而且可忽略引线电阻的影响，便于远距离测量。热敏电阻可以制成任意大小和形状，可进行快速测量。热敏电阻的主要缺点是：同一型号的热敏电阻所具有的分度特性很不一致，非线性严重，而且稳定性变差。

3. 半导体热敏电阻的优缺点

半导体热敏电阻与金属热电阻相比，它的优点是：

（1）电阻温度系数大，为$-3\% \sim 6\%$，灵敏度高。

（2）电阻率很大，因此可以制成体积很小且电阻很大的电阻体，由于电阻数值大，连接导线电阻变化的影响可以忽略。

（3）结构简单，体积小，可以用来测量点的温度、表面温度、空间的平均温度等。

（4）热惯性很小。

热敏电阻的不足之处主要是：同一型号热敏电阻的电阻温度特性分散性很大，互换性差，非线性严重，因此使用很不方便；此外，电阻和温度的关系不稳定，随时间而变化，因此测温误差较大。这些缺点限制了热敏电阻的广泛使用，只适用于一些测温要求较低的场合。随着半导体技术的发展，制造工艺水平的提高，半导体热敏电阻在快速低温测量中会得到广泛应用。

2.5.5　热电阻的校验

热电阻元件在使用前、修理后和经过一段时间使用后都要进行校验，以便确定精确度。

标准热电阻感温元件的校验是在物质的平衡点温度下进行的，要求较高，方法较复杂。有关标准热电阻校验可查阅有关标准等技术资料。

工业用热电阻校验方法比较简单，通常只校验 R_0 和 R_{100}/R_0 的数值即可。如这两个参数的误差不超出允许的误差范围，即认为热电阻合格。这个方法也就是校验 0 ℃ 和 100 ℃ 的热电阻阻值。此时 R_0 用冰点槽校验，R_{100} 用水沸腾器校验。

2.5.6　热电阻测温误差分析

应用热电阻测量温度时，产生测量误差的原因与使用热电偶测温产生误差的原因有很多相同之处，这是因为它们都是接触式测温的缘故。但由于它们的测温原理不同，故产生的

误差原因也略有不同,下面仅就其不同之处简述如下:

(1)分度误差。

每支热电阻实际的电阻值与温度的关系和统一的分度表可能不完全一致,这个差值不能超过所规定的范围。

(2)线路电阻变化所引起的误差。

它是由显示仪表本身的准确度等级和线路电阻决定的。如用 Cu50 型铜电阻测温,在规定条件下铜导线的电阻为 5 Ω,仪表指示被测温度为 40 ℃。若此时环境温度变化 10 ℃,则两线制连接的导线会给测量值带来约 2 ℃ 的误差,三线制连接会带来 0.1 ℃ 的误差。此外,引线电阻、连接导线的阻值变化也将引起误差。

(3)热电阻通电发热引起的误差。

在实际测温时,热电阻本身总是要通过一定的电流,而使热电阻发热,因此引起电阻值发生变化而造成误差。该误差随电流的大小变化,电流越大,误差越大。通过热电阻的电流一般选择 3 mA。

(4)动态误差。

由于热电阻体积大,热容量较大,故其动态误差比热电偶的动态误差要大,因此在快速测温中使用热电阻就要受到一定的限制。

还有热交换误差,此误差与热电偶的热交换误差的产生原因和采取的措施是相仿的,可以参照使用。

2.5.7　热电阻的故障处理

热电阻常见的故障是电阻断路和短路,其中以断路为多,这是由于电阻较细所导致。断路和短路都是比较容易判断的,用万用表的 $X_1 \Omega$ 挡,如测得电阻值比 R_0 还小,则可能有短路;若万用表指示无穷大,则可判断是断路。通常情况下短路易修,只要不影响电阻丝的粗细和长短,找到短路点加强绝缘即可。断路修理必然要改变电阻丝长度而影响电阻值,故在断路的情况下最好更新热电阻。若采取焊接,焊好后要进行校验。运行中常见的几种故障及处理方法见表 2.13。

表 2.13　热电阻元件常见故障及处理方法

故障现象	可能原因	处理方法
显示仪表指示值比实际值低或指示值不稳	保护管内有金属屑、灰尘、接线柱间积灰以及热电阻短路	除去金属屑,清扫灰尘,找出短路点,加好绝缘
显示仪表指示无穷大	热电阻或引出线断路	更换热电阻或焊接断线处
显示仪表指示负值	显示仪表与热电阻接线有错或热电阻短路	改正接线,找出短路处,加好绝缘
阻值与温度关系有变化	热电阻丝材料受蚀变质	更换热电阻

2.6　接触式温度计的安装

使用膨胀式温度计、压力计式温度计、热电偶温度计和热电阻温度计进行温度测量时,其感温元件都要与被测介质(或物体)相接触,所以把这类温度计称为接触式温度计。

接触式温度计的安装是保证达到测量的预期结果的重要环节。如果安装不正确,尽管感温元件和显示仪表的精度等级都很高,也得不到满意的测量结果,严重时,还会影响生产和科研,带来不应有的损失。

由于被测对象不同,环境条件不同,测量要求不同,因此感温元件的安装方法与措施也会不同,需要考虑的问题很多,下面仅从确保测量准确、安全可靠、维修方便等几个方面简要介绍其安装要求。

1. 感温元件的安装应确保测量的准确性

(1)正确选择测温点。由于接触式温度计的感温元件是与被测介质进行热交换而测量温度的,因此必须使感温元件与被测介质能进行充分的热交换。感温元件放置的方式与位置应有利于热交换的进行,不应把感温元件插至被测介质的死角区域。

(2)在管道中,感温元件的工作端应处于管道中流速最大处,即管道中心线处。例如,膨胀式温度计应使测温点(如水银温包)的中心位于管道中心线上;热电偶保护端的末端应越过流速中心线 5 ~ 10 mm;热电阻保护管的末端应越过流束中心线,铂电阻为 50 ~ 70 mm,铜电阻为 25 ~ 30 mm;压力计式温度计的温包中心应与管道中心线重合。

(3)感温元件应与被测介质形成逆流。即安装时,感温元件应迎着介质流向插入,至少要与被测介质流向成90°角,如图 2.35 所示。切勿与被测介质形成顺流,否则容易产生测温误差。在弯管处,感温元件的工作端应对着管道中介质的流向。

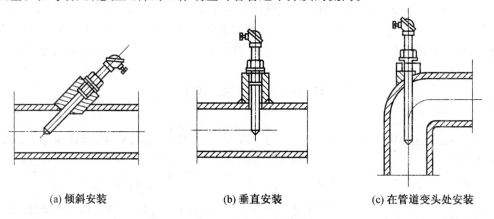

(a) 倾斜安装　　　　　(b) 垂直安装　　　　　(c) 在管道变头处安装

图 2.35　感温元件在管道中的安装形式

(4)避免热辐射所产生的测温误差。在温度较高的场合,应尽量减小被测介质与管道或设备的壁表面之间的温度差。在安装感温元件的地方,如壁表面暴露于空气中,应在其表面包一层绝热层(如石棉等),以减少热量损失,提高壁表面温度。必要时,可在感温元件与壁表面之间加装防辐射罩,以消除感温元件与壁表面之间的直接辐射作用。防辐射罩最好是用耐高温和反光性强的物质做成。

（5）避免感温元件外露部分的热损失所产生的测温误差。例如，用热电偶测量 500 ℃左右的介质温度时，当热电偶插入深度不足，且其外露部分置于空气流通之处，由于热量的散失所造成的实测温度值往往会比实际值偏低 3 ~ 4 ℃。

①要有足够的插入深度。实线证明，随着感温元件插入深度的增加，测温误差减小。因此，在安装时，应保证最大的插入深度，尽可能使受热部分增加。一般在管道中，温度计的插入深度到 300 mm 时已足够。

②若安装感温元件的管道过小时，应接装扩大管，如图 2.36 所示。例如，各类玻璃液体温度计在公称直径 D_g <50 mm 的管道上安装时，应采用扩大管；普通热电偶和普通热电阻和双金属温度计在 D_g <80 mm 的管道上安装时，应采用扩大管；对于压力计式温度计采用扩大管时，应根据温包长度和管道直径来确定。

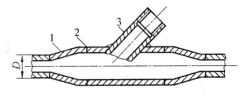

图 2.36　小管道接装扩大管
1—异径管；2—扩大管；3—斜连接头

③必要时，为减少感温元件外露部分的热量损失，应对感温元件外露部分进行适当的保温，可加装保温层。

（6）用热电偶测量炉腔温度时，应避免热电偶与火焰直接接触，否则必然会使测量值偏离。同时，应避免把热电偶装置在炉门旁或与加热物体距离过近之处，其接线盒不应碰到被测介质的壁表面，以免热电偶冷端温度过高，一般距离为 200 mm 左右。

（7）感温元件安装负压管道（设备）中（如烟道中）必须保证其密封性，以免外界冷空气进入而降低测量温度，必须用耐火泥或石棉绳堵塞空隙。

（8）安装压力计式温度计的温包时，除要求其中心与管道中心线重合外，尚应将温包自上而下垂直安装，同时毛细管不应受拉力与机械损伤。

（9）热电偶、热电阻温度计的接线盒出线孔应向下，以防止密封不良而使水汽、灰尘和杂质等落入接线盒中，造成短路而影响测量。

（10）测温点应尽量避开具有强电磁场干扰源的场合，避不开时，应采取抗干扰的措施。

（11）水银温度计只能垂直或倾斜安装，不得水平安装，更不应倒装。

2. 感温元件的安装应确保安全、可靠

为避免感温元件的损坏，应保证其具有足够的机械强度。可根据被测介质的工作压力和温度，合理地选择感温元件保护套管的壁厚和材质。在不同的压力范围，有不同的安装要求。此外，感温元件的机械强度还与其结构形式、安装方法、插入深度以及被测介质的流速等因素有关，也必须予以考虑。

（1）凡安装承受压力的感温元件，都必须保证其密封性。

（2）在高温下工作的热电偶，其安装位置应尽可能保证垂直，以防止保护管在高温下产生变形，如果必须水平安装，则不宜过长，一般不应大于 500 mm，并且应装有用耐火黏土或耐热合金制成的支架，如图 2.37 所示。

（3）在介质具有较大流速的管道中，安装感温元件时必须倾斜安装，以免受到过大的冲蚀，最好能把感温元件安装于管道的弯曲处。

（4）如被测介质中有颗粒、尘粒及粉物，为保护感温元件不受磨损起见，应加装保护屏（如煤粉输送管中，如图 2.38 所示）或加保护管（如沸腾式锅炉，在热电偶外再加装高铬铸

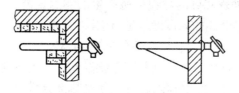

图 2.37　防止热电偶保护管弯曲的安装方式

铁保护外套管）。

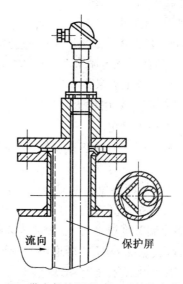

图 2.38　带有保护屏的感温元件的安装

（5）在安装陶瓷和氧化铝这一类保护管时，其所选择的位置应适当，不致因加热工件的移动而损坏保护管。应特别指出，在插入或取出热电偶时，应避免急冷急热，以免保护管破裂。

（6）在薄壁管道上安装感温元件时，要在连接头外加装加强板。

3. 感温元件的安装应便于维修、校验

感温元件的安装应便于测量工作人员的维修、校验，尤其对于重要的测温点，若在高空时，须装有平台、梯子。当在设备内部需要安装很长的热电偶时，设备的测温点处须留较大口径的矮颈法兰，以便于拆装，以避免热电偶烧坏变形时，不易甚至不能取出而妨碍生产。

在外装保护外套时，为减少测温的滞后，可在套管之间，加装传热良好的填充物。当温度低于 150 ℃时可充入变压器油；当温度高于 150 ℃时，可充填铜屑或石英砂，以使传热良好，减少测量误差。

2.7　非接触式测温技术

在接触式温度测量中，无论是力学方法还是电学方法，测温传感器必须与被测对象直接接触，且大多数情况下要使感温元件和被测对象达到热平衡后进行测量。因此，用接触式感温元件测量温度场，不仅测量点众多，工作量大，而且常由于被测对象的热变化而影响测量的准确度。更严重的问题是多点接触被测对象，破坏了原有的温度场、堵塞流通，造成温度输出信号失真。

黑体的热辐射强度与其温度有单值函数关系,因此测量黑体的辐射强度就可以知道其温度。利用这种方法测量温度时,感受件不需要与被测介质相接触,所以称为非接触式测温方法。所用的仪表称为辐射式温度计。

与接触式测温技术相比,非接触测温技术以卓越的优势得到快速发展。测量时,只需把温度计光学接收系统对准被测物体,而不必与物体接触,就可以测量运动物体的温度而不会破坏物体的温度场。此外,由于感温元件只接收辐射能,不必达到被测物体的实际温度,从理论上讲,它没有上限,可以测量高温。

辐射式温度计有三种形式,它们的研制与发展都是依据于辐射学的基本原理。依据普朗克定律研制的光学高温计,可以测量物体单色辐射力而得到与物体辐射强度成正比的亮度温度;依据维恩公式研制的比色高温计,通过测量物体在两个波长下辐射强度的比值而得到比色温度;依据斯蒂芬-玻耳兹曼定律研制的全辐射高温计,通过测量物体的全部辐射能而得到的辐射温度。

辐射式温度计具有以下特点:

(1)利用辐射感温器测温可以实现连续检测自动记录和自动控制。

(2)辐射式温度计的结构简单,价格便宜,测温范围宽。从理论上讲,测温上限没有限制,因而可以检测极高的温度。

(3)由于辐射测温属于非接触测量,它不直接接触被测物体,因此,不干扰和不破坏被测物体的温场和热平衡,仪表的测量上限不受感温元件材料熔点的限制。

(4)仪表的感温元件不必与被测介质达到热平衡,所以仪表的滞后小,动态响应好。

(5)辐射式温度计测出的温度是被测物体的表面温度,当被测物体内部温度分布不均匀时,它不能测出物体内部的温度。

(6)由于受物体发射率的影响,辐射式温度计测得物体的温度是辐射温度而不是真实温度,因此需要修正。

(7)辐射式温度计测温受客观环境的影响较大,如烟雾、灰尘、水蒸气、二氧化碳等中间介质的影响。

2.7.1　热辐射测温的基本原理

物体受热,激励了原子中带电粒子,使一部分热能以电磁波的形式向空间传播,它不需要任何物质作媒介(即在真空条件下也能传播),将热能传递给对方,这种能量的传播方式称为热辐射(简称辐射),传播的能量称为辐射能。辐射能量的大小与波长、温度有关。

1. 普朗克定律

普朗克定律揭示了在各种不同温度下黑体辐射能量按波长分布的规律,其关系式为

$$E_0(\lambda, T) = C_1 \lambda^{-5} (e^{\frac{C_2}{\lambda T}} - 1)^{-1} \tag{2.26}$$

式中　　λ —波长,m;

　　　　C_1 —第一辐射常数,$C_1 = 3.7418 \times 10^{-16} \mathrm{W \cdot m^2}$;

　　　　C_2 —第二辐射常数,$C_2 = 1.4388 \times 10^{-2} \mathrm{m \cdot K}$;

　　　　T —绝对温度,K。

2. 维恩定律

当 λT 的乘积较 C_2 小得多时(如对于可见光和 $T<3\ 000$ K),普朗克公式可用维恩公式近似,误差不超过 1%,数学表达式为

$$E_0(\lambda,T) = C_1\lambda^{-5}e^{\frac{C_2}{\lambda T}} \tag{2.27}$$

黑体的辐射本领是波长和温度的函数,当波长一定时,黑体的辐射本领就仅仅是温度的函数,即

$$E_0(\lambda,T) = f(T) \tag{2.28}$$

式(2.28)就是光学高温计和比色高温计测温的理论根据。

3. 斯蒂芬–玻耳兹曼定律

普朗克定律只给出了绝对黑体单色辐射强度随温度变化的规律,若要得到波长 λ 从 0 到 ∞ 之间全部辐射能量的总和,可把 $E_0(\lambda,T)$ 对 $\lambda(0\sim\infty)$ 进行积分,可得到全辐射能量 $E_0(\lambda,T)$,即

$$E_0(T) = \int_0^\infty E_0(\lambda,T)\mathrm{d}\lambda = \sigma T^4 \tag{2.29}$$

式中　σ——斯蒂芬–玻耳兹曼常数,$5.669\ 61\times10^{-3}\mathrm{W}/(\mathrm{m}^2\cdot\mathrm{K}^4)$。

式(2.29)称为绝对黑体的全辐射定律,它说明绝对黑体的全辐射能量和绝对温度的 4 次方成正比。它是全辐射高温度计的理论依据。

对于绝对黑体,其吸收系数 $\varepsilon=1$。但是,在自然界中绝对黑体是不存在的,一般物体的 ε 均小于 1。凡是物体表面越黑越粗糙,则其吸收系数 ε 越大。吸收系数最大的是烟煤,但对太阳光线来说,其吸收系数也不超过 0.99。所以工程上一般遇到的固体和液体都不是绝对黑体,而称之为灰体,只要知道灰体的单色辐射黑度 ε_λ 和全辐射黑度 ε,则灰体与黑体之间辐射强度关系为

$$E_\lambda = \varepsilon_\lambda C_1\lambda^{-5}(e^{\frac{C_2}{\lambda T}}-1)^{-1} \tag{2.30}$$

$$E = \varepsilon\sigma T^4 \tag{2.31}$$

$\varepsilon_\lambda,\varepsilon$ 都不是常数,其值为 $0\sim1$。E 与温度、该物体的性质和表面情况有关;ε_λ 还与 λ 有关。大多数物体的 ε 要比它在 $\lambda=0.65\ \mu\mathrm{m}$ 时单色辐射黑度 ε_λ 小。

2.7.2　光学高温计

光学高温计除了具有非接触式测温的特点外,还具备以下特点:

(1)有足够的检测上限,目前工业上已广泛用来检测 $800\sim3\ 200$ ℃ 的温度。

(2)一般可制成携带式仪表,使用方便。在一定条件下,也可以制成很高检测精度的精密光学高温计或标准光学高温计。

(3)因为光学高温计是用肉眼进行亮度比较,所以检测结果会有一定的主观误差。

(4)光学高温计检测的温度是亮度温度,当被测对象为非黑体时,要通过修正才能求得真实温度。

1. 光学高温计的测温原理

我们知道物体在高温状态下会发光,也就是具有一定的亮度。物体的亮度 B_λ 和它的辐

射强度 E_λ 成正比,即

$$B_\lambda = CE_\lambda \qquad\qquad (2.32)$$

式中　C——比例常数。

由于 E_λ 与温度有关,所以受热物体的亮度大小也反映了物体温度的高低。但因为各种物体的黑度 ε_λ 是不同的,因此即使它们的亮度相同,它们的温度也是不相同的。这就使得按某一物体的温度刻度的光学高温计不可以用来测量黑度不同的另一物体的温度。为了解决这个问题,仪表按黑体的温度刻度。当测量实际物体的温度时,所测量出的结果不是物体的真实温度,而是相当黑体的温度,即所谓被测物体的亮度温度,然后通过修正求得被测物体的真实温度。

亮度温度的定义是:当物体在辐射波长为 λ、温度为 T 时的亮度 B_λ,和黑体在辐射波长为 λ、温度为 T_s 时的亮度相等,则把 T_s 称为这个物体在波长为 λ 时的亮度温度,将维恩公式代入式(2.31),得到物体和黑体的亮度公式分别为

$$B_\lambda = C\varepsilon_\lambda C_1 \lambda^{-5} e^{-\frac{c_2}{\lambda T}} \qquad\qquad (2.33)$$

$$B_{0\lambda} = CC_1 \lambda^{-5} e^{-\frac{c_2}{\lambda T}} \qquad\qquad (2.34)$$

假如两者的亮度相等,就得到被测物体的温度 T 与亮度温度 T_s 的关系为

$$T = \frac{C_2 T_s}{\lambda T_s \ln \varepsilon_\lambda + C_2} \qquad\qquad (2.35)$$

式中　λ——单色辐射的波长,对于红光,$\lambda = 0.65\ \mu m$。

根据维恩定律,物体的单色亮度和温度及波长有一定的关系。当波长一定时,物体的亮度只与温度有关。光学高温计就是利用 $\lambda = 0.65\ \mu m$ 的单色辐射能和温度的关系来测温的。

2. 光学高温计的构造与分类

光学高温计的结构示意图如图 2.39 所示。工业用光学高温计大致分为两类:一种是隐私式光学高温计;另一种是恒定亮度式光学高温计。

隐私式光学高温计是利用调节电阻改变灯泡灯丝的电流,当灯丝的亮度与被测物体的亮度一致时,灯泡的亮度就表示为被测物体的亮度温度。

恒定亮度式光学高温计是利用减光楔来改变被测物体亮度,与恒定亮度的灯泡相比较,当两者亮度相等时,根据减光楔的旋转角度上的刻度来读取被测物体的亮度温度。减光楔的转角与温度的关系经分度后确定并直接以"℃"标出。

3. 光学高温计的使用

为了保证光学高温计检测结果的准确性,除了要选择性能优良的仪表,并进行周期检定外,还应做到正确使用和良好的维护;否则会产生不应有的误差,甚至使仪表遭到损坏。正确使用和维护对于保证仪表测量精度和延长仪表使用寿命是至关重要的。

使用光学高温计时,瞄准被测物体,前后调节物镜内筒,使被测物体的图像清晰可见,再前后调节目镜直至看到清晰灯丝。图 2.40 为灯丝熄灭情况示意图。旋转滑线电阻盘,使流经灯丝的电流均匀地增大,如果灯丝亮度比被测物体的亮度低,会在背景上显示灯丝暗线,如图 2.40(a)所示;如果灯丝亮度比被测物体的亮度高,会在背景上显示灯丝亮线,如图

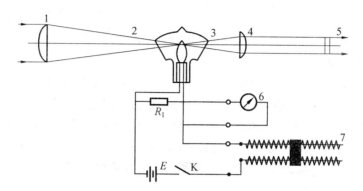

图 2.39　光学高温计结构示意图

1—物镜；2—吸收玻璃；3—灯泡；4—红色滤波片；5—目镜；6—指示仪器；7—滑线电
阻；E—电源；K—开关；R_1—刻线调整电阻

2.40(b)所示；只有灯丝在背景上的亮度隐去，如图 2.40(c)所示，灯丝被测物体的亮度才相同，此时电表的指示就是被测对象的亮度温度，再计算或查表就可获得被测对象的温度。

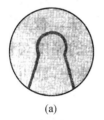
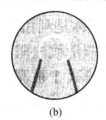
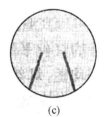

(a)　　　　　　　　　　(b)　　　　　　　　　　(c)

图 2.40　灯丝隐灭情况示意图

4. 光学高温计校准

工业用光学高温计在经过一段时间使用后，由于内部零件的变形，毫伏表头中永久磁铁磁性的变化，轴尖磨损，游丝的永久变形和疲劳，温度灯丝特性的改变，光学零件位置的改变等原因都将不同程度地影响着光学高温计的测量精度。为了保证其测量精度，必须定期对光学高温计进行校准。工业用光学高温计的检定，一般采用以下两种方法：

（1）用中、高温黑体炉进行校准。

这种方法是在人造黑体腔中间置一靶作为过渡光源，一端放置铂铑 10－铂标准热电偶作为温度标准，另一端放置被检光学高温计，如图 2.41 所示。当炉温升到校准点温度时，用直流电位差计测出标准热电偶的热电势，其所对应的温度与光学高温计示值之差，即为被检光学高温计在该温度点的修正值。

（2）用标准温度灯进行校准。

这是普遍采用的一种校准工业用光学高温计的方法。它是用一个标准温度灯泡作为亮度标准，而被校准的光学高温计在专用的检定装置上与它进行比较，从而确定被校光学高温计的误差。

光学高温计的允许基本误差和变差见表 2.14。

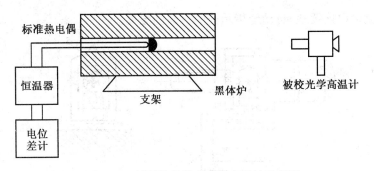

图 2.41　用黑体炉校准光学高温计示意图

表 2.14　光学高温计的允许基本误差及变差

精度等级	测量范围 /℃	量程	测量范围 /℃	允许基本误差 /℃	允许变差 /℃
1.5	800 ~ 2 000	I	800 ~ 1 500	±22	11
		II	1 200 ~ 2 000	±30	15
	1 200 ~ 3 200	I	1 200 ~ 2 000	±30	15
		II	1 800 ~ 3 200	±80	10
1.0	800 ~ 2 000	I	800 ~ 1 400	±14	9
		II	1 200 ~ 2 000	±20	12
	1 200 ~ 3 200	I	1 200 ~ 2 000	±20	12
		II	1 800 ~ 3 200	±50	30

2.7.3　全辐射高温计

1. 全辐射高温计的测温原理

全辐射高温计的理论基础是斯蒂芬-玻耳兹曼定律,即

$$E_0 = \sigma_0 T^4 \tag{2.36}$$

式中　　σ_0——斯蒂芬-玻耳兹曼常数。

因此,问题归结为如何将被测物体的全部辐射能 E_0 测量出来。全辐射高温计是基于被测物体的辐射热效应进行工作的。在整个波长范围内,依据辐射能量与温度的关系,并用辐射系数修正后,来确定物体的实际温度。全辐射高温计测量原理如图 2.42 所示,被测物体发出的辐射能量通过物镜 1 和补偿光栅 2 聚焦投射到热电偶堆 4 上,把温度信号转化为电信号,输入到测温仪表转化为温度显示出来。热电堆是由多支微型热电偶串联而成的,以得到较大的热电势。热电偶的参考端补偿采用双金属片控制的补偿光栅,改变补偿光栅的孔径大小,就可以增加或减少射入的辐射能量,达到消除外部环境温度的变化引起的测量误差。图 2.42(b)中一块面积一定、表面粗糙并涂黑的金属铂片可以看成是近似绝对黑体。如果铂片的热容量一定,则接收到一定热量将使铂片升高一定的温度,于是铂片就成为全部辐射能热量-温度的转换器。如果测出铂片的温度,就可以测出被测对象的温度。铂片温度(当然不等于被测对象的温度)可以用热电偶堆感受,通过二次仪表毫伏计或电位差计。

全辐射高温计就可以连续地、自动地指示被测对象的温度。

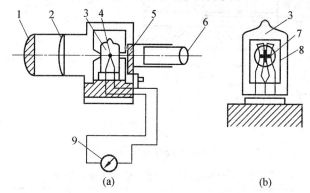

图 2.42 全辐射高温计示意图

1—物镜;2—补偿光栅;3—玻璃泡;4—热电偶堆;5—灰色滤光片;
6—目镜;7—铂箔;8—云母;9—二次仪表

2. 全辐射高温计的安装与使用

安装与使用全辐射高温计时应注意以下事项：

(1)全辐射黑度 ε 影响。

确定物体的全辐射黑度 ε 的准确程度对测温精度程度有很大关系。ε 值随物体的化学成分、表面状态、温度和辐射条件的不同而不同,而且较难准确确定,因此测量误差比较大。在实际测量中,可人为地创造黑体辐射的条件,即采取加装窥测管的方法。窥测管由涂黑的金属管或陶瓷管制成,它的一端封闭,另外一端开口,其底部可近似为黑体,以提高测量准确度,如图 2.47 所示。

(2)中间介质影响。

全辐射高温计和被测物体之间的中间介质如水蒸气、二氧化碳等会吸收辐射能,使高温计接收到的辐射能减少而引起误差。为了减小误差,高温计与被测物体之间的距离不可太远,以不超过 1 m 为好。

(3)距离系数的影响。

为了保证辐射能充满整个热电堆,其窥测管内径 d 与传感器和窥测管底部的距离 L 应符合一定的条件,即要有合适的 L/d 值。当 $L=0.6$ m 时,$L/d=15$;当 $L=0.8$ m 时,$L/d=19$;当 $L \geqslant 1$ m 时,$L/d=20$。

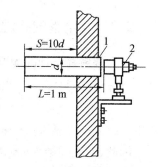

图 2.43 全辐射高温计的安装
1—窥测管;2—全辐射高温计

(4)环境温度的影响。

环境温度波动较大时,使热电偶的热电势不稳定。试验表明:当环境温度为 80 ℃时,指示温度为 1 000 ℃时,产生的误差为 10 ℃左右。因此,规定传感器温度不得高于 100 ℃,否则应在高温计外装设冷却水套,以降低仪表工作的温度。

2.7.4 比色高温计

光学高温计和全辐射高温计是目前广泛应用的非接触式测温仪表,它们共同的缺点是受实际物体黑度和辐射途径(光路系统)上各种介质的选择性吸收辐射能的影响。而比色高温计较好地解决了这一问题,它是利用物体在波长 λ_1 和 λ_2 下,两种单色辐射强度比值随温度变化而变化的特性作为其测温原理的。

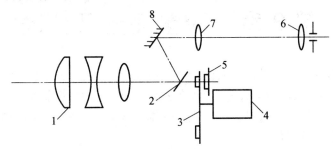

图2.44 单通道光电比色高温计工作原理图

1—物镜;2—通孔成像镜;3—调制盘;4—同步电动机;5—光电检测器;6—目镜;7—倒像镜;8—反射镜

比色高温计又称双色高温计,是一种自动显示仪表。智能光纤比色测温仪是一种采用光导纤维和单片机技术的非接触式高温测量仪表。该系统利用物体在某一温度下两种不同波长光谱辐射强度的比值来测量物体表面温度,可以减少由于黑度变化、水蒸气和尘埃吸收以及散射对测温的影响。图2.44 为西格玛电子公司生产的高精度比色高温计的工作原理图。被测光信号通过光纤探头和光导纤维将光信号传输至调制盘,经光电管转换成电压信号,后经增幅、分离、运算及线性拟和,最后再经 D/A 转换后输出可用温度信号。

第3章 流量测量及仪表

对于传热设备和工质输送设备来说,工质的流量直接表征着设备的工作能力。例如,蒸汽锅炉的工作能力就是以每小时的蒸发量来表示;泵与风机的工作能力是以额定压头下的流量来表示。检查工质的流量可直接反映负荷高低等运行情况,并知道热力设备是否在最经济和最安全的状态下工作。

在热力过程中使用各种流体时,往往需要对流体的流量进行测量及连续监督。通常把单位时间输送流体的量称为流量,把一段时间内输送流体的数量称为总流量。流量又有体积流量和质量流量之分。

(1)体积流量。

体积流量是指单位时间内通过某界面的流体的体积,用符号 q_V 表示,单位为 m^3/s。根据定义,体积流量可以表示为

$$q_V = \int_A v \mathrm{d}A \tag{3.1}$$

如果流体在该截面上的流速处处相等,则体积流量可写成

$$q_V = vA \tag{3.2}$$

式中　v——截面 A 中某一微元面积 $\mathrm{d}A$ 上的流速;

　　　A——管道截面积。

(2)质量流量。

质量流量是指单位时间内通过某截面流体的质量,用符号 q_m 表示,单位为 kg/s。根据定义,质量流量可以表示为

$$q_m = \int_m \rho v \mathrm{d}A \tag{3.3}$$

式中　ρ——界面 A 中某一微元面积 $\mathrm{d}A$ 上的流体密度。

如果流体在该截面上的密度和流速处处相等,则质量流量可写为

$$q_m = \rho vA = \rho q_V \tag{3.4}$$

由于流体的体积受流体的工作状态影响,所以在用体积流量表示时,必须同时给出流体的压力和温度。

目前,工业上所用的流量计大致可以分为三大类。

(1)速度式流量计。

应用最为广泛,流通截面积恒定时,截面上的平均流速与体积流量成正比,测出与流速有关的物理量就可以知道流量的大小。属于这一类的流量仪表很多,如叶轮式水表、差压孔板流量计、转子流量计、涡轮流量计、超声波流量计以及电磁流量计等。

(2)容积式流量计。

容积式流量计,以单位时间内所排出的流体的固定容积 V 作为测量依据。流体的固定的已知大小的体积逐次地从流量计中排放流出,计算流出次数就可以求出总量,计算排放频

率,就可以求出 q_V。属于这一类的流量计有盘式流量计、椭圆齿轮流量计等。其优点是:流体的流动状态,雷诺数影响小,易准确计数;但是不适用于高温、高压及脏污介质。

(3) 质量式流量计。

质量式流量计用来测量所流过的流体的质量 m。质量流量是物质的固有属性,不随外界条件发生变化,是反映流量的最好方法。被测流量不受流体的温度、压力、密度、黏度等变化的影响。

3.1　差压式流量计

差压式(也称节流式)测量方法是流量或流速测量方法中使用历史最久和应用最为广泛的流量测量方法之一。它是基于流体流动的节流原理,利用流体流经节流装置时产生的压力差与其流量有关而实现流量测量的。差压式流量计由节流装置、导压管(或差压计或差压变送器)及其显示仪表三部分组成。

差压式流量计的特点是:方法简单,仪表(指感测元件)无可动部件,工作可靠,寿命长,量程比约为 3∶1,管道内径在 50 ~ 1 000 mm 范围内均能应用,几乎可测各种工况下的单相流体流量;不足之处是对小口径管(小于 50 mm)的流量测量有困难,压力损失较大,仪表刻度为非线性,测量精度不是很高,维护工作量也较大,且感测元件与显示仪表必须配套使用。就显示仪表而言,在差压和流量标尺的刻度值中,任何一个值不相同时,仪表就无互换性。它仍是热力设备中使用量最多的流量测量仪表。

3.1.1　差压式流量计的测量原理

流体流经管内固定的节流元件时,在节流件前后产生了差压,利用对差压的测量来反映流量大小,这就是节流原理。所谓节流装置就是设置在管道中能使流体产生局部收缩的节流元件和取压装置的总称。最常用的节流件有同心圆孔板、喷嘴、文丘里管等,如图 3.1 所示。

孔板通常为具有锐利直角边缘的薄板,是因为与测量段的直径相比,板的厚度小,节流孔的上游边缘锐利且成直角。喷嘴一般是由收缩入口连接具有"喉部"形状的圆筒部分所组成的装置。文丘里管是由圆锥形收缩入口连接具有"喉部"形状的圆筒部分和称为"扩散段"的圆锥形扩展部分组成的装置。

流体在有节流件(以孔板为例)的管道中流动时,在节流件前后的管壁处,其静压力将发生变化而出现压力差,如图 3.2 所示。

从流体力学可知,具有一定能量的流体,才可能在管道中流动。流动着的流体含有两种能量 —— 静压能和动能。静压能表现在流体对管壁的压力,动能表现在流体有流动速度。这两种能量在一定条件下可以互相转化,并遵循能量守恒定律。据此可分析如下:

(1) 流束的收缩。

流体由于遇到节流件的阻挡,使靠近管壁处的流体受到的阻挡作用最强,于是节流件入口端面靠近管壁处的流体静压力 p_1 升高,这是由于流体一部分动压转为静压,且 $p_1 > p_1'$。即在节流件入口端面处产生了一径向压差。这一径向压差使流体产生径向附加速度,使流体原来的流向发生变化,形成了流束的收缩运动。同时,由于流体运动的惯性力,使流束收

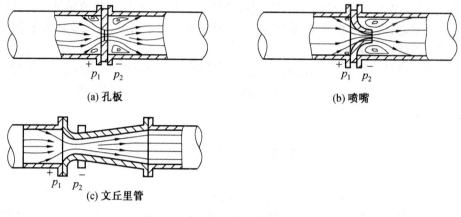

(a) 孔板　　　　　　　　　　(b) 喷嘴

(c) 文丘里管

图 3.1　常用节流件示意图

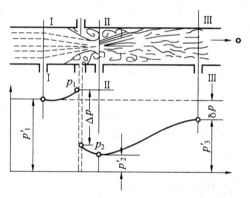

图 3.2　节流件附近流体的压力和速度分布情况

缩最厉害(即流束最小截面)的位置不在节流孔处,而是位于节流孔之后 Ⅱ－Ⅱ 断面上,并随流量大小而变化。

(2)静压差的产生。

由于节流件的阻挡造成了流束的局部收缩,在流束截面积最小处的流体流速必定最大。根据伯努利方程式和压力能、动能相互转换原理可知,在流束截面积最小处的流体的静压力最低。同理,在孔板出口端面处,由于流体流速已比原有流速大大地增加,因此流体在该处的静压力也就较原有的静压力更低,且 $p_2 < p'_1$。故节流件入口侧的静压 p_1 比其出口侧的静压 p_2 大,即在节流件前后产生了静压差 $\Delta p = p_1 - p_2$。压差的大小与流量有单值函数关系,流量越大,流束的局部收缩和压力能、动能的转化也越显著,即 Δp 也越大。所以,只要测出节流体的前后压力差 Δp 就可求得流经节流件的流体流量。这就是节流原理,也是差压式流量计进行流量测量的基础。

3.1.2　标准节流装置

标准节流装置由于具有结构简单、使用寿命长和适用性广,并且结构已标准化,不需要单独标定等优点,因而在流量测量仪表中占主要地位。标准节流装置是由节流件、取压装置和节流件上游侧第一个阻力件、第二个阻力件、下游侧第一个阻力件以及它们之间的直管段所组成。

在使用节流装置时,流体必须是单相的,并充满全部管道做稳定流动。这样,就要求在节流装置前后有足够长(一般为前面为 10D,后面为 5D)的直管段或在节流装置前的管道中加装导流器,以排除由于泵、弯头、阀门及管道收缩(或扩大)等引起的干扰。严格地说,直管段长度应包括在节流装置的组成之内。

不难理解,管道中安装有节流件时,必然要造成流体的压力损失,即要消耗一定能量。压力损失的大小与节流件的形式和直径比有关。为此,在选择节流装置时,应根据工艺条件,尽可能地降低压力损失,以减少能量的损失。

应该指出,当进行标准节流装置设计计算时,因各国对实验数据处理方法可能有所不同,故即使节流装置相同,也必须按照各自的技术要求和实验数据、资料进行设计。

1. 标准节流件

(1) 标准孔板。

标准孔板的结构如图 3.3 所示。用于不同管道内径的标准孔板,其结构形式基本是几何相似的。孔板在管道内的部分应该是圆的,并与管道轴线同轴,孔板的两端面应始终是平整的和平行的。标准孔板要求旋转对称,上游侧孔板端面上的任意两点间连线应垂直于轴线。标准孔板的结构要求应符合最新颁布的节流装置的国家标准 GB/T 2624—2006,对标准孔板的结构规定如下:

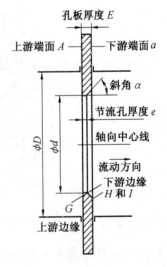

图 3.3　标准孔板结构形状

① 上游端面 A。当孔板安装在管道中面孔板两侧压差为零时,孔板的上游端面 A 应该是平的。在直径不小于 D 且与节流孔同心的圆内,孔板上游端面的粗糙度 $Ra < 10^{-4}d$。在所有情况下,上游端面的粗糙度都应不影响边缘尖锐度的测量。如果在工作条件下,孔板不能满足规定条件,必须对直径至少 $1D$ 的区域重新抛光或清洗。

② 下游端面 B。下游端面 B 应该与上游断面平行,下游端面的表面粗糙度要稍低于上游端面。

③ 厚度 E 和 e。节流孔的厚度 $e = 0.005D \sim 0.02D$,在节流孔任意点上测得的各个 e 值之间的差应不大于 $0.001D$。孔板的厚度 E 应为 $e < E < 0.05D$,而当 $50\ mm \leq D \leq 64\ mm$ 时,厚度 E 可以达到 $3.2\ mm$。当 $D \geq 200\ mm$ 时,在孔板任意点上测得的各个 E 值之间的差应不大于 $0.001D$;当 $D < 200\ mm$ 时,则在孔板任意点上测得的各个 E 值之间的差应不大于 $0.2\ mm$。

④ 斜角 α。如孔板的厚度 E 超过节流孔厚度 e,则孔板的下游侧应切成斜角,斜角表面应精加工,斜角 α 应为 $45° \pm 15°$。

⑤ 节流孔直径 d。节流孔直径 d 在任何情况下都应大于或等于 $12.5\ mm$。直径比 $0.10 \leq \beta \leq 0.75$。节流孔直径的 d 值应取相互间角度大致相等的至少 4 个直径测量结果的平均值。测量时应小心,不要损伤边缘和孔口。上游边缘应是锐边,只要边缘半径不大于 $0.0004d$ 就可认为是锐边,无卷口或毛边。

（2）标准喷嘴。

标准喷嘴的形状如图3.4所示,其型线由进口端面 A、收缩部分第一圆弧面 c_1、第二圆弧面 c_2、圆筒形喉部 e 和圆筒出口边缘保护槽 H 等五部分组成。圆筒形喉部长度为 $0.3d$,其直径就是节流件开孔直径 d, d 值应是不少于8个单测值的算术平均值,其中4个是在圆筒形喉部的始端测得,并且是在大致相距 $45°$ 角的位置上测得的,要求任何一个单测值与平均值的差不得超过 $\pm 0.05\%$。各段型线之间必须相切,不得有不光滑的部分。

当 $\beta > \dfrac{2}{3}$ 时,由于此时 $1.5d$ 已大于管道直径 D,必须将喷嘴上端面切去一部分 ΔL,使上游进口部分最大直径与管道直径相等以便于取压装置夹持,应切去的长度为

$$\Delta L = \left[0.2 - \left(\frac{0.75}{\beta} - \frac{0.25}{\beta^2} - 0.5225 \right)^{1/2} \right] d \qquad (3.5)$$

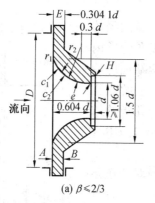 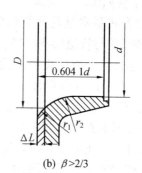

(a) $\beta \leqslant 2/3$ 　　　　　(b) $\beta > 2/3$

图 3.4　标准喷嘴

各部分尺寸已注在图上,喷嘴厚度 E 不得超过 $0.1D$,当 $\beta \leqslant 0.5$ 时, $r_1 = 0.2d \pm 0.02d$, $r_2 = \dfrac{d}{3} \pm 0.03d$;当 $\beta > 0.5$ 时, $r_1 = 0.2d \pm 0.006d$, $r_2 = \dfrac{d}{3} \pm 0.01d$,喷嘴在管道上安装要求与标准孔板的相同。

2. 取压装置

由于节流元件的不同,其取压装置也各有不同,而且由于取压的位置不同,在同一流量下所得到的差压大小也不相同。取压通常是圆孔,但在某些情况下也可以为环状缝隙。对于每一块孔板,至少应在某一个标准位置上安装一个上游取压口和一个下游取压口,即 D 和 $D/2$、法兰或角接取压口。以标准孔板为例,主要介绍角接取压口孔板和法兰取压口孔板。

（1）角接取压口孔板。

角接取压孔板只能在下列条件下适用:

$d \geqslant 12.5 \text{ mm}$

$50 \text{ mm} \leqslant D \leqslant 1\,000 \text{ mm}$

$0.1 \leqslant \beta \leqslant 0.75$

$0.1 \leqslant \beta \leqslant 0.56$ 时, $Re_D > 5\,000$

$\beta > 0.56$ 时, $Re_D > 16\,000\beta^2$

角接取压装置有环室取压和单独钻孔取压两种,如图3.5上半部和下半部所示。环室

取压的前后环室装在节流件的两侧。环室夹在法兰之间,法兰和环室、环室和节流件之间放有垫片并夹紧。节流件前后的静压力,是从前、后环室和节流件前后端面之间所形成的连续环隙处取得的,其值为整个圆周上静压力的平均值。环隙宽度 α 规定如下:

对于清洁流体和蒸汽:

当 $\beta \leq 0.65$ 时,$0.005D \leq \alpha \leq 0.03D$;

当 $\beta > 0.65$ 时,$0.01D \leq \alpha \leq 0.02D$。

对于任意的 β 值,环隙宽度 α 应为 $1 \sim 10$ mm。环隙的厚度 $f \geq 2\alpha$。为起到均压作用,环腔截面积 $hc \geq \frac{1}{2}\pi D\alpha$。对于蒸汽和液化气体,单独钻孔取压的 α 应为 $4 \sim 10$ mm。如环室或夹紧环和节流件之间有太厚的垫片时增加 α 值,并且还可能使节流件与管轴之间的垂直度偏差超过 $1°$,所以垫片厚度不要超过 1 mm。

环腔与导压管之间的连通孔至少有 2φ 长度为等直径圆筒形状,φ 为连通孔直径,其值应为 $4 \sim 10$ mm。前后环室和垫片的开孔直径 D' 应等于管道内径 D,允许 $D' \leq 1.02D$,但决不允许小于管道内径,即决不允许环室或垫片突入管道内。环隙通常在整个圆周上穿通管道,连续且不中断,否则每个环室应至少由四个开孔与管道内部连通。每个开孔的轴线彼此互成等角,每个开孔的面积至少为 12 mm^2。

单独钻孔取压可以钻在法兰上,也可以钻在法兰之间的夹紧环上。取压孔在夹紧环内壁的出口边缘必须与夹紧环内壁平齐,并有不大于取压孔直径 $1/10$ 的倒角,无可见的毛刺和突出部分,取压孔应为圆筒形,其轴线应尽可能与管道轴线垂直。允许与上下游孔板端面形成不大于 $3°$ 的夹角,取压孔直径规定与环室取压的环隙宽度 α 一样。

从管线内壁量起,在至少 2.5 倍于取压口内径的长度内,取压口应呈圆形或圆筒形。上游取压口和下游取压口的直径应相同。

(2)D 和 $D/2$ 取压口或法兰取压口孔板。

法兰取压装置如图 3.6 所示,孔板夹持在两块特质的法兰中间,其间加两片垫片,厚度不超过 1 mm。取压口只有一对,在离节流件前后端面各(25.4 ± 1) mm 处法兰外缘上钻取。取压口直径不得大于 $0.08D$。

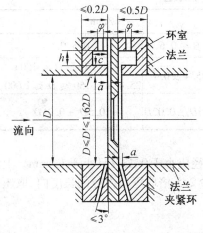

图 3.5　环室取压和单独钻孔取压装置

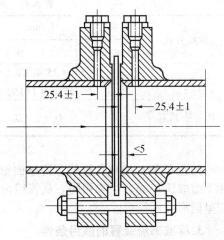

图 3.6　法兰取压装置

D 和 $D/2$ 取压口孔板的使用极限同角接取压口孔板。

法兰取压孔板的使用极限为

$$d \geqslant 12.5 \text{ mm}$$

$$50 \text{ mm} \leqslant D \leqslant 1\,000 \text{ mm}$$

$$0.1 \leqslant \beta \leqslant 0.75$$

$$Re_D \geqslant 5\,000 \text{ 且 } Re_D \geqslant 170\beta^2 D$$

取压口的间距 l 是取压口中心线与孔板的某一规定端面之间的距离。安装取压口时，应考虑垫圈和（或）密封材料的厚度。对于 D 和 $D/2$ 取压口孔板，如图 3.7 所示，上游取压口的间距 l_1 名义上等于 D，但可在 $0.9D$ 与 $1.1D$ 之间而无须改变流出系数。

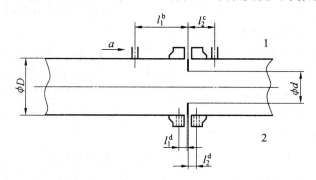

图 3.7　D 和 $D/2$ 取压口或法兰取压口孔板的取压口间距
1—D 和 $D/2$ 取压口；2—法兰取压口；a—流动方向；$l_1 = D \pm 0.1D$；$l_2 = 0.5D \pm 0.02D$（对于 $\beta \leqslant 0.6$），$0.5D \pm 0.01D$（对于 $\beta > 0.6$）
$l_1 = l_2 = (25.4 \pm 0.5)\text{mm}$（对于 $\beta > 0.6$ 和 $D < 150$ mm）；
　　　　$= (25.4 \pm 1)\text{mm}$（对于 $\beta \leqslant 0.6$）；
　　　　$= (25.4 \pm 1)\text{mm}$（对于 $\beta > 0.6$ 和 $150 \text{ mm} \leqslant D \leqslant 1\,000$ mm）

取压口间距 l_1 和 l_2 的取值见表 3.1。

表 3.1　取压口间距 l_1 和 l_2 的取值

取压方式	l_1/mm		l_2/mm	
	$\beta \leqslant 0.6$	$\beta > 0.6$	$\beta \leqslant 0.6$	$\beta > 0.6$
法兰取压	25.4 ± 1	$25.4 \pm 0.5(D < 150)$ $25.4 \pm 1(150 \leqslant D \leqslant 1\,000)$	25.4 ± 0.1	$25.4 \pm 0.5(D < 150)$ $25.4 \pm 1(150 \leqslant D \leqslant 1\,000)$
$D - \dfrac{D}{2}$ 取压	$D \pm 0.1D$		$0.5D \pm 0.02D$	$0.5D \pm 0.01D$

间距 l_1 和 l_2 均从孔板的上游端面量起。取压口直径应小于 $0.13D$ 且小于 13 mm。上游和下游取压口的直径应相同。从管线内壁量起，在至少 2.5 倍取压口内径的长度内，取压口应呈圆形或圆筒形。

3. 标准节流装置的适用条件

流经节流装置的流量与差压的关系，是在特定的流体与流动条件下，以及在节流件上游侧 1D 处已形成典型的紊流流速分布并且无旋涡的条件下通过实验获得的。任何一个因素的改变,都将影响确定的流量与差压的关系,因此标准节流装置对流体条件、流动条件、管道条件和安装要求等都做了明确的规定。

（1）标准节流装置的一般技术要求。

①只适用于圆管中单相或近似单相、均质的牛顿流体的测量。

②流体应充满测量段内的管道。

③流速小于声速,且流速稳定或只随时间做轻微而缓慢的变化。

④一次装置安装在管道中的位置应使其紧邻上游的流动状态近似于无旋涡和充分发展的管流。

⑤流体在流经节流装置时不发生相变。

⑥一次装置应安装在两个规定最小长度的等径圆筒形直管段之间。

⑦管道内表面应始终保持清洁,应清除随时可能从管道脱落的污物。

⑧管道可设置排泄孔或放气孔,用于排放固体沉积物或污物,但在流量测量期间不得有流体通过排泄孔和放气孔,排泄孔和放气孔不宜设在一次装置附近,若不能符合此要求,这些孔的直径应小于 $0.08D$,从任意一个孔到同侧一次装置取压口的最小直线距离应大于 $0.5D$。

⑨在环境温度与流体温度之间的温度差显著影响所要求的测量不确定度的情况下,仪表可能需要隔热。

（2）管道条件。

节流装置应安装在两段有恒定横截面积的圆筒形直管段之间,并且在此管段内无流体的流入或流出。但是,在工业管道上常常会有拐弯、分叉、汇合、闸门等局部阻力件出现,原来平稳的流束流过这些阻力件时会受到严重的扰乱,而后流经相当长的管段才会恢复平稳。因此,要根据局部阻力的不同情况,在节流件前后设置不同长度的直管段,包括节流装置前后直管段 l_1 和 l_2、上游侧第一个与第二个局部阻力件间的直管段 l_0 以及差压信号管路,如图 3.8 所示。

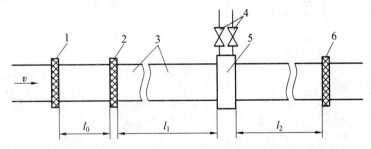

图 3.8　节流装置的管段与管件

1—节流件上游侧第二个阻力件;2—节流件上游侧第一个阻力件;3—管道;4—压差信号管路;5—节流件和取压装置;6—节流件下游侧第一个阻力件;l_0—节流件上游侧第一和第二阻力件之间的直管段;l_1—节流件上游侧第一阻力件和节流件之间的直管段;l_2—节流件下游侧的直管段

节流件上下游侧最短直管段长度与节流件上下游侧阻力件、节流件的形式和节流件开孔直径比 β 值的关系,见表 3.2。此表适用于标准规定的各种节流件,表中所列数字为管道内径 D 的倍数。若实际的直管段长度中有一个大于括号内的数值小于括号外的数值时,则所测流量的极限相对误差为 ±0.5%。

横表3.2

表3.2 标准孔板、喷嘴和文丘里喷嘴所要求的最短直管段长度

直径比 $\beta\leq$	节流件上游侧的局部阻力件形式和最短直管段长度 l_1/mm							节流件下游侧最短直管段长度 l_2（含左面所有局部阻力件形式）/mm
	单个90°弯头或只有一支管流出的三通	在同一平面内有两个或多个90°弯头	空间弯头（在不同平面内有两个或多个90°弯头）	渐缩管（在1.5D至3D的长度内由2D变为D）	渐缩管（在1D至2D的长度内由0.5D变为D）	球形阀 全开	全孔球阀或闸阀 全开	
0.20	10(5)	14(7)	5	4(2)	16(8)	18(9)	12(6)	4(2)
0.25	10(5)	14(7)	5	4(2)	16(8)	18(9)	12(6)	4(2)
0.30	10(5)	16(8)	5	5(2.5)	16(8)	18(9)	12(6)	5(2.5)
0.35	12(6)	16(8)	5	5(2.5)	16(8)	18(9)	12(6)	5(2.5)
0.40	14(7)	18(9)	5	6(3)	16(8)	20(10)	12(6)	6(3)
0.45	14(7)	18(9)	5	6(3)	18(9)	20(10)	12(6)	6(3)
0.50	14(7)	20(10)	6(5)	6(3)	20(10)	22(11)	12(6)	6(3)
0.55	16(8)	22(11)	8(5)	6(3)	20(10)	24(12)	14(7)	6(3)
0.60	18(9)	26(13)	9(5)	7(3.5)	22(11)	26(13)	14(7)	7(3.5)
0.65	22(11)	32(16)	11(6)	7(3.5)	24(12)	28(14)	16(8)	7(3.5)
0.70	28(14)	36(18)	14(7)	7(3.5)	26(13)	32(16)	20(10)	7(3.5)
0.76	36(18)	42(21)	22(11)	8(4)	28(14)	36(18)	24(12)	8(4)
0.80	46(23)	50(25)	80(40)	30(15)	30(15)	44(22)	30(15)	8(4)

①l_0的确定。在上游,第一个阻力件与第二个阻力件间的直管段长度l_0,按上游第二个阻力件的形式和取表 3.2 中$\beta = 0.7$(不论实际的β值是多少)时对应所列数值的一半。

② 表 3.2 所列阀门应全部打开,所有调节流量的阀门应安装在节流装置的下游。

③ 对于实验研究系统,最短直管段l_1长度应至少为表 3.2 所列括号外数值的 1 倍。

④ 如在节流件上游安装温度计套管,除满足上述要求外,温度计套管与节流件之间的距离L应满足如下关系:

当温度计套管直径小于等于$0.03D$时,$L = 5D(3D)$;

当温度计套管直径为$0.03D \sim 0.13D$时,$L = 20D(10D)$。

⑤ 如节流件前具有直径比$\beta \geqslant 0.5$的骤缩对称异径管时,造成突然收缩或有开敞空间,则除上述要求外,骤缩处距离节流件不得小于$30D(15D)$。

⑥ 如实际使用的节流件上游的阻力件的形式没有包括在表 3.2 内,或要求的三个直管段长度(l_0,l_1,l_2)有一个小于括号内的数值或有两个都在括号内外数值之间,则整套节流装置需单独标定。

⑦ 整流器的使用。用于试验研究的节流装置,其最短直管段长度至少应为表 3.2 所列数值的 1 倍。如空间不够,可以在管内加装调整流速分布的整流器来缩短直管段。

4. 标准节流装置的安装

标准节流装置安装的正确与否,对能否保证将节流装置输出的差压信号准确地传送到差压计或差压变送器上是十分重要的。因此,节流装置的安装必须符合一定的要求。

(1) 新装管路系统必须在管道冲洗后再进行节流件的安装。

(2) 安装时,必须保证节流件的开孔和管道同心,节流装置端面与管道的轴线垂直。在节流件的上下游,必须配有一定长度的直管段。

(3) 节流件在管道中的安装应保证其前端面与管道轴线垂直,垂直度不得超过 ±1°,同时还应保证其开孔与管道同心。

(4) 导压管尽量按最短距离敷设在 3 ~ 50 m 之内。为了不致在此管路中积聚气体和水分,导压管应垂直安装。水平安装时,其倾斜率不应小于 1:10,导压管为直径 10 ~ 12 mm 的铜、铝或铜管。

(5) 测量液体流量时,应将差压计安装在低于节流装置处。如一定要装在上方,应在连接管路的最高点安装带阀门的集气器,在最低点安装带阀门的沉降器,以便排出导压管内的气体和沉积物。

(6) 测量气体流量,最好将差压计装在高于节流装置处。如一定要安装在下面,在连接导管的最低处安装沉降器,以便排除冷凝液及污物。

(7) 测量黏性的、腐蚀性的或易燃的流体的流量时,应安装隔离器。隔离器的用途是保护差压计不受被测流体的腐蚀和玷污。隔离器是两个相同的金属容器,容器内部充灌化学性质稳定并与被测流量不相互作用和熔融的液体,差压计同时充灌隔离液。

(8) 测量蒸汽流量时,差压计和节流装置之间的相对配置和测量液体流量相同。为保证两导压管中的冷凝水处于同一水平面上,在靠近节流装置处安装冷凝器。冷凝器是为了使差压计不受 70 ℃ 以上高温流体的影响,并能使蒸汽的冷凝液处于同一水平面上,以保证测量精度。

(9) 夹紧节流件用的密封垫片(包括环室与法兰、环室与节流件和法兰取压的法兰与孔板之间的垫片),在夹紧后不得突入管道内壁。垫片不能太厚,最好不超过 0.5 mm。

(10) 凡是用于调节流量的阀门,最好安装在节流件后最短直管段以外。

(11) 节流装置的各管段和管件的连接处不得有任何管径突变。

5. 标准节流装置的使用

(1) 流体必须充满圆管和节流装置,并连续地流经管道。

(2) 流体必须是牛顿流体,在物理学上和热力学上是均匀的、单相的,或者可以认为是单相的,包括气体、溶液。

(3) 流体流经节流件时不发生相变。

(4) 流体流量不随时间变化,或变化较缓慢。

(5) 流体在流经节流件前,其流束必须与管道轴线平行,不得有旋转流。

3.2 动压测量管

动压式测量方法是流量或流速测量方法中使用历史最久和应用最广泛的一种。它们的共同原理是根据伯努利定律通过测量流体流动过程中产生的全压力与静压力之差来测量流速或流量。这种由全压力与静压力之差得到的动压力,可能是由于流体滞止造成的,也可能是由于流体流通截面改变引起的流速变化而造成的。利用动压测量管测量流量或流速的流量计有皮托管、均速管等。这些流量计的输出信号都是差压,因此其显示仪表为差压计。

3.2.1 皮托管

1. 测量原理

假如在一个流体以流速 v 均匀流动的管道里,安置一个弯成 90° 的细管,如图 3.9 所示。仔细分析流体在细管端头处的流动情况可知:紧靠管端头的流体因受到阻挡而向各个方向分散以绕过此障碍物,而处于管端头中心处的流体就完全变成静止状态。假设管端头中心的压力为 p_0,而 p 是同一深度未受扰动流体的压力,并且那里的流速为 v,密度为 ρ,则由伯努利方程可知

$$\frac{p}{\rho} + \frac{v^2}{2} = \frac{p_0}{\rho} \qquad (3.6)$$

并可改写为

$$p + \frac{\rho v^2}{2} = p_0 \qquad (3.7)$$

式中　p_0—— 总压力(全压);

　　　p—— 静压力;

　　　$\rho v^2 / 2$—— 动压力。

由于全压力是动压力与静压力之和,即把测量动压力归结为测量总压力与静压力之差,故有时也将皮托管称为动压管,由式(3.7)可导出流速与压力之间的关系为

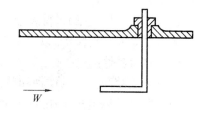

图 3.9　应用皮托管测量流量示意图

$$v = \sqrt{\frac{2}{\rho}(p_0 - p)} \qquad (3.8)$$

实际上,滞止过程中不可能没有能量损失,全压和静压也不可能在同一点测得,因此,不可压缩流体的流速和差压关系式中应乘以修正系数进行修正,即

$$v = \xi\sqrt{\frac{2}{\rho}(p_0 - p)} \qquad (3.9)$$

式中　ξ——皮托管系数,其值由实验确定,一般取 $\xi = 0.98$。

如果皮托管外形尺寸很小,且弯管弯头端加工特别精细,又近似于流线型,在驻点处以后不产生流体旋涡,则修正系数 ξ 的值等于 1 。

对于可压缩行流体,如果流速不大,即马赫数 $M = v^2/c < 0.2$ (c 为该流体中的声速) 时,仍可用式(3.9)。

图 3.10 为具有椭圆头部的标准皮托管,它的头部轮廓形由两个 1/4 椭圆组成,两 1/4 椭圆相距为全压孔直径 d_1,整个椭圆的长轴为 $4d$,其中 d 为皮托管探头直径,因此椭圆短轴为 $(d - d_1)$,头部长度为椭圆长轴的一半,为 $2d$。皮托管直径 d 不超过 15 mm,全压孔直径 d_1 应为 $0.1d \sim 0.35d$。静压孔应在距离皮托管头部 $8d$ 处并沿探头圆周上等距离分布,静压孔数目不少于 6 个,孔径不得超过 1 mm,全部探头表面应光滑,全压孔轴线应与探头轴线同心,孔的边缘应尖锐。

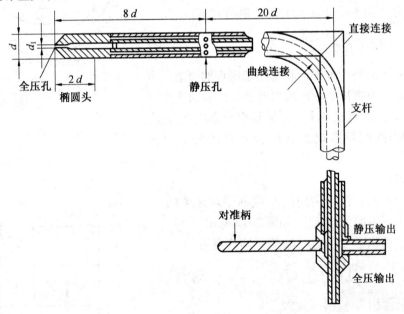

图 3.10　具有椭圆头部的标准皮托管

测量时必须将皮托管牢牢固定,并且必须使皮托管探头的轴线与管道中心线平行,这可用皮托管上附有的对准柄来对准。因为椭圆形头部的皮托管比半球形头部的皮托管对制造中的某些缺陷更不敏感;圆锥形头部的皮托管容易受到损伤;椭圆形头部具有较好的流动特性,椭圆形头部标准皮托管是最好的一种标准皮托管。

需要说明的是,用皮托管测量气体流速时,若气体流速小于 50 m/s,则管道内气流的收缩性可以忽略不计;若管道内气流速度大于 50 m/s,则要考虑气流的压缩性,应按可压缩流

体流动的规律加以修正。测量低速气流时产生的差压很小,需要选用很精确的微压计。为了克服测量低速气流时差压信号过小的缺点,应选用动压 – 文丘里管式流速测量仪表。

必须指出,皮托管测得的流速是它所在那一点的流速,而不是平均流速,因此利用它来测量管道中流体流量时,必须按具体情况确定测点的位置。理论和实践均证明,在圆管内做层流流动的流体,距管中心 $0.707R$(R 为圆管的半径) 处的流速等于截面上的平均流速。而在圆管内是湍流流动时,根据实验若达到充分发展的湍流,即直管段大于 50 倍管径的情况下,距离管中心 $0.762R$ 处的流速近似等于平均流速。为了测量准确,除需要正确选择测点位置外,还要在圆周上位于互相垂直的半径上测四个读数求取平均值,因此比较麻烦。测量低速气流时产生的压差很小,需要选用很精确的微压计。测量管道中流体的平均流速通常有以下两种方法:

(1) 等环面法。

将半径为 R 的圆管分成 n 个面积相等的同心圆环(最中间的为圆)。在每个同心圆环的面积等分处设置测点,即特征点的位置。以该点所测得的速度值代表整个圆环的平均速度。所以,管道内的速度分布曲线就近似地被阶梯形的分布规律所代替,如图 3.11 所示。从圆管中心开始,各特征点离圆心的距离 r_1, r_2, $\cdots$, r_n,如果管道的半径为 R,各测量点距圆心的距离为 r_i,则 r_i 为

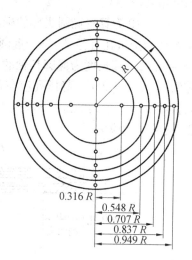

$$r_i = \sqrt{\frac{2i-1}{2n}} R \qquad (3.10)$$

一般取 $n \geqslant 5$,每个环形面积要测量四点的流速。测量点的布置方式为将每个环形面积再分成相等的两个小环形面积,测量点设置在两个小环形面积的分界处,并将每个环形面积的测量点设置在此分界圆周的等分位置上。

图 3.11　测量点的分布

0.316 R
0.548 R
0.707 R
0.837 R
0.949 R

(2) 中间矩形法。

对于矩形截面,等分小截面,小截面平均速度的平均值为管内流体的平均速度,如图 3.12 所示。

设矩形的面积中心速度为 v_i,则平均流速为

$$\bar{v} = \frac{1}{n} \sum_{i=1}^{n} v_i \qquad (3.11)$$

设管道截面积为 A,则流量为

$$q_v = A\bar{v} = \frac{A}{n} \sum_{i=1}^{n} v_i \qquad (3.12)$$

用皮托管测量流速并求出流量比较麻烦,至少要测量20点的流速才可以求出平均流速,并且很难实现自动测量平均流速。

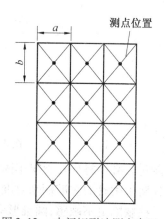

测点位置
a
b

图 3.12　中间矩形法测点布置

2. 安装与使用

(1) 要正确选择测量点断面,确保测点在气流流动平稳的直管段。为此,测量断面离来流方向的弯头、阀门、变径异形管等局部构件要大于 4 倍管道直径。离下游方向的局部弯头、变径结构应大于 2 倍管道直径。

(2) 皮托管的直径规格选择原则是:与被测管道直径比,不大于 0.02,以免产生干扰,使误差增大。测量时不要让皮托管靠近管壁。

(3) 测量时应当将全压孔对准气流方向,以指向杆指示。测量点插入孔处应避免漏风,防止该断面上气流干扰。按管道测量技术规范,应合理选择测量断面的测点。

(4) 皮托管只能测得管道断面上某一点的流速,但计算流量时要用平均流速,由于断面流量分布不均匀,因此该断面上应多测几点,以求取平均值。测点按烟道(管道)测量法规定,可按常用的等分面积来划分。

3.2.2　均速管

均速管流量计是基于皮托管原理而发展起来的一种新型流量计。均速管能够直接测出管道截面上的平均流速,相比于皮托管,简化了测量过程,提高了测量准确性。

均速管是一根横跨管道的中孔、多孔金属管,其结构如图 3.13 所示。在迎流方向上开有对称的两对总压取压孔(也可以是两对以上),各总压取压孔位置分别对应四个面积相等的半环形和半圆形区域,各总压孔相通,测得的流体总压均压后由总压管引出,这可认为是反应截面平均流速的总压。在背向流体流向一侧的中央开有一个静压取压孔,测得流体静压并有静压管引出。由平均总压与静压之差即可求得管道截面的平均流速,从而实现测量流量的目的。

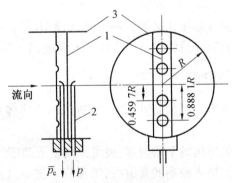

图 3.13　均速管流量计
1— 全压平均管;2— 静压管;3— 管道

均速管流量计是仅适用于圆形管道的一种流量测量仪表,能测量直径从 25 mm 到 9 m的管道中气体、液体或蒸汽的流量,具有结构简单,测量精度高、永久压力损失小、安装维护方便、运行费用低等优点,流量系数长期稳定不变。

1. 测量原理

均速管是一只沿管道直径插入管道内的细圆管,在对着来流方向开一些圆孔,作为测量全压之用。各孔测得的全压由于开孔位置不同而不同,在管内平均后被导出,在插入管的中

间位置背着来流方向开一测量静压的圆孔。与皮托管一样,流速与差压的关系为

$$\bar{v} = K_d \sqrt{\frac{2}{\rho}(\bar{p_0} - p)} \tag{3.13}$$

式中　　$\bar{v}$—— 平均流速;

　　　　K_d—— 流量系数;

　　　　ρ—— 被测流体密度;

　　　　$\bar{p_0} - p$—— 全压平均值与静压之差。

　　由于测得的是全压的平均值与静压之差,因而通过计算可得到平均流速。这里的关键是均速管测量全压孔的开孔位置和数目,这又与紊流流动在圆管截面上流速分布的数学模型有关:选用不同的数学模型,开孔的位置也不同。流量系数 K_d 靠应用实际流体标定取得,有的制成表格和图线供使用时查找。为了计算均速管测量全压的开孔位置,必须首先选取流速分布的数学模型,常用的有指数分布模型、对数分布模型、对数 - 线性分布模型。管上的开孔位置和个数视流速分布情况及测量精度确定。迎流面上的四个孔的位置可用切比雪夫数值积分法求得:$r_1 = \pm 0.459\,7R$,$r_2 = \pm 0.888\,1R$,其中 r 为全压孔距管道中心距离。另一压力由均速管背流面的管道中心处取得。

2. 安装与使用

　　均速管通常有两种安装方式,即垂直管道安装和水平管道安装。在垂直管道中安装,允许在管道圆周 360° 范围内任意安装。

　　在水平管道中安装,建议采用如下方式:

　　(1)测量液体时取向下倾斜 45° 安装。

　　(2)测量气体时取向上倾斜 45° 安装。

　　(3)安装时均速管流量计总压孔必须正对流向,偏差不大于 7°。

　　(4)均速管流量计安装时应沿管道直径方向插入到底,其安装允许有偏差。

3.2.3　笛形动压测量管

　　除了使用最广泛的标准动压测量管外,在一些特殊场合还经常采用一些其他特殊形式的动压测量管。

　　为了测量尺寸较大的管道内的平均流速,经常采用笛形动压管,如图 3.14(a) 所示。将一根或数根钢管或铜管垂直插入被测的管道内,笛形管上按等截面积原则布置了若干个小孔,并在笛形管的两端通过连通管连接起来,测量孔内感受的全压自动取平均值,获得被测管道内的全压力,而静压孔就开在被测管道的壁面上,这就是笛形动压管,由于各种测量小孔内的全压自动取平均值,人们又称它为积分管。为了尽量减小堵塞作用,笛形管直径 d 应取得小些(但必须保证刚度),一般 $d/D = 0.04 \sim 0.09$。全压孔直径 d_0 宜小一些,但要防止尘埃或腐蚀的堵塞,测孔的总面积不宜超过笛形管内截面的 30%。

　　为了加强刚度,也有双笛形动压管,如图 3.14(b) 所示。全压孔开在气流方向偏 30° 以防堵塞,静压孔则开在另一管的背向气流一侧,由于感受的并不是气流的总压,所以这种管子使用前必须进行标定。另外,单笛形动压管的测孔应严格迎向气流,据实验证明,测孔如偏离气流方向 9° ~ 10°,则流量系数 K_d 会产生 ±3% 的附加误差。

当在直管段测量时,在笛形动压管前要有 $6D$ 直管段,其后要有 $3D$ 的直管段,这时流量系数较稳定,一般变动不超过 $\pm 1\%$。

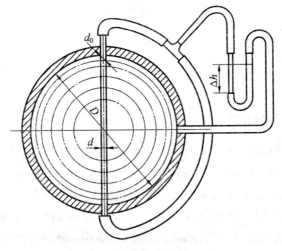

(a) 单笛形动压管

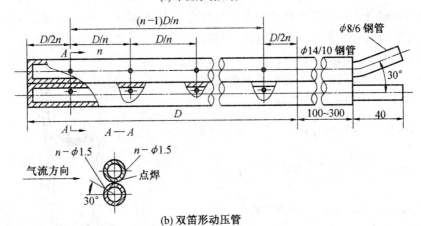

(b) 双笛形动压管

图 3.14　笛形动压管

3.3　转子流量计

转子流量计(又称恒压降变截面流量计)也是利用流体流动的节流原理为基础的一种流量测量仪表。转子流量计在测量过程中保持节流件前后的差不变,而节流件的通流面积随流量而变,因此可通过测量通流面积来测量流量。

转子流量计的优点如下:

(1) 结构简单、直观,使用维护方便,成本低。

(2) 压力损失小且恒定。

(3) 尤其适用于小流量、低雷诺数的流体。

(4) 金属管转子流量计可做成电远传型。

转子流量计缺点如下:

（1）测量精度受被测流体黏度、密度、纯净度以及湿度和压力的影响，也受安装垂直度和读数准确度的影响，精度一般在 2% 左右。

（2）被测流体的流动为单相、无脉动的稳定流。

（3）不能测高压流体。

（4）不能有机械振动。

（5）出厂标定，液体以水、气体以空气为标定介质，如实际流体密度和黏度有较大变化，需用实际流体重新标定。

3.3.1　转子流量计的工作原理

转子流量计测量主体由一根自下向上扩大的垂直锥管和一只可以沿锥管轴向上下移动的浮子组成。流体由锥管的下端进入，经过浮子与锥管的环隙从上端流出。浮子受重力、流体的浮力和因节流而在浮子上下端面产生差压形成的上升力的作用。平衡时，浮子就稳定在一定的位置上，流量增大时，环形截面中流速增加，上下面的静压差增加，浮子向上浮起，在新的位置处，环形流通截面增大，流速降低，静压差减小。随转子的上浮，环隙面积逐渐增大，流速减小，压力增加，从而使转子两端的压差降低。当转子上浮至某一定高度时，转子两端面压差造成的升力恰好等于转子的重力与浮力之和时，转子不再上升，而悬浮在该高度。转子流量计玻璃管外表面上刻有流量值，根据转子平衡时其上端平面所处的位置，浮子上升的高度 h 就代表一定的流量，即可读取相应的流量。

如图 3.15 所示，根据浮子在锥管中的受力平衡条件，可以写出力平衡公式为

$$\rho_f g V_f = \rho_0 g V_f + \frac{1}{2}\rho_0 v^2 C_d A_f \qquad (3.14)$$

$$v = \sqrt{\frac{2V_f g(\rho_f - \rho_0)}{C_d A_f \rho_0}} \qquad (3.15)$$

$$q_V = A_0 v = \sqrt{\frac{1}{C_d}}A_0\sqrt{\frac{2V_f g(\rho_f - \rho_0)}{A_f \rho_0}} \qquad (3.16)$$

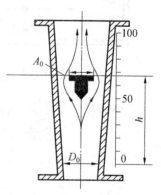

图 3.15　浮子流量计测量原理

式中　　V_f——浮子体积，m^3；

　　　　ρ_0——流体密度，kg/m^3；

　　　　C_d——浮子阻力系数；

　　　　v——流通面积的平均流速，m/s；

　　　　A_f——浮子最大迎流面积，m^2；

　　　　A_0——通流面积，m^2；

　　　　h——转子在管中的高度，m；

　　　　C——与圆锥管锥度有关的比例系数；

　　　　g——重力加速度，N/kg。

设　　　　　　　　　　　$\alpha = \sqrt{\frac{1}{C_d}}$　（流量系数）

则体积流量为

$$q_V = \alpha A_0 \sqrt{\frac{2V_f g(\rho_f - \rho_0)}{A_f \rho_0}} \tag{3.17}$$

对于小锥度锥管,近似有

$$A_0 = Ch$$

系数 C 与浮子和锥管的几何形状及尺寸有关。则不可压缩流体流量方程式可写为

$$q_V = \alpha Ch \sqrt{\frac{2V_f g(\rho_f - \rho_0)}{A_f \rho_0}} \tag{3.18}$$

式(3.18)给出了流量与浮子高度之间的关系,这个关系近似线性。

实验证明,转子流量计的流量系数 α 与流体黏度、转子形式、锥管与转子的直径比以及流速分布等因素有关,每种流量计有相应的界限雷诺数,当雷诺数大于某一低限雷诺数 $(Re_D)_K$,流量系数就趋于一常数。因此,对于一定材料、形状的转子和一定重度的流体,雷诺数在低限雷诺数以上,就能得到体积流量和转子位置 h 之间的线性刻度。图3.16中列举了三种转子的转子流量计流量系数 α 与雷诺数的关系。其中 1 为旋转式转子,它的低限雷诺数为 $(Re_D)_K = 6\,000$,多用于玻璃管直接指示式的转子流量计;2 为圆盘式转子,它的低限雷诺数 $(Re_D)_K$ 约为300,3 为板式转子, $(Re_D)_K = 40$,2 和 3 型转子广泛应用于电气远传式转子流量计。

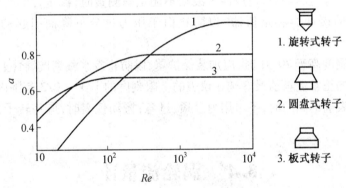

图 3.16 转子流量计的 $\alpha - Re$ 曲线

为了便于数据远传,还有一类电气远传式转子流量计。电气远传式转子流量计通常是使转子带动差动变压器的铁芯上下移动,通过位移－电感变换的方法将转子的位置信号变换为电量信号。

3.3.2 被测介质密度变化时的换算

转子流量计的流量方程式是在不可压缩流体(即密度为常数)的条件下导出的。仪表在出厂前是用水或空气标定的,只要流量方程中各量值在使用时与标定时一样,则仪表的示值是准确的。如果使用时的温度、压力及被测介质与标定时不同,这时仪表示值必须修正。

刻度状态:

$$q_{V_0} = k \sqrt{\frac{2g v_f (\rho_f - \rho_0)}{\rho_0 A_f}} \tag{3.19}$$

工作状态:

$$q_V = k\sqrt{\frac{2gv_{\mathrm{f}}(\rho_{\mathrm{f}} - \rho)}{\rho A_{\mathrm{f}}}} \tag{3.20}$$

则被测流体密度变化对刻度的影响,可用下式修正:

$$q_V = q_{V_0}\sqrt{\frac{\rho_{\mathrm{f}} - \rho}{\rho_{\mathrm{f}} - \rho_0} \times \frac{\rho_0}{\rho}} \tag{3.21}$$

式中　　q_{V_0}, q_V—— 仪表体积流量读数和体积流量的准确值,m^3/s;

　　　　ρ_0, ρ—— 仪表分度时和使用时的流体密度,$\mathrm{kg/m}^3$。

3.3.3　转子流量计的安装与使用

安装玻璃转子流量计时,应注意它的耐压程度、转子材质和连接部分材质等能够满足工作要求,锥管是否垂直,流体流向是否正确,仪表前后的管道有无牢固的支撑管。具体要求如下:

（1）转子流量计必须安装在垂直位置上（流量计中心线与铅垂直线的夹角不超过5°）;

（2）为防止管路的流体回流,可在流量计下游阀门之后安装单向逆止阀。

（3）如被测流体含有较大颗粒杂质或脏污,应根据需要在流量计上游安装过滤器。

（4）如被测流体是脉动流,造成浮子波动不能正确测量时,流量计上游的阀门应全开,并设置适当尺寸的缓冲器和定值器,以防止由于压力过分下降而引起的回流和消除脉动流。

（5）若介质温度高于70 ℃时,应加装保护罩,以防止冷水溅到玻璃管上引起炸裂。

（6）流量计的正常流量值最好选在仪表的上限刻度的1/3 ~ 2/3范围内。

（7）开启仪表前的阀门时,不可用力过猛、过急;搬动仪表时,应将转子顶住,以免转子将玻璃锥管打坏。

3.4　涡轮流量计

涡轮流量计又称为速度式仪表,是以流体功量矩原理为基础的流量测量仪表。因为在一定的流量范围内,涡轮的转速与流体的流速成比例。

涡轮流量计的特点如下:

（1）精度高:基本误差为 ±（0.25% ~ 1.5%）。

（2）量程比大:一般为10∶1。

（3）惯性小:时间常数为毫秒级。

（4）耐压高:被测介质的静压可高达10 MPa。

（5）使用温度范围广:可测 - 200 ~ 400 ℃的介质流量。

（6）压力损失小:一般为0.02 MPa。

（7）输出的是频率信号:容易实现流量积算和定量控制。

（8）流体中不能含有杂质,否则误差大,轴承磨损快,仪表寿命低,故仪表前最好装过滤器。

（9）不适于测黏度大的液体。

3.4.1　涡轮流量变送器的结构

涡轮流量变送器的作用是将流量的变化转换成涡轮旋转快慢的变化,再将涡轮的旋转通过磁电转换器转换成电脉冲,并经前置放大器放大后,作为流量信号输出。涡轮流量变送器的结构如图 3.17 所示,它由导流器、涡轮、磁电转换装置及前置放大器等组成,它有一定数量的螺旋形叶片,安装在摩擦很小的轴承中。

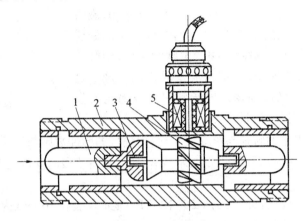

图 3.17　涡轮流量计结构示意图
1— 导流器;2— 外壳;3— 轴承;4— 涡轮;5— 磁电转换器

(1)导流器。

将流入变送器的流体在到达涡轮转子前先进行整流,消除旋涡,避免由于流体的二次流而引起的误差,保证仪表的精度。

(2)涡轮。

一种测量元件,由磁导率较高的不锈钢材料制成,轴芯上装有数片呈螺旋形或直形的叶片,流体作用于叶片,使涡轮转动。

(3)壳体和前后导流件。

由非导磁的不锈钢材料制成,导流件由四片互相垂直的直片组成,用以去掉来流中的旋涡,使流体平行于轴线流动。

(4)磁电转换器。

涡轮的转速转换为电信号,正对着叶轮,永久磁铁产生的磁力线穿过线圈中的铁芯和流量计的壳体,经叶片和空气而闭合。当叶轮在被测流体的推动下转动时,叶片正对着铁芯和偏离铁芯时磁路的磁阻变化最大,此时线圈中磁通发生很大的变化,从而在线圈中感应出交变电势。电势的频率是叶片通过铁芯处的频率,与叶轮的转速成正比,而叶轮的转速与流体的流速成正比。

为了提高传送距离,并避免信号输出经过电线传送时受干扰,因此流量变送器的输出信号须经前置放大器放大,这个前置放大器也装在变送器内。

3.4.2　涡轮流量计的工作原理

涡轮流量计由变送器和显示仪表组成。涡轮叶片受力而旋转,其转速与流体流量(流速）成正比,其转数又可以转换成磁电的频率,此频率表现为电脉冲,用计数器记录此电脉冲,就可以得到流量。

涡轮流量计原理图如图 3.18 所示。当流体通过安装有涡轮的管路时,流体的动能冲击涡轮发生旋转,流体的流速越高,动能越大,涡轮转速也就越高。在一定的流量范围和流体黏度下,涡轮的转速和流速成正比。当涡轮转动时,涡轮叶片切割置于该变送器壳体上的检测线圈所产生的磁力线,使检测线圈磁电路上的磁阻周期性变化,线圈中的磁通量也跟着发生周期性变化,检测线圈产生脉冲信号,即脉冲数。其值与涡轮的转速成正比,即与流量成正比。这个电信号经前置放大器放大后,即送入电子频率仪或涡轮流量积算指示仪,以累积和指示流量。

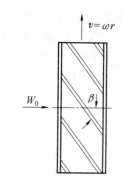

图 3.18　涡轮流量计原理示意图

在测量范围内,涡轮的转速与流量成正比,而信号的脉冲数则与涡轮的转速成正比。所以,当测得信号脉冲总数 N 后,除以仪表常数 K,便可求得该段时间内的流体体积总量 Q,即 $Q = N/K$。

例如,涡轮流量计变送器的 K 为 1 500 次／升,显示仪表在 10 min 内积算得到的脉冲数为 6 000 次,则 10 min 内流体流过的总量为 $Q = 6\ 000/150 = 40$（L）。

3.4.3　仪表常数 K

当叶轮处于匀速转动的平衡状态,并假定涡轮上所有的阻力矩均很小时,可得到涡轮运动的稳态公式,即

$$\omega = \frac{W_0 \tan \beta}{r} \tag{3.22}$$

式中　　ω—— 涡轮的角速度,rad/s;

$\quad\quad W_0$—— 作用于涡轮上的流体速度,m/s;

$\quad\quad r$—— 涡轮叶片的平均半径,m;

$\quad\quad \beta$—— 叶片对涡轮轴线的倾角,rad。

检测线圈中输出的脉冲频率为

$$f = nZ = \frac{\omega}{2\pi}Z \tag{3.23}$$

或

$$\omega = \frac{2\pi f}{Z} \tag{3.24}$$

式中　　Z—— 涡轮上的叶片数;

$\quad\quad n$—— 涡轮的转数。

流体速度为

$$W_0 = \frac{q_v}{F} \tag{3.25}$$

式中　　q_v—— 流体体积流量,m³/s;

F——涡轮流量变送器的流通面积，m^2。

$$f = \frac{Z\tan\beta}{2\pi r F}Q \qquad (3.26)$$

令 $K = \dfrac{f}{Q}$，K 称为仪表常数，则

$$K = \frac{Z\tan\beta}{2\pi r F}$$

理论上，仪表常数与仪表结构有关，但实际上 K 值受很多因素影响。例如，由轴承摩擦及电磁阻力矩变化产生的影响；涡轮与流体之间黏性摩擦阻力矩的影响；由于速度沿管截面分布不同的影响。

典型的涡轮流量计的特性曲线如图 3.19 所示，仪表出厂时由制造厂标定后给出其在允许流量测量范围内的 K 平均值。因此，在一定时间间隔内流体流过的总量 Q 与输出总脉冲数 N 之间的关系为

$$Q = \frac{N}{K}$$

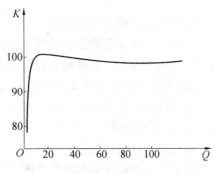

图 3.19　涡轮流量计特性曲线

由图 3.19 中可以看出，在小流量下，由于存在的阻力矩相对比较大，故仪表常数 K 急剧增加；在从层流到紊流的过渡区中，由于层流时流体黏性摩擦阻力矩比紊流时要小，故在特性曲线上出现 K 的峰值；当流量再增大时，转动力矩大大超过阻力矩，因此特性曲线虽稍有上升，但接近于水平线。通常仪表允许使用在特性曲线的平直部分，使 K 的线性度在 $\pm 0.5\%$ 以内，复现性在 $\pm 0.1\%$ 以内。

3.4.4　涡轮流量计的安装与使用

1. 安装注意事项

涡轮流量计安装时，应注意以下几个方面：

（1）水平安装，应尽量避免垂直安装，并应使安装方式与校验方式相同，以免引起仪表常数的变化。

（2）变送器安装时保证前后有一定的直管段长度，一般上游侧为 $10D$ 以上，下游侧为 $5D$ 以上。

（3）变送器前安装过滤装置，保持介质洁净。

（4）进出口不能装反，并应装设旁路通道。

2. 使用注意事项

（1）密度的影响。

介质密度发生变化时，对测量结果有影响。由于变送器的常数是在常温下用水标定的，所以密度改变时应重新标定。对于同一液体介质，密度受温度、压力变化的影响不大，故可忽略其变化的影响。对于气体来说，压力和温度的变化除影响仪表常数外，还将直接影响仪表的灵敏度。

（2）黏度的影响。

一般随着黏度的增大,最大流量和线性范围都减小。涡轮流量计出厂标定是在一定黏度下进行的,故黏度变化时也必须重新标定。由于流体黏性阻力矩的存在,涡轮流量计的特性受流体黏度变化的影响较大,特别在低流量、小口径时更为显著,因此应对涡轮流量计进行实液标定。制造厂常给出仪表用于不同流体黏度范围时的流量测量下限值,以保证在允许测量范围内仪表常数 K 的线性度仍在 ±0.5% 范围之内。在用涡轮流量计测量燃油流量时,保持油温大致不变,使黏度大致相等是很重要的。

3.5　电磁流量计

电磁流量计是基于电磁感应定律工作的流量测量仪表,能测量具有一定电导率的流体的体积流量。由于它的测量精度不受液体的黏度、密度、温度以及电导率变化的影响,所以几乎没有压力损失。电磁流量计是工业中测量导电液体流量的常用仪表。它的应用范围很广,可以测量各种腐蚀介质,如酸、碱、盐溶液以及带有悬浮颗粒的浆液,也可用于测量食品工业、医药卫生、自来水和污水处理等各行业中液体流量。它测量的体积流量小至每小时数滴,大至几万立方米。

电磁流量计特点如下:

（1）可以测量各种腐蚀性介质,如酸、碱、盐溶液以及带有悬浮颗粒的浆液。

（2）无机械惯性,反应灵敏,可以测量脉冲流量。

（3）线性较好,可直接进行等分刻度。

（4）只能测量导电液体,不能测量气体、蒸汽以及大量气泡的液体或者电导率很低的液体。

（5）不能用于测量高温、高压介质。

3.5.1　电磁流量计的基本原理

由电磁感应定律可以知道,导体在磁场中运动而切割磁力线时,在导体中便有感应电势产生,这就是发电机原理。同理,如图 3.20 所示,在磁场中做切割磁力线运动的导电液体也会产生感应电势。当满足下述条件时,感应电势与管道中的导电液体的平均流速成正比。

（1）磁场在管道中的任何地方都是均匀分布的,这个条件事实上是做不到的,但只要在管道轴线方向2.5 ～ 3 倍管径范围内是均匀的即可。因此有时由磁场不均匀而造成的影响就比较小。

（2）被测流体的流速轴对称分布。

（3）被测流体是非磁性的。

（4）管道是不导磁的,内壁电绝缘。

（5）被测流体的电导率均匀且各向同性。

此时,感应电势的方向可通过右手法则来判断,它与其他参数的关系为

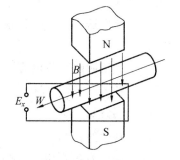

图 3.20　电磁流量计原理

$$E_x = BDv \times 10^{-4}$$

（3.27）

式中　　E_x—— 感应电势,V;

　　　　B—— 磁感应强度,T;

　　　　D—— 管道内径,m;

　　　　v—— 流体平均流速,m/s;

　　根据体积流量的定义,流量 q_V 与流体平均流速 v 的关系为

$$q_V = \frac{1}{4}\pi D^2 v \qquad\qquad (3.28)$$

$$E_x = 4 \times 10^{-4} \frac{B}{\pi D} q_V = K q_V \qquad\qquad (3.29)$$

式中　　K—— 仪表常数,$K = 4 \times 10^{-4} B/\pi D$。

　　由式(3.29)可知,当管道直径 D 和磁感应强度 B 不变时,感应电势 E_x 与体积流量 Q 或平均流速 W 呈线性关系。若在管道两侧各插入一根电极,就可引出感应电势,测量此感应电势的大小,就可求得流量。这就是电磁流量计的基本原理。

3.5.2　电磁流量计的安装和使用注意事项

　　电磁流量计的正确安装对提高流量计的测量精度和延长仪表寿命,都是极其重要的。

　　(1) 测量混合相流体时,应选择不会引起相分离的场所。

　　(2) 选择测量导管内不会出现负压的场所。

　　(3) 安装地点要远离一切磁源。应安装在没有强电场的环境,附近也不应有大的用电设备,如电动机、变压器等,以免受电磁场干扰。

　　(4) 流量计的外壳、屏蔽线、测量导管都要接地。要求单独设置接地点,不要连接在电机或上、下管道上。(因信号较弱,满量程时只有几毫伏,且流量很小时,只有几微伏,外界稍有干扰就会影响测量精度。)

　　(5) 避免安装在周围有强腐蚀性气体的场所。

　　(6) 环境温度一般应在 - 25 ～ 60 ℃ 范围内,并尽可能避免阳光直射。

　　(7) 推荐垂直安装,且被测流体是自下而上流动。也可水平安装,但要使两电极在同一水平面上,要保证测量导管都充满液体。

　　(8) 流量计前必须有 $10D$ 左右的直管段,以消除各种局部阻力对流线分布对称性的影响。

3.6　超声波流量计

　　超声波流量计是以声波在静止流体和流动流体中的传播速度不同,即对固定坐标系来考虑,声波传播的速度与流体的流速有关,因而可以通过测量声波在流动介质中的传播速度等方法来求出流速和流量。

　　超声波流量计具有以下特点:

　　(1) 超声波流量计可以做成非接触式的,即从管道外部进行测量。因在管道内部无任何插入测量部件,故没有压力损失,不改变原流体的流动状态,对原有管道不需任何加工就可以进行测量,使用方便。

（2）特别适合大口径的流量测量。

（3）能用于任何液体,特别是具有高黏度、强腐蚀、非导电等性能液体的流量测量,原则上也能测量气体流量,不受流体的压力、温度、黏度及密度等的影响。

（4）测量管道无需特殊加工,通用性好,安装维修方便。

其缺点是:液体中含有气泡或有杂音出现时,会影响声传播。变送器安装时前后应有 $10D$ 和 $5D$ 的直管长度。此外,其结构较复杂,成本较高。

3.6.1　超声波流量计的测量原理

超声波流量计是利用超声波在流体中的传播特性来实现流量测量的。超声波在流体中传播时,将受到流体流速的信息,如顺流和逆流的传播速度由于叠加了流体流速而不相同等。因此,通过接收到的超声波,就可以检测出被测流体的流速,再换算成流量,从而实现测量流量的目的。

超声波测量流量有多种方法,按作用原理有传播速度差法、多普勒效应法、声束偏移法、相关法等,在工业应用中以传播速度法最普遍。传播速度差法是利用超声波在流体中顺流传播与逆流传播的速度变化来测量流体流速的。测量方法可分为时差法、相差法和频差法。

（1）时差法。

其测量原理如图 3.21 所示,在管道壁上,从上、下游两个作为发射器的超声换能器 T_1,T_2 发出超声波,各自到达下游和上游作为接收器的超声换能器 R_1,R_2。流体静止时超声波声速为 c,流体流动时顺流和逆流的声速将不同。

两个传播时间与流速之间的关系为

$$t_1 = \frac{L}{c+v}, \quad t_2 = \frac{L}{c-v}$$

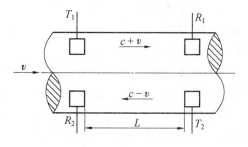

式中　　t_1——顺流传播时间;

　　　　t_2——逆流传播时间;

　　　　L——两探头间距离;

　　　　v——流体平均流速。

一般情况下,$c \gg v$,则时间差与流速的关系为

图 3.21　时差法原理图

$$\Delta t = t_2 - t_1 \approx \frac{2Lv}{c^2} \tag{3.30}$$

测得时间差即可知道流速。

（2）相差法。

相位差法是把上述时间差转换为超声波传播的相位差来测量。超声波换能器向流体连续发射形式为 $s(t) = A\sin(\omega t + \varphi_0)$ 的超声波脉冲,其中 ω 为超声波的角频率。则其相位差可表示为

$$\Delta\varphi = \varphi_2 - \varphi_1 = \omega\Delta t = 2\pi f\Delta t \tag{3.31}$$

$$v = \frac{c^2}{2\omega L} \cdot \Delta\varphi = \frac{c^2}{4\pi fL} \cdot \Delta\varphi \tag{3.32}$$

式中　　φ_1——按顺流方向发射时收到的信号相位，$\varphi_1 = \omega t_1 + \varphi_0$；

　　　　φ_2——按逆流方向发射时收到的信号相位，$\varphi_2 = \omega t_2 + \varphi_0$。

（3）频差法。

采用频差法时，列出频率与流速的关系为

$$f_1 = \frac{1}{t_1} = \frac{c+v}{L}, f_2 = \frac{1}{t_2} = \frac{c-v}{L}$$

则频率差与流速的关系为

$$\Delta f = f_1 - f_2 = \frac{2v}{L} \tag{3.33}$$

因为时差法要受声速 c 随介质温度、组成、密度等变化而变化的影响，且声速的温度系数并非常数。如果声速变化时，由此产生的流速测量的相对误差将等于声速相对变化的 2 倍，因此，声速变化的影响是时差法的主要误差来源。而采用频差法测量可以不受声速的影响，不必考虑流体温度变化对声速的影响。

3.6.2　超声波流量计的安装与使用注意事项

在所有的流量计安装中，超声波流量计的安装是最为方便简捷的，为了保证仪表的测量准确度，应选择满足一定条件的场所定位：通常选择上游 $10D$、下游 $5D$ 以上直管段；上游 $30D$ 内不能装泵和阀门等扰动设备。测量点的选择应遵循下列原则：

（1）管路的垂直段或充满液体的水平管道，在安装与测量过程中，应充满液体。

（2）测量位置应选在探头上游大于 $10D$ 和下游大于 $5D$ 的直管段处。

（3）测量点选择应尽可能远离强磁场干扰源等。

（4）充分考虑管内结垢状况，应选择无结垢的直管段进行测量，结垢严重时，应选择插入式探头。

（5）选择管路管材应均匀密实，易于超声波传播。

（6）应安装在水平管道较低处和垂直管道向上（流向由下向上为好）处，避免安装在管道的最高点和垂直向下处。

（7）应在传感器的下游安装控制阀和切断阀，而不应安装在传感器的上游。

在使用时，应注意超声波流量计的零点检查。当管道液体静止，而且周围无强磁场干扰、无强烈振动的情况下，表头显示为零，此时自动设置零点，以消除零点漂移。

3.7　热式流量计

流体的流动和热量的移动，以及流动的流体固体间的热量交换，存在着密切的关系，并可用来测量流体的流量和流速。应用热能测量流量的方法通常可分为两种形式：一种方法是在流动的流体中放置一个发热件，发热元件的温度必将随着流速的变化而变化，根据发热元件耗散热量与流速的关系实现流量测量，也称热导式流量测量方法。常用仪表有热线风速仪及热球风速计等。另一种方法是给流体加入必要的热量，通过检测相应点热量随流体流动的变化来求出流量，也称热量式测量方法。常用仪表有托马斯流量计及边界层流量计。

3.7.1 热线风速仪

1. 热线风速仪的结构

热线风速仪是将流速信号转变为电信号的一种测速仪器,也可测量流体温度或密度。其原理是:将一根通电加热的细金属丝(称热线)置于气流中,热线在气流中的散热量与流速有关,而散热量导致热线温度变化而引起电阻变化,流速信号即转变成电信号。它有两种工作模式:

① 恒流式。通过热线的电流保持不变,温度变化时,热线电阻改变,因而两端电压变化,由此测量流速。

② 恒温式。热线的温度保持不变,如保持 150 ℃,根据所需施加的电流可度量流速。恒温式比恒流式应用更广泛。

热线长度一般为 0.5 ~ 2 mm,直径为 1 ~ 10 μm,材料为铂、钨或铂铑合金等。由于热线的机械强度较低,不适合在液体或含尘气流中测量,若以一片很薄(厚度小于 0.1 μm)的金属膜代替金属丝,即为热膜风速仪。其功能与热丝相似,但多用于测量液体流速。热线除普通的单线式外,还可以是组合的双线式或三线式,用以测量各个方向的速度分量。常见的探针形式如图 3.22 所示。图 3.22(a) 为一元热线探针。将一根直径很细的铂丝或钨线,一般直径为 1 ~ 5 μm,长度为 0.2 ~ 2 mm 的金属丝作为热线,点焊在两根支杆的端面上,支杆固定在绝缘体上,通过绝缘座引出导线就够成一支热线探针。

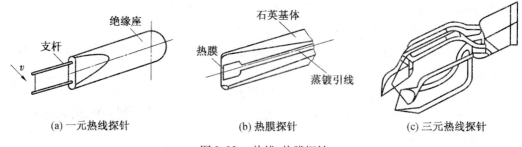

(a) 一元热线探针　　　　(b) 热膜探针　　　　(c) 三元热线探针

图 3.22　热线、热膜探针

从热线输出的电信号,经放大、补偿和数字化后输入计算机,可提高测量精度,自动完成数据后处理过程,扩大测速功能,如同时完成瞬时值和时均值、合速度和分速度、湍流度和其他湍流参数的测量。热线风速仪与皮托管相比,具有探头体积小,对流场干扰小;响应快,能测量非定常流速;能测量很低速(如低达 0.3 m/s) 等优点。

2. 热线风速仪的工作原理

热导式流量测量方法是根据发热元件耗散热与流体流速的关系实现流量测量的。一般的方法是将置于流体中的很细的金属丝、通过电流加热,由于流体流动将迫使热丝冷却,并且被冷却的程度是随流速而变化的,因此,可以通过测量热丝电阻值的变化求出流速和流量。热丝的安装形式如图 3.23 所示。

热铂丝的耗散热量与流体流速有关。热量与铂丝电阻和通电电流有关,通过保持一个量(电流或电阻)恒定,可得出热量 q_t 与流速 v 之间的关系如下:

在低流速,符合 $\rho c_p v d / K < 0.08$ 时,有

$$q_t = 2\pi K(T - T_0)\dfrac{l}{\ln\dfrac{K}{\rho c_p v d} + 1.12}$$

$$(3.34)$$

在高流速,符合 $\rho c_p v d / K > 0.08$ 时,有

$$q_t = K(T - T_0)l\left[1 + \sqrt{2\pi\dfrac{\rho c_p v}{K}d}\right]$$

$$(3.35)$$

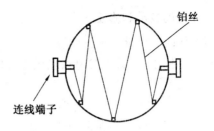

图 3.23　热丝的安装形式

式中　　q_t—— 热丝耗散的热量,J/s;

ρ—— 气体的密度,kg/m³;

c_p—— 气体的比定压热容,J/(kg·℃);

v—— 气体的流速,m/s;

T_0—— 气体的温度,℃;

K—— 气体的热导率,W/(m·℃);

l—— 热丝的长度,m;

d—— 热丝的直径,m;

T—— 热丝的温度,℃。

由于在 $\rho c_p v d / K < 0.08$ 的范围内,流速变化引起的热丝耗散热量变化不太显著,所以一般测量都是工作在 $\rho c_p v d / K > 0.08$ 的范围。实际应用时,由于要受到对流的影响,流速的下限比计算值要高些。

由于加热电流和热量之间具有 $q_t = I^2 R$ 的关系,则式(3.38)可写成

$$I^2 R = K(T - T_0)l\left(1 + \sqrt{2\pi\dfrac{\rho c_p v}{K}d}\right) \tag{3.36}$$

式中　　R—— 热丝的电阻,Ω;

I—— 加热电流,A。

在式(3.36)中,已将流速测量变为电参数的测量。如果热丝的温度保持一定,则电阻 R 为常数,改变加热的电流使气体带走的热量得以补充,而使金属丝的温度保持不变;这时流速越大,则所需加热的电流也越大,根据所需施加的电流(加热电流值)可得知流速的大小。该工作模式也称为恒流工作模式,即

$$I^2 = f_1(W) \tag{3.37}$$

另一种测量方法是保持加热电流不变,即加热金属丝的电流保持不变,测量电阻值的变化,气体带走一部分热量后金属丝的温度就降低,流速越大,温度降低得就越多;温度变化时,热线电阻改变,两端电压变化,因而测得金属丝的温度则可得知流速的大小。该工作模式也称为恒温工作模式,即

$$R = f_2(W) \tag{3.38}$$

两种方法的测量线路都是电桥形式。在上述两种情况下,热丝实际上是处于中间状态,其温度和加热电流都有变化,一般是力求其中某一参数的变化达到最小,其他的影响则用校正的方法来加以考虑。通常采用恒定温度法的测量线路,以获得很高的动态响应,因此,恒温式比恒流式应用更为广泛。

3. 热线的校准和修正

（1）热线的校准。

在实际使用中，必须对每条热线进行校准，这是因为探针的外在和内部条件与实际情况存在一定的差距。

① 由于热线直径较细（通常为几个微米），长度较短，工艺上很难完全保证它是圆柱体，同时气流流态上也很难保证与热线处于跨越圆柱体的对流换热。

② 探针的内在性能是随制造工艺、探针尺寸和金属材料不同，其性能也不同，即使使用相同的工艺及同一种材料制作成相同的形状，也不可能使每个探针具有相同的性能。

③ 探针的性能和流体的温度、密度等紧密相关，还与污染情况、速度范围等外部条件相关。

④ 探针在测量中不是孤立的系统，而是和电子仪器结合在一起使用，当探针引线较长时，引线电感、电桥电感的影响不能忽略，因此必须对整个测量系统进行校准。

校准工作通常在低湍流度的流场或校准设备中进行。这是因为在强湍流流场中，必须有足够长的积分时间才能获得真实的平均值。

（2）校准表达式。

对于接近于大气压条件下的大多数测量情况，风速计的输出电压 E 和流动速度 U 可用如下校准表达式：

$$E^2 = A + BU^n \tag{3.39}$$

式中　　E—— 风速计输出电压；

　　　　A, B—— 依赖于热线尺寸、流体物体特性和流动条件的常数。

指数 n 在一定的速度范围内恒定，在大范围内随速度的改变而改变。如图 3.24 所示，当流速小于 1 m/s 和大于 80 m/s 时，式（3.39）中的 n 值不能取 0.5，而必须相应增大到 0.6 或者减小到 0.4。

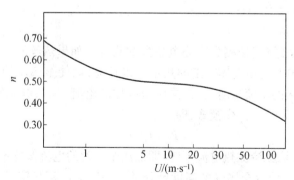

图 3.24　指数 n 随速度变化曲线

n 值可由式（3.40）确定：

$$n = \frac{\ln \dfrac{E_1^2 - E_0^2}{E_2^2 - E_0^2}}{\ln \dfrac{U_1}{U_2}} \tag{3.40}$$

式中　　U_1, U_2—— 被测点附近的两个速度值；

E_1,E_2—— 相应于 U_1,U_2 的风速计输出电压；

E_0—— 零风速时的风速计输出电压；

E_0—— 热线速度 $U=0$ 时所对应的电压值。

（3）校准装置。

在使用热线风速仪测量未知速度时,仪器显示的是与速度对应的电压值,这是通过探针的速度与电压 $U\sim E$ 曲线,即可指导所测量的风速值。对每根热线探针而言,它的校准曲线完全不同,如何做出它的实用校准曲线,就必须有一个产生已知流速的装置,按照一个已知速度 U_1 对应在风速计上的电压值 E_1,依次逐点标定 $U\sim E$ 校准曲线。产生这种已知速度 U 的装置称为校准装置。

校准装置的种类很多,但归纳起来主要有两大类:一类为直接速度传递装置;另一类为间接速度传递装置。直接速度传递装置的特点是流体不动,而让探针按预定速度在流体中运动,属于这类的装置有旋臂机、牵引机和旋转槽等。间接速度传递装置的特点是探针不动,而流体则按预定的流速运动。属于间接速度传递的校准装置有校准风洞、射流喷嘴等。下面重点介绍校准风洞。

如图 3.25 所示,图中的 U 形压力计是用来测量风洞收缩段两端的压差的。这种装置的校准范围为 1 ~ 150 m/s。但是由于 U 形压力计在速度小于 3 m/s 时,Δp 的值变得很小,约小于 133.32 Pa。用这种方法在低速时难以获得精确的速度结果。如果采用精密式压力传感器测量 Δp 值,测量精度将会得到提高。因此,校准风洞 – 激光风速计是比校准风洞 – U 形管压力计精度更高的

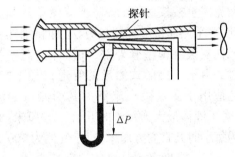

图 3.25　校准风洞示意图

校准装置。由于激光风速计的测量范围很广,因此只要风洞能够产生多宽的速度范围,它就能够校准多宽的速度范围。当然,测量精度要受激光流速计和风洞品质因素的制约。如果要求具有较高的的测量精度,就必须要求风洞本身具有低的湍流度、高的风速稳定度及小的流场梯度。

3.7.2　托马斯流量计

托马斯流量计是利用气体吸热量与气体的质量成正比的原理来实现气体质量测量的一种仪表,是一种热式质量流量计。热量式测量方法的基本原理是由热源向管道中的流体加热,热能随流体一起流动,通过测量流动流体的热量变化以求出流体的质量流量。

如图 3.26 所示,位于管道中间的通电铂丝（热源）对管道中的流体加热,在铂丝前后对称点上检测温度（可以用热电阻或热电偶）。在气体管路中放入电加热器,在加热器上、下游的

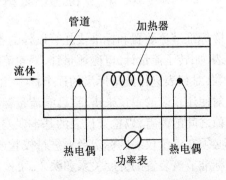

图 3.26　热量式测量方法示意图

对称位置,安置两个电阻温度计来测量加热器上下游的温度差,而温度差与气体质量流量之间的关系基本为线性关系,这样只要测量出上下游之间的温度差,就可以测量出微小气体的质量流量。根据传热的规律,加入流体的热量 q_t 与两点温度差 Δt 的关系为

$$q_t = q_m c_p \Delta t \tag{3.41}$$

则质量流量可表示为

$$q_m = \frac{q_t}{c_p \Delta t} \tag{3.42}$$

式中　　q_m —— 质量流量,kg/s;

　　　　c_p —— 比定压热容,kJ/(kg · ℃)。

当流体成分为已知时,则流体的比定压热容为已知的常数。因此,如果保持加热功率恒定,测出温差便可以求出质量流量;或者保持两点的温差不变,则通过测量加热的功率也可以求出流量。热量式流量计的特性曲线如图3.27所示。曲线表明,在很小流量时特性是线性的。而在大部分范围内特性是非线性的。这种流量计多用于较大气体流量的测量。

由于这种测量方法测温元件和加热元件要与被测流体直接接触,所以易被流体玷污和腐蚀。为此,可采用非接触式测量方法,即将加热器和测温元件安装在薄壁管外部,而流体由薄壁管内部通过。由于非接触式测量的管道口径不能太大,因此适用于测量微小流量。其所测量的流量范围:对于液体最大为每小时几百立方厘米;对于气体为每小时几百立方厘米;对于气体为 100 L/h 左右。 它的精度约为 ±1%, 反应较慢(0.5 ～ 1 min),并且流体温度变化时将影响测量精度。用于测量气体大流量及液体流量时,可以让通过的流量仅是总流量的一小部分,即采用分流的方法,以扩大量程范围。

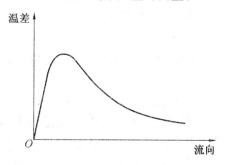

图 3.27　热量式流量计特性曲线

根据流体的边界层理论,也可以测量流体在靠近管壁的边界层处的热量变化,根据相应的结构和公式求出质量流量。这样就不必对整个管道中的流体加热,因而加热功率较小,反应时间较快,可以用来测量口径较大、液体流量也较大的质量流量。

3.8　流量测量仪表的校验与标定

除标准节流装置和标准皮托管以外的各种流量测量仪表,对于非标准化的各种流量测量仪表,如转子流量计、电磁流量计、涡轮流量计等,在出厂前都必须用实验来求得仪表的流量系数,对仪表进行流量标尺的逐个标定,以确定仪表的流量刻度表尺,即进行流量计的分度。对使用仪表的单位来讲,在已有流量标尺的情况下,也需要定期校验标尺上的指示值和实际值之间的偏差,以检查仪表的基本误差是否超过仪表精度所允许的误差范围。所有这些都必须在流量仪表的标定台上进行校验或标定。

标准节流装置的分度关系和误差,可按《流量测量节流装置国家标准》中规定通过计算确定,但必须指出,《标准》中的流量系数等数据也是通过大量实验求得的。另外,在测量准确度要求很高时,还是要将成套节流装置进行实验分度和校验。

在进行流量测量仪表的校验和分度时,瞬时流量的标准是用标准砝码、标准容积和标准时间通过一套标准实验装置来得到的。所谓标准实验装置,也就是能调节流量并使之高度稳定在不同数值上的一套液体或气体循环系统。若能保持系统中流量稳定不变,则可通过准确测量某一段时间 ΔT 和这段时间内通过系统的流体总容积 ΔV 或总质量 ΔM,由下式求得这时系统中的瞬时体积流量 q_V 或质量流量 q_m 的标准值。

$$q_V = \frac{\Delta V}{\Delta \tau} \quad \text{或} \quad q_m = \frac{\Delta m}{\Delta \tau}$$

将流量标准值与安装在系统中被校仪表指示值相对照,就能达到校验和分度被校流量计的目的。图 3.28 所示为水流量标定系统示意图,该系统用高位水槽来产生恒压头水源,并用溢流的方法保持压力恒定,以达到稳定的目的;将流量标准值与安装在系统中的被校仪表指示值对照,就能达到校验和分度被校流量计的目的;用于切换机构同步的计时器来测定流体流入计量槽的时间 ΔT;用标准容积计量槽测定 ΔV;被校流量计前后必须有足够长的直管段,流量调节由被校流量计后的阀门控制。

系统所能达到的雷诺数受高位水槽高度的限制,为了达到更高的雷诺数,有些实验装置用泵和多级稳压罐代替高位溢流水槽作恒压水源。

操作时,切换和读数的同步以及其他一些人为因素,也可能带来流量的计量误差。水泵、水池和高位水槽的容量、水源压头、管道直径、标准容积计量槽的容量等,是决定装置的实际流量计量能力的主要因素。

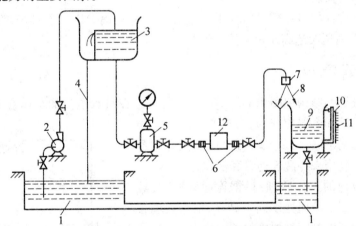

图 3.28　水流量标定系统示意图

1— 水池;2— 水泵;3— 高位水槽;4— 溢流管;5— 稳压容器;6— 夹表器;7— 切换机构;
8— 切换挡板;9— 标准容积计量槽;10— 液位标尺;11— 游标;12— 被校流量计

第4章 物位测量及仪表

物位测量是指对储存在容器或堆场内的物料(固体或液体)的相对高度或位置的测量。

水位的测量在工业上占有很重要的地位。如现代水管锅炉中断给水1 min,就会发生严重的缺水事故,甚至使整个锅炉损坏。所以,水位的维持成为保证安全运行的必要条件。在化工生产中测量料面可以确定容器中的原料、半成品和产品的数量,以保证生产过程中各环节得到预先计划好的定量物料,确保生产正常连续运行。

根据物位测量原理,物位测量仪表可以分为直读式(连通式)、差压式、浮力式、电气式、超声波式、光学式及核辐射式等类型。

4.1 玻璃液位计

玻璃液位计是一种简单的直读式液位计,是锅炉中最常用的液位计之一,用于监视锅炉汽包水位最可靠的仪表。

锅炉汽包液位计的显示窗材料为平板玻璃(中、低压锅炉用)、石英玻璃管(中、高压锅炉用)和云母片(高压及超高压锅炉用)等。

4.1.1 玻璃管液位计

玻璃管液位计的结构如图4.1所示。玻璃管固定在具有填料的金属管头中,再从金属管头引出两连通管和容器相连通,在连通管上装有阀门1和阀门2,其作用是在必要时可以使液位计与容器隔断。阀门3是用来冲洗连通管和液位计。

玻璃管液位计的工作原理:根据连通管原理,玻璃管中液面和容器中液面处于同一高度,根据玻璃管中的液面高度则可以判断容器中的液面高度。

玻璃管液位计安装时应注意:能显示容器内的设计最低水位和设计最高水位,一般玻璃管长度不应超过0.8 m;上、下连通管需有单独的阀门,便于运行和检修;需配排污或冲洗管及阀门;为液位读数的准确性,应保持液位计的垂直度。

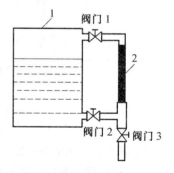

图4.1 玻璃管液位计的结构
1—液罐;2—玻璃管

玻璃管液位计一般用在压力较低的锅炉或其他设备上,应定期清洗、排污,便于液面高度的准确读数。

4.1.2 玻璃板液位计

玻璃板液位计的结构如图4.2所示。它是将一块特制的玻璃板嵌在特制的金属框中,从框上端接出的连通管与容器联通,在液位计到容器的连通管上装有阀门 1,2,在框的下端接出一个三通管,一边所接连通管与容器联通,在连通管上装有阀门,另一边与阀门 3 相连。阀门 1,2 可以将液位计与容器隔断,阀门 3 用来冲洗液位计。由于这种液位计借助于全反射原理,故液面显示清晰,能在一定距离外观察。

玻璃板液位计的工作原理与玻璃管液位计相同。

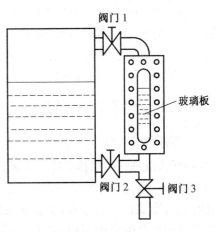

玻璃板液位计的玻璃板长度不超过 0.35 m。除此之外,玻璃板液位计在安装及使用时可参考玻璃管液位计。

利用玻璃液位计,测量温度较高的液体液面时,由于容器中的液体和液位计内的液体温差较大,会引起很大的误差,因此必须加以修正。对于蒸汽锅炉,可以用下式进行修正:

$$\Delta h = H\left(1 - \frac{\gamma_r - \gamma_q}{\gamma_L - \gamma_q}\right) \tag{4.1}$$

式中　Δh—— 液位计指示液面与锅炉真实液面之差;

图 4.2　玻璃板液位计的结构

　　　　H—— 容器的真实液面值;

　　　　γ_r—— 热水的重度;

　　　　γ_q—— 蒸汽的重度;

　　　　γ_L—— 冷水的重度。

4.1.3　双色液位计

双色液位计是利用光学系统有色显示的连通直读式液位计。双色液位计的原理是应用光线透过蒸汽和锅水的折射率不同,使汽空间显示红色,水空间显示绿色。

双色水位计结构图如图 4.3 所示。光由光源 1 发出,经过红色和绿色滤光玻璃 2 后,形成红光和绿光,平行到达组合透镜 3,红、绿两束光射入测量室 4。测量室内部介质为水柱和蒸汽柱。当红、绿光束射入测量室时,绿光折射率比红光大,绿光偏转较大,因此水柱呈绿色,蒸汽柱显红色。

加热室 5 的作用是对测量室进行加热,使测量室温度接近被测容器内的液体温度,并减少因温度差引起的液位测量误差。

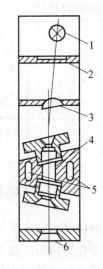

双色液位计的安装:连通管的倾斜度应不小于 100:1,汽侧取样管取样孔侧高,水侧取样孔侧低;汽水侧取样管、取样阀门和连通管等应保温;减少液位计测量室内介质温度与锅炉汽包(或其他容器)内介质温度之差;应保持液位计的垂直度。

图 4.3　双色液位计结构图
1— 绿色滤光玻璃;2— 红色滤光玻璃;3— 组合透镜;4— 测量室;5— 加热室;6— 光源

4.2　浮力式液位计

浮力式液位计是应用较早的一种液位测量仪器。它的结构简单,造价低廉,维修容易。浮力式液位计分为两种:一种是恒浮力式液位计(浮力保持不变),该种液位计浮标飘浮在液位计上,浮标的位置随液面的高低而变化,浮力不发生变化;另一种是变浮力式液位计,这种液位计的原理是浮筒浸在液体里,根据浮筒被浸程度的不同,所受的浮力也不同,只要测出浮筒所受浮力的变化,根据浮力与液面位置的关系,便可知道液位的高低。

4.2.1　恒浮力式液位计

1.浮标式液位计

浮标式液位计的结构如图4.4所示。浮标用绳索联结并悬挂在滑轮上,绳索的另一端挂有平衡重物,使浮标所受重力和浮力之差与平衡重物的拉力相平衡,保证浮标可停留在任一液面上,当液位往上升时,浮标所受浮力增加,破坏了原有的平衡,浮标沿着导轨向上移动,直到达到新的平衡,浮标才停止移动。通过绳索和滑轮带动指针,便可以指出液位的数值。

浮标式液位计也可以通过光电元件、码盘及机械齿轮等进行计数,并将信号远距离传送。这种测量方法比较简单,可以用于敞口容器,也可以用于密闭容器,如图4.5所示。它的缺点是,由于滑轮与轴承间存在机械摩擦、钢丝受拉受热伸长以及齿轮间存在齿隙等,因此会影响测量精度。

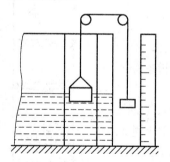

图4.4　浮标式液位计的结构

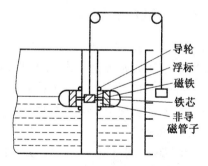

导轮
浮标
磁铁
铁芯
非导
磁管子

图4.5　浮标式液位计的结构

浮标式液位计原理图如图4.6所示,将液位的变化转换为浮漂在液面上位置的变化。由于浮标受到液体浮力的作用而漂浮在液面上,当浮标的重量和液体浮力相等时,浮标在液面上的位置就是液位。

设一直径为D、重量为G的浮标,当浮标的重力与浮力平衡时,则

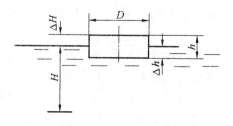

图4.6　浮标式液位计原理图

$$G = \frac{\pi D^2}{4}\Delta h \gamma$$

(4.2)

式中　　Δh——浮标浸没在液体中的高度；

　　　　γ——液体的重度。

在实际应用中,影响液位测量精度的因素有:载荷变化(重锤的重力、绳索长度左右不等时绳索本身的重力、滑轮的摩擦力);被测液体密度(温度的变化均能引起被测液体密度变化);被测液体黏度(黏度大,则浮子露出部分易粘上液体,使浮子重量和直径发生变化);绳索长度的变化(温度和湿度均能引起绳索长度的变化,对尼龙绳和有机纤维绳索影响较大)。

2. 浮球式液位计

这种液位计用于温度较高、黏度较大的液体介质液位的测量。浮球式液位计的结构如图 4.7 所示。浮球 1 通过连杆 2 与转动轴 3 相连接,转动轴的另一端与容器外侧的杠杆 5 相连接,并在杠杆上加平衡重锤 4,组成以转动轴 3 为支点的杠杆系统。一般要求在浮球的一半浸入液体时,实现系统的力矩平衡。当液体上升时,浮球被液体浸没的深度增加,浮球所受浮力增大,原有的力矩平衡状态发生变化,平衡重锤 4 拉动杠杆 5 做顺时针方向转动,浮球上升到浮球的一半浸没在液体中时,恢复了杠杆系统的力矩平衡,浮球则停留在新的位置上。如果在转动轴的外端安装一指针,便可以从所输出的角位移知道液位的高低。

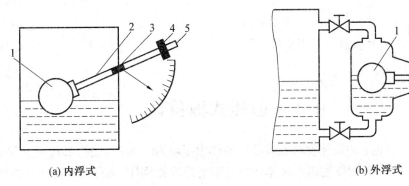

(a) 内浮式　　　　　　　　　　　　　　　　　(b) 外浮式

图 4.7　浮球式液位计的结构

1—浮球;2—连杆;3—转动轴;4—平衡重锤;5—杠杆

浮球为由不锈钢制成的空心球,配合平衡重锤来调节液位计的灵敏度。

4.2.2　变浮力式液位计

变浮力液位计主要有浮筒式液位计、扭力管式浮筒液位计、位式变浮力液位计等。浮筒式液位计分为外浮筒顶底式、内浮筒侧置式和内浮筒顶置式。

物体被液体浸没的体积不同,物体所受的浮力也不同。因此,通过测量物体所受浮力的变化就可以知道液位的变化。这种液位计的工作原理如图 4.8 所示。横截面相同、重量为 W 的圆筒形金属浮筒把弹簧压缩,浮筒的重量被弹簧力所平衡,当浮筒有一部分被液体浸没时,由于受到液体的浮力作用而浮筒向上升,当与弹簧力达到新的平衡时,浮筒停止上升,此时存在如下关系:

$$cx = W - Ah\gamma \tag{4.3}$$

式中　　c——弹簧刚度；

　　　　x——弹簧压缩位移；

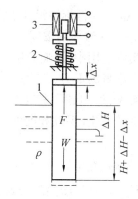

W—— 浮筒的重量；

A—— 浮筒的横截面积；

h—— 浮筒被液体浸没的深度；

γ—— 液体的重度。

当液位变化时，浮筒所受浮力发生变化，浮筒的位置也要发生变化，如液位升高 Δh，则浮筒要向上移动 Δx，此时的平衡关系为

$$c(x - \Delta x) = W - A(h + \Delta h - \Delta x)\gamma \quad (4.4)$$

将式(4.3)及式(4.4)相减，得

$$c\Delta x = A\gamma(\Delta h - \Delta x)$$

$$\Delta h = \left(1 + \frac{c}{A\gamma}\right)\Delta x = K\Delta x \quad (4.5)$$

图 4.8　变浮力式液位计的工作原理
1— 沉筒；2— 弹簧；3— 差动变送器

由式(4.5)可知，当液位变化 Δh 时，使浮筒产生位移 Δx，并且 Δx 与液位变化 Δh 成正比例关系。如果在浮筒的连杆上安装一铁芯，通过差动变压器，便可输出相应的电信号，指示出液位的数值。另外也可以将浮筒所受浮力的变化转换成机械角位移，也可测量液面位置。

增加或减小浮筒式液位计的浮筒长度，则可增加或减小液位计的量程。它适用于测量密度较小且较干净的介质液位。当变换测量对象时，应对密度进行换算。可以就地显示液位，也可远方显示。

4.3　静压式液位计

堆积(或在容器内)的固体物料或容器中液体由于具有一定的高度，必将对底部(或侧面)产生一定的压力；若固体物料或液体均匀且密度为常数，则该处的压力就仅由物料的高度决定。所以，测量其压力的大小就可知道物料的高度。静压式液位计主要有压力式液位计和差压式液位计等。静压式液位计测量方法比较简单，在工业生产中获得广泛的应用。

4.3.1　压力式液位计

在敞口容器中，应用压力计测量液位的方法较为方便，其结构原理如图4.9所示。压力计通过取压导管与容器下部相连，压力计指示的压力 p 与液位 H 之间存在如下关系：

$$H = \frac{p}{\gamma} \quad (4.6)$$

式中　γ—— 液体的重度；

p—— 容器内取压平面的净压；

H—— 液位高度。

从测量原理来看，这种测量方法比较简单，测量范围不受限制，所测物位信号可就地显示，并容易实现远距离传送。它的测量精度受到压力计精度的限制，只能适用于敞口容器的测量。如果被测液体的重度在测量过程中随测量条件而变化时，也会引入附加误差。

使用压力式液位计应注意：

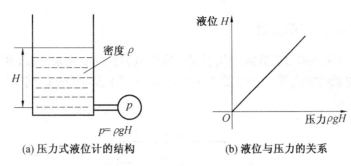

(a) 压力式液位计的结构　　　　(b) 液位与压力的关系

图 4.9　压力式液位计的结构以及液位与压力的关系

（1）被测液体必须洁净,黏度不能太高。

（2）导压管内封入硅油,使被测液体与测量仪表隔离,又能传输压力。

（3）法兰式压力液位计适用于黏度较大、含悬浮颗粒、易凝结的被测液体。

4.3.2　差压式液位计

测量密闭容器的液位时,液面上部气压及气压波动对测量有影响。当气压及其压力波动影响较大时,必须采用差压式液位计。其结构如图4.10所示。

为消除压力及其压力波动对测量的影响,可在容器的上部加装一段导压管(因该处压力与液位高低无关),这样就可以将容器中液面与下部的压差 Δp 测出。如果已知被测液体的重度为 γ,那么

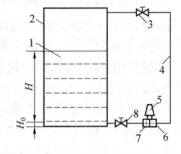

$$H = \frac{\Delta p}{\gamma}$$

$$p_s = p_a + H\gamma$$

$$\Delta p = p_s - p_a = H\gamma$$

这样,液位的测量就成为压差的测量了。

使用差压式液位计的注意事项:

图 4.10　差压式液位计的结构
1— 被测液体;2— 容器;3,8— 阀门;4— 导压管;5— 差压变送器;7— 正压室;6— 负压室

（1）对于含有杂质、结晶或自聚的被测液体,需要使用法兰式差压变送器。

（2）当差压变送器与容器之间安装隔离罐时,需要调整零点迁移装置(差压变送器指示不为零的那部分固定差压值,就是零点迁移)。

（3）采取保温措施,保持隔离罐、导压管及仪表内的液体温度与容器内被测液体温度一致,减小测量误差。

4.4　电气式物位计

电气式物位计是将物位的变化转换为电量的变化,用来间接测量物位。电气式物位计主要分为电容式物位计、电导式(电阻式)物位计和电感式物位计等。本节主要介绍电容式物位计和电导式物位计。

4.4.1　电容式物位计

电容式物位计利用物位升降变化引起电容器电容值的变化来测量物位。其结构形式主要有平板式、同轴同筒式等。可以做定点控制,还可用于连续测量。同轴同筒式电容式液位计如图4.11所示。

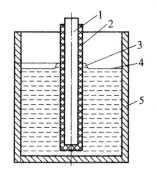

图 4.11　同轴同筒式电容液位计结构
1— 内电极;2— 绝缘层;3— 虚假液位;4— 实际液位;5— 容器

电容物位计的工作原理如图4.12所示。平板电容器的电容量随两平板间的介质的不同而不同,因此,只要给平板电容器的两平板间充以不同的介质就可以得到不同的电容量。可以利用测量电容量的变化来测量料位、液位或两种不同液体的分界面。处于电场中的两个同轴圆筒形金属导体,其长度为 L,半径分别为 R 和 r,在两圆筒中充以介电常数为 ε 的气体时,则两圆筒间的电容量为

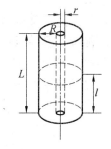

图 4.12　电容式物位计工作原理

$$C = \frac{2\pi\varepsilon L}{\ln R/r} \qquad (4.7)$$

当 R,r 一定时,电容量的大小与极板的长度 L、介电常数 ε 的乘积成正比。

以液体 – 气体介质为例,假设两极板间充以介电常数为 ε_1 的气体,电容量为 C_1。如果电极的一部分被介电常数为 ε_2 的液体浸没,当浸没长为 l 时,则电容增量 ΔC 为

$$\Delta C = \frac{2\pi l(\varepsilon_2 - \varepsilon_1)}{\ln R/r} \qquad (4.8)$$

由式(4.8)可知,当介电常数 $\varepsilon_1,\varepsilon_2$ 保持不变时,电容增量与电极的浸没深度 l 成正比关系,因此,只要测出电容的增量值就可知液位的高度。

电容式物位计适用于测量散装物料物位,测定各种液位和两种液位的界面。可测导电介质,也可测非导电介质,还能测量有倾斜晃动及高速运动的容器的液位。

在使用电容式物位计时,应注意:

(1)测量精度受电源电压波动的影响及附近带电体,特别是高压导线的干扰。应采取措施避免,保证电源电压的波动小于 10%,使探头和显示仪表间的接线长度小于 30 m。

(2)被测介质的温度、湿度发生变化以及介质中混入杂质时,均会使介电常数发生变化,引起测量误差;为了消除误差,可提高检测探头的精度,加装辅助电极,以消除被测介质的温度、湿度和杂质等使介电常数变动而引起的测量误差。

（3）工作压力从真空到 7 MPa,工作温度范围 $-186 \sim 540 \, ℃$。

（4）对非导电物位计,要求物料的介电常数与空气介电常数差别大,且需用高频电路。

（5）当测量具有黏附性的导电物料时,物料会黏附在传感电极的外套绝缘罩上（即挂料）,影响测量的准确度。

（6）可作为物位开关,用于液位、料位报警。电极宜横向插入容器或用平板形电极,提高电极的灵敏度。

（7）虚假液位严重影响仪表的测量准确性,须使绝缘层表面尽量光滑;选用不沾染被测介质的绝缘层材料。

4.4.2　电导式（电阻式）物位计

电导式物位计仅适用于导电性液体的液位测量。导电性液体主要是各种液态金属,酸、碱、盐溶液以及工业非纯水。

电导式液位计的工作原理如图 4.14 所示。由电阻 R_1, R_2, R_{F_1} 及 R_{F_2} 组成的电桥的桥路电阻,其中 R_1 为固定电阻,R_2 为可变滑线电阻。根据平衡电桥原理,可得到如下关系式:

$$R_{F_2} = \frac{R_{F_1} R_1}{R_2} \qquad (4.9)$$

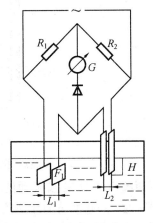

图 4.13　电导式液位计的工作原理

R_{F_1} 为一个与液体有固定接触面积的极板之间的电阻,它与两极板之间距离 L_1 成正比,与极板面积 F_1 成反比,并与液体的性质有关。它的电阻值可写成 $R_{F_1} = A_1 L_1 / F_1$,其中 A_1 是随液体的性质而变化的系数。

R_{F_2} 为一个与液体接触面积（接触高度）随液位差变化的两极板之间的电阻,假定极板之间距离为 L_2,极板宽度为 b,与液体接触高度为 H,则它的电阻值为

$$R_{F_2} = A_2 \frac{L_2}{F_2} = A_2 \frac{L_2}{bH}$$

由于 R_{F_1}, R_{F_2} 是浸在同一液体中,因此 A_1 与 A_2 的数值相等,故上式可写成

$$\frac{L_2}{bH} = \frac{L_1}{F_1} \frac{R_1}{R_2}$$

$$H = \frac{L_2 F_1}{Lb} \frac{R_2}{R_1} = K R_2 \qquad (4.10)$$

由于 L_2, F, L_1, b, R_1 为常数,所以 $K = \frac{L_2 F_1}{Lb} \frac{1}{R_1}$ 也是常数。

由式（4.10）可知,只需测得 R_2 的数值就可求液位的高度 H。由上述原理制成的液位计,消除了液体的温度、电导等变化所产生的影响外,还具有较高的灵敏度及精度。可以配以自动平衡电桥,实现液位信号的远传和自动控制。其缺点是不能用于非导电介质。

在高温高压锅炉上使用电导式液位计时,应注意:

（1）电极必须使用耐热且强度高的绝缘材料，还需耐腐蚀。

（2）可以用氧化铝陶瓷绝缘，且用可伐合金（也称铁钴镍合金）密封制成专用电极。

4.5 超声波物位计

超声波物位计由两部分组成：① 传感器或换能器，用于发出超声波，并采集回波；② 转换器，用于计算数据，导出测量结果。根据传声介质，超声波物位计分为气介式、液介式和固介式。液介式超声波物位计的结构如图 4.14 所示。超声波物位计是非接触式物位计，安装于液罐、料仓上方。可以定点或连续测量。运行环境为 − 40 ~ 100 ℃，压力在 0.3 MPa 以下。

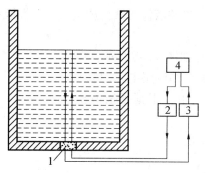

图 4.14 液介式超声波物位计的结构

1—换能器（探头）；2—发射电路；3—接收电路；4—转换器

所谓超声波是机械振动的频率超过 16 kHz 以上的机械波。频率较高（频率约为 500 MHz 时）的超声波的性质接近于光波的性质。利用超声波的某些性质来测量物位时，首先要考虑如何发射和接收超声波的问题。在液位上方安装空气传导型超声发射器和接收器，利用超声脉冲反射原理，根据超声波的往返时间可测出液体的液面。

当声波从液体传播到气体或从气体传播到液体时，由于两种介质的密度相差悬殊，声波几乎全部被反射。因此，当置于容器底部的探头向液面发射短促的声脉冲时，经过时间 t，探头便可接收到从液面反射回来的声波脉冲。设探头到液面的距离为 H，声波在液体中的传播速度为 v，则存在如下关系：

$$H = 0.5vt \qquad (4.11)$$

对于一定的气体或液体来说，传播速度 v 是已知的，因此，只要速度 v 一定，便可以用测量时间 t 的方法确定出距离 H。

由于声波在介质中的传播速度与介质密度有关，而密度又是温度和压力的函数，所以当温度和压力变化时，声波在介质中的传播速度也要发生变化。因此，除非介质密度是均匀的，介质内部各处温度也是均匀的，声波在介质中传播速度才是定值，否则就不可能靠测量时间来精确测量距离，而必须采取补偿措施。

补偿法要根据传播介质性质的不同而有所不同，液体介质的声速校正具法如图 4.15 所示。在容器底部安置两组探头，除测量探头外，还特意安装一组校正探头。校正用的探头和反射板分别固定在校正具上，校正探头到反射板的距离 L 为已知固定长度，若设声脉冲的传播速度 v_0，声脉冲从校正探头列反射板的往返时间为 t_0，则 v_0 可写成

$$v_0 = \frac{2L}{t_0} \qquad (4.12)$$

如果被测液位的高度为 H,测量探头所发声脉冲的传播速度 v,声脉冲从探头到液面的往返时间为 t,则可写出

$$H = \frac{1}{2}vt \qquad (4.13)$$

因为校正具探头和测量探头是在同一介质中,因此可以认为 $v = v_0$,则液面高度为

$$H = \frac{L}{t_0}t \qquad (4.14)$$

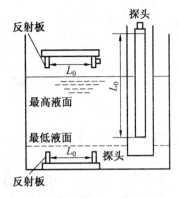

图 4.15　超声波物位计声速固定校正具

选择适当的时间单位,使 t_0 在数值上等于 t,则 t 在数值上就等于被测液体的高度 H。这样便将液位的测量变为测量声脉冲的传播时间,由此用校正探头可以在一定程度上消除声脉冲传播速度变化的影响,也可以用电子设备直接显示出液位的变化高度。

安装超声波物位计时,应注意:

(1)建议将换能器(探头)安装在距罐壁距离为直径1/6处;禁止安装在进料口的上方;换能器的声波发射方向必须与物料表面垂直。

(2)使用防护罩,以防被直接日照或雨淋;使用橡胶防振装置,减少因振动引起的距离测量的误差。

使用超声波物位计时,应注意:

(1)弱酸弱碱环境可用普通探头,腐蚀性强的环境应选用防腐探头。

(2)测量液体,可以按标称量程选型;测量固体,需将量程加大;强酸碱环境以及形成雾气的环境,应加大量程。

(3)确定量程时,必须留出 50 cm 的余量,探头必须高出液面约50 cm,确保准确检测液位及物位计的安全运行。

第5章 煤灰特性分析

煤及煤灰的特性对锅炉燃烧设备的结构选型、受热面布置以及对运行经济性和可靠性都有重大影响。因此,锅炉设计计算以及锅炉运行都必须有煤质的分析数据作为计算和运行的基础和依据。工业生产中常用的煤灰特性分析主要有煤的工业分析、煤的元素分析、煤的发热值测定、煤灰熔融性测定等。工业分析一般是指对煤中水分、灰分、挥发分、固定碳等煤质特性进行测定的燃料分析。元素分析一般是指对煤中碳、氢、氧、氮、硫五种元素的含量进行测定的燃料分析。煤的发热值测定是确定煤质特性的一个重要方面。煤灰熔融性测定主要是对灰的四个特征温度(变形温度、软化温度、半球温度及流动温度)进行测定。

5.1 煤的工业分析

5.1.1 煤的水分测定

煤的水分包括外在水分和内在水分。吸附或凝聚在煤颗粒内部的毛细孔中的水,称为内在水分;附着在颗粒表面上的水分,称为外在水分。

1. 试剂

(1)氮气:纯度 99.9%,含氧量小于 0.01%。

(2)无水氯化钙(HGB 3208):化学纯,粒状。

(3)变色硅胶:工业用品。

2. 仪器及设备

(1)小空间干燥箱:箱体严密,具有较小的自由空间,有气体进口、出口,并带有自动控温装置,温度可以保持在 105 ~ 110 ℃ 范围内。

(2)玻璃称量瓶:高 25 mm,直径 40 mm,并带有严密的磨口盖。

(3)干燥器:内装粒状无水氯化钙或变色硅胶。

(4)干燥塔:内装干燥剂,容量 250 mL。

(5)流量计:量程为 100 ~ 1 000 mL/min。

(6)分析天平:感量 0.1 mg。

(7)鼓风干燥箱:带有自动控温装置,温度可以保持在 105 ~ 110 ℃ 范围内。

3. 表面水分的测定

将盛有煤样的试样取出来,先不打开试样瓶盖,摇动数分钟使之混合均匀,然后把瓶盖打开取出 200 g 试样放入浅盘中测定质量(天平应精确到 0.1 g)。将煤样散置放在浅盘中,厚度约为 10 mm,随即放入温度为 45 ~ 50 ℃ 的干燥箱内,烘干至质量变化在每小时不超过 1% 为止。取出试样,在室温下自然干燥至空气干燥状态,再称其质量。按下式计算表面

水分:

$$M_f = \frac{m - m_1}{m} \times 100\%$$ (5.1)

式中　M_f—— 煤样的表面水分,%;

　　　m_1—— 干燥后煤样的质量,g;

　　　m —— 原始煤样的质量,g。

将风干后的煤样用高速粉碎机粉碎,直至全部试样通过 60 号筛子。用瓶严密封好(该试样称为分析试样或空气干燥煤样),以备下项试验用。

4. 分析水分的测定

方法提要如下:称取一定量的空气干燥煤样,置于 105 ~ 110 ℃ 干燥箱中,在干燥氮气流中干燥到质量恒定。然后根据煤样的质量损失计算出水分的百分含量。

精确称取粒度小于 0.2 mm 的(1±0.1) g 的分析试样两份,分别平摊放入玻璃称量瓶中(天平应精确到 0.000 2 g)。然后将去盖的称量瓶放入预先加热到 105 ～ 110 ℃ 的干燥箱中,烟煤干燥 1.5 h,褐煤和无烟煤干燥 2 h。在称量瓶放入干燥箱前 10 min 开始通氮气,氮气流量以每小时换气 15 次计算。干燥完毕后,取出称量瓶并立即盖上盖,放入干燥器中冷却至室温,取出后迅速测量其质量。

然后进行检查性的干燥,每次 30 min,直到煤样的变化小于 0.001 0 g 或质量增加时为止。在后一种情况下,要采用质量增加前一次的质量为计算依据,水分在 2.00% 以下时不进行检查性干燥。

对于烟煤和无烟煤,除了上述通氮气干燥法以外,还可采取空气干燥法测其水分,即用向干燥箱鼓风代替通入氮气,在一直鼓风的条件下,烟煤干燥 1 h,无烟煤干燥 1.5 h。其他测试步骤与通氮气干燥法相同。

注:预先鼓风是为了使温度均匀。可将装有煤样的称量瓶放入干燥箱前 3 ~ 5 min 就开始鼓风。

5. 结果计算

$$M_{ad} = \frac{m_2 - m_3}{m_2} \times 100$$ (5.2)

式中　M_{ad}—— 分析煤样的水分,也称为煤的空气干燥基水分,%;

　　　m_2—— 分析煤样的质量,g;

　　　m_3—— 分析煤样干燥后的质量,g。

煤的收到基水分,可通过所测得的表面水分及分析水分按下式计算:

$$M_{ar} = M_f + \left(1 - \frac{M_f}{100}\right) \times M_{ad}$$ (5.3)

式中　M_{ar}—— 煤样的收到基水分,%;

　　　M_f—— 煤样的表面水分,%;

　　　M_{ad}—— 分析煤样的水分,%。

在煤质分析中,除特别要求外,每项分析试验应对同一煤样进行两次测定,一般称为重复测定或平行测定。两次测值的差如不超过规定限度,即同一化验室允许差(T),则取其算术平均值作为测定结果,否则须进行第 3 次测定。如 3 次测值的极差小于 1.2T,则取 3 次测值的算术平均值作为测定结果,否则须进行第 4 次测定。如 4 次测值的极差小于 1.3T,则取 4 次测值的算术平均值作为测定结果;如极差大于 1.3T,而其中 3 个测值的极差小于 1.2T,则可取 3 个测值的算术平均值作为测定结果。如上述条件均未达到,则应舍弃全部测定结果,并检查仪器和操作,然后重新进行测定。水分测定结果的精密度见表 5.1。

表 5.1　水分测定结果的重复性限

煤样的分析水分 M_{ad}/%	重复性限/%
<5.00	0.20
5.00～10.00	0.30
≥10.00	0.40

注:重复性限指在重复条件下,即在同一实验室内、由同一操作人员、使用同一仪器、对同一试样、在短期内所做的重复测定,所得结果间(在 95% 概率下)的临界值。再现性临界差指在不同实验室中,对从煤样缩制最后阶段的同一煤样中分取出来的、具有代表性的部分所做的重复测定,所得结果的平均值间差值(在 95% 概率下)的临界值

5.1.2　灰分的测定

所有固体燃料含有矿物质,当燃料燃尽时,形成灰分。其主要成分是金属的氧化物、碳酸盐和硅酸盐等。当燃料在实验室高温炉中燃烧时,矿物质产生一系列变化:

$$4FeO + O_2 \longrightarrow 2Fe_2O_3$$
$$CaCO_3 \longrightarrow CaO + CO_2 \uparrow$$
$$Fe_2S_2 + 5O_2 \longrightarrow 2FeO_3 + 2SO_2 \uparrow$$
$$2CaO + 2SO_2 + O_2 \longrightarrow 2CaSO_4$$
$$\cdots\cdots$$

当温度加热到(815±10) ℃时,这些反应基本上结束,因此测定灰分时,规定最后燃烧温度为 815 ℃。灰分是具有一定条件的,它决定于最后的燃烧温度。

当所有可燃物质完全燃烧后,在规定温度和自然通风的条件下,当燃料矿物质中所发生的所有变化完成后,所遗留下来的不可燃物质的残留物质量占煤样原质量的百分数作为灰分。

燃料在工业条件下燃烧,是在很少的过量空气下进行。炉灰中的铁,一般以氧化亚铁的形式存在于硫酸盐,除去没有形成条件外,高温也会阻碍其生成。在如此高温下,硫酸盐不会生成,只会分解。因此,炉灰和试验中灰分及燃料中的矿物质,按其质量和组成都不相同。

1. 仪器设备

(1)马弗炉:炉膛具有足够的恒温区,温度可以能保持在(815±10) ℃。炉后壁的上部带有直径为 25～30 mm 的烟囱,下部离炉膛底 20～30 mm 处有一个插热电偶的小孔。炉门上有一个直径为 20 mm 的通气孔。

马弗炉的恒温区应在关闭炉门条件下测定,并至少每年测定一次。高温计(包括毫伏计和热电偶)至少每年校准一次。

(2)灰皿:瓷质,长方形,底长 45 rnm,底宽 22 mm,高 14 mm。

(3)干燥器:内装粒状无水氯化钙或者变色硅胶。

（4）分析天平:感量 0.1 mg。

（5）耐热瓷板或石棉板。

2. 实验步骤

（1）精确称取粒度小于 0.2 mm 的（1±0.1）g（精确到 0.000 2 g）分析试样两份,平摊在预先灼烧至质量恒定的灰皿中。

（2）将灰皿放入不超过 100 ℃的高温电炉中加热,在自然通风和炉门留有 15 mm 左右缝隙的情况下,缓慢升到 500 ℃（升温时间不少于 30 min）。在此温度下保持 30 min 后,升到（815±10）℃,并在此温度下灼烧 1 h。

（3）灰化结束后,从炉中取出灰皿,在空气中冷却 5 min,再放进干燥器中冷却至室温,测量其质量。

（4）然后进行检查性灼烧（815±10）℃,每次 20 min,直到质量变化小于 0.001 0 g 为止,采用最后一次测定的质量作为计算依据。灰分小于 15.00% 时,不进行检查性灼烧。

3. 注意事项

（1）试样的燃烧应在空气自由流通情况下进行,空气不足会发生焦化,难以燃尽。

（2）试验灰化应在不发生火焰的情况下慢慢进行,冒烟而不冒火。因为火焰会把固体质点带走,影响试验的准确性。

（3）在开始将灰皿放入高温炉内时,如炉温较高会使煤急剧挥发或燃烧,而带走微粒,造成质量上的误差。

（4）灰渣中含碳量的测定方法与步骤基本上与上相同,所不同的是试样可以直接放入预先加热至（810±10）℃的高温炉内灼烧 2 h。

4. 测定结果计算

$$A_{ad} = \frac{m_1}{m} \times 100 \tag{5.4}$$

$$A_{ar} = A_{ad} \times \left(\frac{100 - M_f}{100} \right) \tag{5.5}$$

式中　A_{ad}——分析煤样的灰分,%;

　　　m_1——恒重后的灼烧残留物的质量,g;

　　　m——分析煤样的质量,g;

　　　A_{ar}——煤样的收到基灰分,%;

　　　M_f——煤样的表面水分,%。

灰分测定的精密度见表 5.2。

表 5.2　灰分测定的精密度

灰分的质量分数/%	重复性限 A_{ad}/%	再现性临界差 A_{ad}/%
<15.00	0.20	0.30
15.00 ~ 30.00	0.30	0.50
>30.00	0.50	0.70

5.1.3　挥发分及焦结性测定

固体燃料在隔绝空气情况下加热,放出气态和蒸汽态物质,这些产物称为挥发物。而余下的固态物称为焦,其性质称为焦结性。

挥发分即挥发物产率,在很大程度上决定挥发物从燃料中析出的条件。高温炉应能保证加热到(900±10)℃,加热时间为 7 min。在这段时间内挥发物已基本上析出,以所失去的质量占煤样原质量的百分数,减去该煤样的分析水分作为挥发分。

1. 仪器设备

(1)挥发分坩埚:参见图 5.1,应带有配合严密盖的瓷坩埚盖。坩埚总质量为 15 ~ 20 g。

(2)马弗炉:带有高温计和调温装置,可以保持温度在(900±10)℃,而且有足够的(900±5)℃恒温区。炉子的热容量为当起始温度为 920 ℃左右时,放入室温下的坩埚架和若干坩埚,关闭炉门后,在 3 min 内可恢复到(900±10)℃。炉后壁有一个排气孔和一个插热电偶的小孔。小孔位置应使热电偶插入炉内后其热接点在坩埚底和炉底之间,距炉底 20 ~ 30 mm 处。

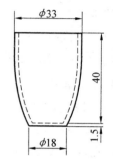

图 5.1　测定挥发分用的坩埚

马弗炉的恒温区应在关闭炉门下测定,并至少每年测定一次。每年还应至少校准一次高温计(包括毫伏计和热电偶)。

(3)坩埚架:用镍铬丝或其他耐热金属丝制成。其规格尺寸以能使所有的坩埚都在马弗炉恒温区内,并且坩埚底部紧邻热电偶热接点上方。

(4)坩埚架夹。

(5)干燥器:内装变色硅胶或粒状无水氯化钙。

(6)分析天平:感量 0.1 mg。

(7)压饼机:螺旋式或杠杆式压饼机,能压制直径约为 10 mm 的煤饼。

(8)秒表。

2. 实验步骤

(1)称取粒度小于 0.2 mm 的空气干燥基煤样(1±0.1) g,准确到 0.000 2 g,放入预先于 900 ℃灼烧到质量恒定的带盖挥发分坩埚中,轻轻振动坩埚,使煤样摊平,盖上盖,放在坩埚架上。如煤种是褐煤或长焰煤时,则直预先把煤样压饼,并切成宽约 3 mm 的小块再用。

(2)将马弗炉预先加热到 920 ℃左右。打开炉门,迅速将放有坩埚的架子送入恒温区,立即关闭炉门,并准确计时,加热 7 min。坩埚及架子放入后,要求炉温在 3 min 内恢复至(900±10)℃。此后保持在(900±10)℃,否则此次实验作废。加热时间包括温度恢复时间在内。

(3)取出坩埚,在空气中冷却约 5 min,然后移至干燥器中冷到室温(约 20 min)后称量。

3. 结果计算

$$V_{ad} = \left(\frac{m_1 - m_2}{m_1} - \frac{M_{ad}}{100} \right) \times 100 \tag{5.6}$$

$$V_{daf} = V_{ad}\frac{100}{100-M_{ad}-A_{ad}} \tag{5.7}$$

式中　V_{ad}—— 分析煤样的挥发分,%；

　　　V_{daf}—— 煤的干燥无灰燃基挥发分,%；

　　　m_1,m_2—— 煤样在试验前、后的质量,g。

　　　M_{ad}—— 分析煤样的水分,%。

　　　A_{ad}—— 分析煤样的灰分,%；

挥发分测定的精密度见表5.3。

表5.3　挥发分测定的精密度

挥发分的质量分数/%	重复性限 V_{ad}/%	再现性临界差 V_d/%
<20.00	0.30	0.50
20.00~40.00	0.50	1.00
>40.00	0.80	1.50

4. 焦渣特征分类

测定挥发分时所得的焦渣特征,按下列规定加以区分:

(1)粉状。全部粉末,没有互相黏着的颗粒。

(2)黏着。用手指轻碰即成粉状,或基本上呈粉状。

(3)弱黏结。用手指轻压即成小块。

(4)不熔融黏结。以手指用力压才裂成小块。焦渣上表面无光泽,下表面稍有银白色光泽。

(5)不膨胀熔化黏结。焦渣形成扁平的饼状,煤粒的界线不易分清,表面有明显的银白色金属光泽,焦渣下表面银白色光泽更明显。

(6)微膨胀熔融黏结。用手指压不碎。在焦渣上下表面均有银白色金属光泽。但在焦渣表面上有较小的膨胀泡(或小气泡)。

(7)膨胀熔融黏结。焦渣上下表面有银白色金属光泽。明显膨胀,但高度不超过15 mm。

(8)强膨胀熔融黏结。焦渣上下表面有银白色金属光泽,焦渣高度大于15 mm。

为了方便起见,一般可用上列序号作为各种焦渣特征的代号。

5. 固定碳的计算

$$FC_{ad} = 100-(M_{ad}+A_{ad}+V_{ad}) \tag{5.8}$$

式中　FC_{ad}—— 分析煤样的固定碳,%；

　　　M_{ad}—— 分析煤样的水分,%；

　　　A_{ad}—— 分析煤样的灰分,%；

　　　V_{ad}—— 分析煤样的挥发分,%。

5.2　煤的工业分析自动仪器法

为了减少人工操作,提高测试速度,目前常常采用自动工业分析仪进行煤的工业分析。本节介绍采用自动仪器法进行工业分析的标准法和快速法。标准法是指测定条件与国家标准方法相同或相近,经试验验证精密度和准确度与国家标准方法相同的仪器测定法(可替代方法)。快速法是指测定条件与国家标准方法不同,测定速度明显比国家标准方法快,经试验验证精密度和准确度与国家标准方法基本相同的仪器测定法。

5.2.1　试剂材料与仪器设备

(1)纯氮,纯度大于等于99.99%。

(2)工业用氧,纯度大于等于99.2%。

(3)装有变色硅胶干燥剂的干燥器,在试验测定中存放坩埚。

(4)螺旋式或杠杆式压饼机。把褐煤、长焰煤等高挥发分空气干燥煤样压制成煤饼(直径约为10 mm)。

(5)专用自动工业分析仪。由加热炉、样品支撑杆、坩埚架、送样装置、坩埚、内置电子天平、进排气装置、微机等组成,如图5.2～5.5所示。

①加热炉:附有气体进出口以及自动控温装置。

炉膛结构有卧式盆(环)状型和立式管状型两类。前者炉内坩埚架上可同时放置多个坩埚;后者一次试验仅能放置一个坩埚。炉膛须具有较小的自由空间并具有足够大的恒温区;内表面应干净整洁、不掉粉(皮)、无脱落;周围布置加热元件及耐高温材料,绝热性好。

测定水分时,炉温能够分别保持在105～110 ℃或115～125 ℃或125～135 ℃;测定灰分时,炉温能够分别保持在490～510 ℃,805～825 ℃;测定挥发分时,炉温能够保持在890～910 ℃。

②样品支撑杆:用瓷或石英材料制成,安装于内置电子天平传感器上,其顶端可代替天平称盘来承托坩埚。

③坩埚架与送样装置:放置坩埚的坩埚架用金属材料或耐高温材料制成。卧式盆(环)状型炉内的坩埚架采用耐高温材料制成,即使在800～900 ℃下也不发生化学反应、不变形并有足够的强度。

送样装置是一种机械传动装置,能够使坩埚架旋转、升降或使加热炉升降,完成样品的称量,并把装有样品的坩埚运送到规定位置。送样装置应能正确定位,灵活运转。

④内置电子天平:感量0.1 mg。应采取可靠的措施避免天平工作环境温度超出规定,防止加热炉的热辐射作用明显影响天平性能。

⑤挥发分坩埚:带盖且配合严密,底部外表面之外的部位均须涂釉,内表面形状、尺寸、壁厚与5.1节相同(图5.1)。

⑥浅壁坩埚:用石英或瓷材料(瓷坩埚表面须涂釉)制成,在测定水分和灰分时使用。底面积不小于7.5 cm²,高约为1 cm。

⑦深壁坩埚:用石英或瓷材料(瓷坩埚表面须涂釉)制成,分为带盖、不带盖两种,带盖坩埚应严密配合。用于快速分析方法,连续测定水分、挥发分和灰分。其底面积不得小于

$4~cm^2$,容积大约为 $12~cm^3$。

⑧进气与排气装置:进气装置包括减压器(带有压力表)、耐压导气管、流量计以及安装在炉内的气体分配器,可满足试验中控制气氛的要求,并保证气流能够与样品充分接触;排气装置包括排气管及风机(或风扇),能够及时地把试验中产生的烟气和其他气体排出实验室。

⑨微机:硬件配置和软件应满足仪器运行控制的需求。

5.2.2　标准法

1.测试方法概要

在浅壁坩埚中称取一定量的空气干燥煤样放在专用自动工业分析仪的加热炉内,在 $105 \sim 110~℃$ 干燥氮气流中加热至恒重。水分含量可由样品质量损失计算。把干燥后的煤样(也可另外称取空气干燥煤样)放在氧气流或空气流中按规定的速度加热到 $(815 \pm 10)~℃$,在该温度下灼烧至恒重。灰分含量为残留物的质量占煤样的百分数。在挥发分坩埚中称取一定量的空气干燥煤样,在 $(900 \pm 10)~℃$ 下加热 $7~min$,计算出质量降低占样品的百分数,再减掉该煤样水分含量,就得到了煤样的挥发分含量。

2.试验步骤

(1)测定水分和灰分。

①测定水分和灰分采用复式法(复式测定法是指每次试验同时测定多个试样的仪器测试方法)。可选择具有卧式盆状炉型或卧式环状炉型的专用自动工业分析仪,如图 5.2 和图 5.3 所示。

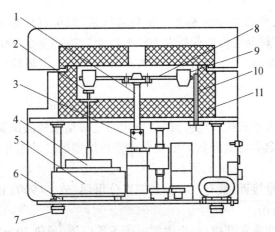

图 5.2　卧式盆状炉型的专用自动工业分析仪结构示意图

1—转盘支杆;2—称杆;3—分度盘;4—防风罩;5—天平;6—天平支杆;7—地脚螺栓;
8—转盘;9—坩埚;10—热电偶;11—高温炉

②把若干质量接近的不带盖浅壁坩埚放在 $(815 \pm 10)~℃$ 的高温炉中灼烧至恒重,放在装有变色硅胶干燥剂的干燥器中备用。

③按照仪器说明书的要求开机,并开启内置电子天平的电源,预热 $30~min$ 以上。

④从干燥器中取出若干个已灼烧恒重的坩埚,放在坩埚架上,仪器自动称出空坩埚的质

量,准确至 0.000 2 g。

⑤把(1±0.1) g 粒度小于 0.2 mm 的空气干燥煤样放入坩埚内,均匀摊平。仪器自动称出盛样坩埚的质量。根据仪器说明书要求留出若干个空坩埚进行空白试验,以确定和校正浮力效应值。

浮力效应指在热作用下不发生化学变化的物体,加热时,由于受到气体密度、气体流量和温度等因素的影响,相对于常温实验室的称量条件而产生的质量增加或减少的现象。假定某物体在常温实验室条件下的质量是 m_s,加热到高温时的表观质量是 m_b,那么浮力效应值 $\Delta m = m_b - m_s$。

⑥将纯氮气通入到仪器中,对无烟煤和烟煤,可采用干燥空气或普氮代替纯氮,气体流量按炉内每小时换气 30 ~ 60 次控制,先冲洗炉膛 3 ~ 5 min,然后把样品送入已经加热至 105 ~ 110 ℃的炉内,或采取适当速率(以升温过程中温度不超过 110 ℃ 为原则)把炉温升至 105 ~ 110 ℃,在该温度范围持续加热 60 min。

进行检查性干燥,每隔 10 min 称量一次热态样品(既可直接称量炉内样品也可称量从炉内移出后的样品,但样品温度应保持在 105 ~ 110 ℃),准确至 0.000 2 g。直到连续 10 min 样品质量变化不超过 0.000 5 g,或样品质量明显增加时,水分测定试验结束。对于前一种情况,取最后一次称量结果作为计算依据;对于后一种情况,取增重前的那一次称量结果作为计算水分含量的依据。

⑦改通氧气,按每小时换气 30 ~ 60 次控制其流量,或通干燥空气,按每小时换气 60 ~ 120 次控制流量。同时升温,在不小于 30 min 的时间内将炉温升至(500±10) ℃,在该温度下保持 30 min,然后采用 40 ~ 50 ℃/min 的速率把炉温升高到(815±10) ℃,在该温度下灼烧 60 min。

进行检查性灼烧,每隔 10 min 称量一次热态样品(既可直接称量炉内样品也可称量从炉内移出来的样品,但样品温度应保持在 100 ℃ 以上),准确至 0.000 2 g。直到连续 10 min 样品质量变化不超过 0.000 5 g 为止,灰分测定试验结束。取最后一次称量结果作为计算依据。

(2)测定挥发分。

①可采用复式法或单式法测定挥发分(单式测定法是指每次试验只测定一个试样的仪器测试方法),可选用具有卧式环状炉型或立式管状炉型的自动工业分析仪,如图 5.3 和图 5.4 所示。

②选择若干个质量接近、带有严密盖的挥发分坩埚,放在(900±10) ℃高温炉内灼烧至恒重,放在干燥器中备用。

③按仪器说明书的要求开机,开启内置电子天平电源,预热 30 min 以上。

④从干燥器中拿出若干个已灼烧至恒重的带盖挥发分坩埚,放在坩埚架上,仪器自动称出空坩埚的质量,准确到 0.000 2 g。

⑤把粒度小于 0.2 mm 的空气干燥煤样(1±0.1) g 放在坩埚底部,均匀摊平,盖上盖,使其配合严密,仪器自动称出每个盛样坩埚质量,准确到 0.000 2 g。根据仪器说明书要求留出若干个空坩埚进行空白试验,用于确定和校正浮力效应值。

对于褐煤和长焰煤,需要预先压成饼状,并切成长约 3 mm 小块;低挥发分无烟煤称样后应加几滴挥发性液体(如苯)。

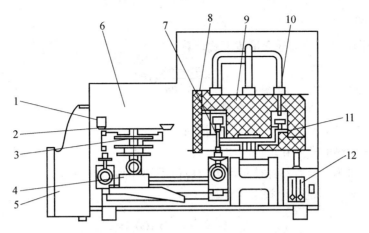

图 5.3　卧式环状炉型的专用自动工业分析仪结构示意图

1—坩埚;2—坩埚架;3—称样杆;4—天平;5—弃样盒;6—恒温室;7—移动送样装置;
8—炉门;9—高温炉;10—热电偶;11—样品燃烧架;12—流量计

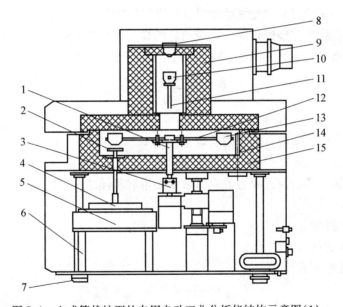

图 5.4　立式管状炉型的专用自动工业分析仪结构示意图(1)

1—转盘支杆;2—称杆;3—分度盘;4—防风罩;5—天平;6—天平支杆;7—地脚螺栓;
8—高温炉上盖;9—高温炉;10,14—热电偶;11—送样机构及送样干;12—转盘;13—
坩埚;15—恒温炉

⑥把盛有样品的带盖坩埚送入(900±10)℃恒温区内,准确计时,加热 7 min,然后在
100~110 ℃恒温箱中冷却,仪器自动称出盛样坩埚质量,准确到 0.000 2 g。刚放入坩埚时,
炉温有所下降,但必须在 3 min 内使炉温恢复到(900±10)℃(如果有必要,可先把炉温提高
到 920 ℃后进样),此后必须一直保持在(900±10)℃内,否则试验结果无效。加热时间包
含温度恢复时间。

⑦挥发分测定后得到的焦渣类别判断,可按 5.1 节中的方法。

3. 结果计算

（1）空气干燥煤样的水分含量按下式计算：

$$M_{ad} = \frac{m_1 - m_2}{m_1 - m_0} \times 100 \qquad (5.9)$$

式中　M_{ad}——空气干燥煤样水分含量，%；

m_0——室温下不带盖空坩埚的质量，g；

m_1——加热前样品和坩埚的质量，g；

m_2——加热干燥后并经校正浮力效应值后的样品和坩埚的质量，g。

（2）空气干燥煤样的灰分按下式计算：

$$A_{ad} = \frac{m_3 - m_0}{m_1 - m_0} \times 100 \qquad (5.10)$$

式中　A_{ad}——空气干燥煤样灰分，%；

m_0——室温下不带盖空坩埚的质量，g；

m_1——加热前样品和坩埚的质量，g；

m_3——灰化后并经校正浮力效应值后的样品和坩埚质量，g。

（3）空气干燥煤样挥发分含量按下式计算：

$$V_{ad} = \frac{m_5 - m_6}{m_5 - m_4} \times 100 - M_{ad} \qquad (5.11)$$

式中　V_{ad}——空气干燥煤样挥发分，%；

m_4——室温下带盖空坩埚的质量，g；

m_5——加热前样品和坩埚的质量，g；

m_6——加热后经校正浮力效应值后带盖坩埚和样品质量，g。

（4）方法的精密度。

水分、灰分、挥发分测定的精密度与 5.1 节相同。

（5）固定碳的计算。

煤的固定碳按下式计算：

$$FC_{ad} = 100 - (M_{ad} + A_{ad} + V_{ad}) \qquad (5.12)$$

式中　FC_{ad}——空气干燥煤样的固定碳，%；

M_{ad}——空气干燥煤样的水分，%；

A_{ad}——空气干燥煤样的灰分，%；

V_{ad}——空气干燥煤样挥发分，%。

5.2.3　快速法

1. 复式测定法

（1）方法概要。

在不加盖坩埚中称量一定量的空气干燥煤样放在加热炉内，在规定温度的干燥氮气流中，加热规定的时间后，依据据煤样的质量损失计算水分含量。若要测定挥发分可把上述测定水分后的样品在隔绝空气（坩埚加盖）条件下，逐渐升温至（900±10）℃，准确计时，加热

7 min,减少质量占样品质量的百分数即为挥发分含量。接着使样品在氧气或空气流中在 (815±10) ℃温度范围内灼烧规定时间,残留物的质量占煤样的百分数即为灰分含量。挥发分和灰分测得结果经校准后才能作为最终结果。如不测定挥发分,可把上述测定水分后的样品,在氧气或空气流中按规定速度加热至(815±10) ℃灼烧规定时间,残留物的质量占煤样的百分数即为灰分含量,此时,灰分测定结果不需要校准。

(2)分析步骤。

①取若干个深壁带盖坩埚,在(900±10) ℃灼烧至恒重(如不测定挥发分,可用浅壁坩埚),放置在干燥器中备用。

②按仪器说明书要求,开机并开启内置电子天平电源,预热 30 min 以上。

③把若干个坩埚放在坩埚架上,分别称出加盖和不加盖坩埚质量,称准至 0.000 2 g。

④将 0.5 ~ 0.6 g 粒度小于 0.2 mm 的空气干燥煤样放入坩埚内,摊平,仪器自动称出样品和不带盖坩埚质量,称准至 0.000 2 g。按仪器说明书要求,留出一个或多个空坩埚进行空白试验,以确定和校正浮力效应值。

⑤测定水分。按每小时换气 30 ~ 60 次控制纯氮流量。对无烟煤和烟煤,升温至(130± 5) ℃持续加热 10 ~ 15 min;对褐煤,升温至(120±5) ℃,持续加热 20 ~ 25 min。仪器自动称出干燥后盛样坩埚质量,称准至 0.000 2 g。

⑥如需测定挥发分,则打开炉盖,盖上坩埚盖,在一直通氮气的情况下,以 40 ~ 50 ℃/min 的加热速率直接升到(900±10) ℃,在该温度下加热 7 min。然后半开炉盖,停止通氮,使炉温逐渐降至 200 ~ 250 ℃以下,关上炉盖并控制炉温在(300±10) ℃,仪器自动称出加热后带盖坩埚和样品的质量,称准至 0.000 2 g。若不测定挥发分,可把上述测定水分后的样品按以下步骤⑦进行。

⑦测定灰分。打开炉盖,取下坩埚盖,然后关上炉盖。按每小时换气 30 ~ 60 次改通氧气或按每小时换气 60 ~ 120 次改通空气,同时按 30 ~ 40 ℃/min 的速率升温到(815±10)℃,在此温度下灼烧 15 ~ 20 min,仪器自动称出灰化后坩埚和样品的质量,称准至0.000 2 g。

(3)结果计算。

空气干燥煤样水分含量、挥发分含量、灰分含量分别按公式(5.9)、(5.10)和(5.11)计算。

(4)测定结果的校准。

把上述灰分、挥发分测定结果换算成干燥基,并按确定的校准方法进行校准,把校准后的结果作为其最终结果报出。空气干燥水分按实测值报出。

(5)方法的精密度。

水分、灰分、挥发分测定的误差与 5.1 节相同。

(6)固定碳的计算。

固定碳按公式(5.12)计算。在计算之前,应将校准后的挥发分和灰分测定结果换算成空气干燥基。

2. 快速法测定结果的校准方法

(1) 选择三种及以上类别与日常样品相同或相近,组成含量覆盖日常样品范围的典型煤样,按国家标准方法的规定,分别进行水分、灰分和挥发分的测定,重复测定两次,取平均值作为真实值y_i(灰分、挥发分换算成干燥基)。也可选用标准煤样代替,把标准煤样的标准值作为真实值。

(2)按快速法－复式测定法对上述样品分别进行两次重复测定,取平均值,作为测定值(x_i)。

(3)得到下列数据$(x_1,y_1),(x_2,y_2),\cdots,(x_n,y_n)$。

(4)计算。

$$L_{xx} = \sum_{i=1}^{n}(x_i - \bar{x})^2 = \sum_{i=1}^{n}x_i^2 - \frac{1}{n}\sum_{i=1}^{n}x_i \tag{5.13}$$

$$L_{xy} = \sum_{i=1}^{n}(x_i - \bar{x})(y_i - \bar{y}) = \sum_{i=1}^{n}x_iy_i - \frac{1}{n}\left(\sum_{i=1}^{n}x_i\right)\left(\sum_{i=1}^{n}y_i\right) \tag{5.14}$$

$$b = \frac{L_{xx}}{L_{xy}} \tag{5.15}$$

$$a = \bar{y} - b\bar{x} = \frac{1}{n}\sum_{i=1}^{n}y_i - b\frac{1}{n}\sum_{i=1}^{n}x_i \tag{5.16}$$

(5)校准方程为$y = a + bx$。将实测值x代入此式即得校准值y。

3. 单式测定法

(1)方法概要。

在不加盖坩埚中称取一定量的空气干燥煤样放在加热炉内,在规定温度的干燥氮气流中,加热规定时间后,依据煤样质量损失计算水分含量。将上述干燥后的样品在一直通氮条件下送至温度为(900±10)℃的加热炉内加热7 min,以减少质量占样品质量的百分数作为挥发分含量。接着使样品在氧气流中于(815±10)℃灼烧规定时间,以残留物的质量占煤样的百分数作为灰分含量。挥发分和灰分测定结果应经校准后方可作为最终结果。应采用具有立式炉的专用自动工业分析仪,图5.5所示。

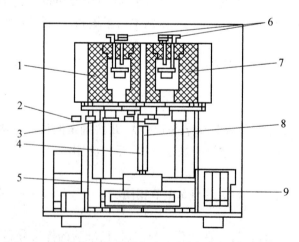

图5.5　立式管状炉型的专用自动工业分析仪结构示意图(2)

1—低温炉;2—坩埚;3—坩埚架;4—称样杆;5—天平;6—热电偶;7—高温炉;8—送样装置;9—流量计

(2)分析步骤。

①把若干不带盖深壁坩埚在(900±10)℃灼烧至恒重,放在干燥器中备用。

②根据仪器说明书要求,开机并开启内置电子天平电源,预热 30 min 以上。

③根据仪器说明书要求,进行空白试验,以便确定和校正浮力效应值。

④把若干个坩埚放在坩埚架上,仪器自动称出空坩埚质量,称准至 0.000 2 g。

⑤把 0.5 ~ 0.6 g 粒度小于 0.2 mm 的空气干燥煤样置于坩埚中,摊平,仪器自动称出坩埚和样品质量,称准至 0.000 2 g。

⑥测定水分。纯氮流量控制在(1 ± 0.1) L/min,对无烟煤和烟煤,把样品送入(130±5) ℃的恒温区持续加热 10 ~ 15 min;对褐煤,将样品送入(120±5) ℃的恒温区持续加热 20 ~ 25 min。仪器自动称出干燥后样品和坩埚质量,称准至 0.000 2 g。

⑦测定挥发分。纯氮流量控制在(1.5±0.1) L/min,把样品送入(900±10) ℃的恒温区加热 7 min。仪器自动称出加热后坩埚和样品质量,称准至 0.000 2 g。

⑧测定灰分。改通氧气,流量控制在 1.0 ~ 1.5 L/min,同时把炉温降到(815±10) ℃或将样品送入(815±10) ℃的恒温区内,在此温度下,灼烧 15 ~ 20 min,仪器自动称出灰化后样品和坩埚质量,称准至 0.000 2 g。

(3)结果计算。

空气干燥煤样水分、灰分分别按公式(5.9)和(5.10)计算。

空气干燥煤样挥发分按下式计算:

$$V_{ad} = \frac{m_8 - m_9}{m_8 - m_7} \times 100 - M_{ad} \tag{5.17}$$

式中　V_{ad}—— 空气干燥煤样挥发分,%;

　　　M_{ad}—— 空气干燥煤样水分,%;

　　　m_7—— 深壁不带盖空坩埚的质量,g;

　　　m_8—— 坩埚和样品的质量,g;

　　　m_9—— 加热后并扣除浮力效应值后坩埚和样品的质量,g。

测定结果的校准、方法的精密度及固定碳的计算与复式测定法相同。

5.3　煤的元素分析

煤中除含有部分矿物质和水分外,其余都是有机物质,煤中有机物质主要由碳、氢、氧、氮及硫五种元素组成。其中又以碳氢氧为主,其总和占有机物质的 95% 以上。氮的含量变化范围不大,硫的含量则随原始成煤物质和成煤时的沉积条件不同而有高有低。

5.3.1　煤中碳、氢的测定

1. 测定原理

最常用的煤中碳、氢的测定方法是燃烧法。该方法的要点是把盛有定量煤样的瓷盘放入燃烧管中,通入氧气。在 800 ℃的温度下使煤样充分燃烧。为了使煤中碳、氢充分燃烧,在燃烧管中还要填充适当的氧化剂。传统的氧化剂是加热到 800 ℃的线状氧化铜。也采用高锰酸银热解产物作氧化剂,它还同时起脱除硫和氢的作用。氢和碳燃烧生成的水和二氧化碳,分别用吸水剂(氯化钙或过氯酸镁)和二氧化碳吸收剂(碱石棉和碱石灰)吸收。最后根据吸收剂质量的增加来计算煤中碳和氢的质量分数。

用燃烧法测定碳、氢时，煤中可燃硫被氧化，氯则以分子状态析出。这些气体若不去除，将被碱石棉和钠石灰吸收，致使碳含量测定结果偏高。因此燃烧产物和氯，有用氧化铜作氧化剂时，燃烧管内还要充填粒状铬酸铅以脱除硫的氧化物；充填银丝网卷以除氯。当用高锰酸银热解产物作氧化剂时，由于它本身具有除硫氧化物和氯的作用，因此不用另外脱硫、脱氯剂。煤中氮可能生成一部分氧化物，为此应在水分吸收管和二氧化碳吸收管之间装一个充填粒状二氧化锰和氯化钙的吸收管，以除氧化氮。

脱除杂质的作用，可用下列反应方程式表示。

（1）脱硫。

$$4PbCrO_4 + 4SO_2 \xrightarrow{600\ ℃} 4PbSO_4 + 2Cr_2O_3 + O_2$$

$$4PbCrO_4 + 4SO_3 \xrightarrow{600\ ℃} 4PbSO_4 + 2Cr_2O_3 + 3O_2$$

（2）脱氯。

$$2Ag + Cl_2 \longrightarrow 2AgCl$$

$$2Ag + Cl_2 \xrightarrow{180\ ℃} 2AgCl$$

（3）脱氮。

$$MnO_2 + 2NO_2 \longrightarrow Mn(NO_3)_2$$

吸收剂吸收水分和吸收二氧化碳的作用，可用下列反应方程式表示。

（1）吸收水分。

$$CaCl_2 + 2H_2O \longrightarrow CaCl_2 \cdot 2H_2O$$

$$CaCl_2 \cdot 2H_2O + 4H_2O \longrightarrow CaCl_2 \cdot 6H_2O$$

（2）吸收二氧化碳。

$$2KOH + CO_2 \longrightarrow K_2CO_3 + H_2O$$

2.试验装置

碳氢测定装置见示意如图5.6所示。

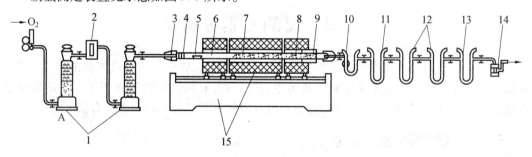

图5.6　碳氢测定装置示意图

1—气体干燥塔；2—流量计；3—橡皮帽；4—铜丝卷；5—瓷舟；6—燃烧管；7—氧化铜；8—铬酸铅；9—银丝卷；10—吸水U形管；11—除氮氧化物U形管；12—吸收二氧化碳用U形管；13—保护用U形管；14—气泡计；15—三节电炉

试验装置包括三个主要部分，即氧气净化系统、燃烧系统和吸收系统。

（1）氧气净化系统包括两个500 mL容量的气体干燥塔和一个流量计。干燥塔A下部（约1/3）装碱石棉，上部（约2/3）装氯化钙；干燥塔B装氯化钙。净化剂经70～100次测定后应进行检查,并进行必要的更换。

氧气可由配有压力表(带有减压阀、可调节流量)的氧气钢瓶供给。为指示氧气流速,两个干燥塔之间连一个流量计,流量计测量范围在 0 ~ 150 mL/min。

(2)吸收系统由 U 形管和一个气泡计组成,四个 U 形吸收管直径均为 15 mm 左右,装药部分高度均在 100 ~ 120 mm,依次为吸水管(入口有一球形扩大部分,内装氯化钙)、除氮管(前 2/3 装二氧化锰,后 1/3 装氯化钙)和两个二氧化碳吸收管(前 2/3 装碱石棉,后 1/3 装氯化钙)。

吸收系统的末端连接一个空 U 形管(防止硫酸倒吸)和一个装有浓硫酸的气泡计。

出现下列现象时,应更换 U 形管中的试剂。

①U 形管中的氯化钙开始溶化并阻碍气体畅通。

②第二个二氧化碳吸收管一次增重达 50 mg 时,需要更换第一个吸收管的二氧化碳吸收剂。

③二氧化锰一般使用 50 次左右应进行更换。

上述 U 形管更换试剂后,采用 120 mL/min 的流量通入氧气,直至恒重后才能使用。

(3)燃烧系统由燃烧管式炉(有三节炉和二节炉两种,这里只介绍三节炉法)等构成。

燃烧管按下述方法充填:首先用直径约 0.5 mm 的铜丝制成三个长 30 mm 和一个长 100 mm 的铜丝卷,直径稍小于燃烧管的内径,以便能自由推入管内并与管壁保持尽可能小的间距。

燃烧管出气端留 50 mm 空间,以下依次为 30 mm 银丝卷、30 mm 铜丝卷、130 ~ 150 mm(与第三节电炉长度一致)铬酸铅(如用石英管,应用铜片把铬酸铅与管壁隔开)、30 mm 铜丝卷、330 ~ 350 mm(与第二节电炉长度一致)线状氧化铜、30 mm 铜丝卷、310 mm 空间和 100 mm 铜丝卷。

燃烧管两端装橡皮帽或铜接头,以便分别同净化系统和吸收系统连通。橡皮帽使用前应预先在 105 ~ 110 ℃ 的温度下烘烤 8 h。燃烧管中的填充物经 70 ~ 100 次测定后应检查和更换。

3. 仪器及试剂

(1)三节炉炉膛直径约为 35 mm,第一节长约为 230 mm,可加热到(850±10) ℃,可沿水平方向移动;第二节长为 330 ~ 350 mm,可加热到(800±10) ℃;第三节长为 130 ~ 150 mm,可加热到(600±10) ℃。在每节电炉上都装有热电偶、温度测量及温度控制装置。

在电炉内装有用刚玉、素瓷、石英或不锈钢制成的燃烧管。燃烧管长 1 100 ~ 1 200 mm,内径为 20 ~ 22 mm,壁厚约为 2 mm。

(2)精确到 0.000 2 g 的分析天平。

(3)带有玻璃旋塞和带有球形缓冲器的 U 形管吸收管,如图 5.7 所示。

(4)燃烧瓷舟,长约为 80 mm。

(5)带磨口塞玻璃管(图 5.8)或小型干燥器。

(6)气泡计,容量约为 10 mL,如图 5.9 所示。

(7)橡皮帽,如图 5.10 所示。

(8)碱石棉,粒度为 1 ~ 2 mm;或碱石灰,粒度为 0.5 ~ 2 mm。

(9)无水氯化钙,分析纯,粒度为 2 ~ 5 mm。无水过氯酸镁,分析纯,粒度为 1 ~ 3 mm。

(10)氧化铜,化学纯,线状(长约为 5 mm)

(11)铬酸铅,分析纯,粒度为 1～4 mm。制法:把市售铬酸铅用蒸馏水调成糊状,挤压成形。用马弗炉在 850 ℃下灼烧 2 h,取出后冷却备用。

(12)银丝卷,银丝直径约为 0.25 mm。

(13)铜丝卷,直径约为 0.5 mm。

(14)氧气,99.9%,不含氢。

(15)硫酸,化学纯。

(16)三氧化钨,分析纯,疏松粉状。

(17)粒状二氧化锰,化学纯,用硫酸锰和高锰酸钾制取。

制法:称取硫酸锰 25 g,溶于 500 mL 蒸馏水中,另称高锰酸钾 16.4 g,溶于 300 mL 蒸馏水中,把两种溶液都加热到 50～60 ℃。然后将高锰酸钾溶液慢慢注入硫酸锰溶液中,并剧烈搅拌,加入 1∶1 硫酸 10 mL。将溶液加热到 70～80 ℃,继续搅拌 5 min。停止加热,静置 2～3 h,用热蒸馏水以倾泻法洗到中性。将沉淀移动到漏斗中过滤,然后在 150 ℃下烘干 2～3 h,得到褐色疏松状的二氧化锰。小心破碎和过筛,取 0.5～2 mm 的颗粒备用。

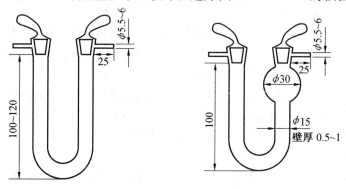

图 5.7　U 形吸收管

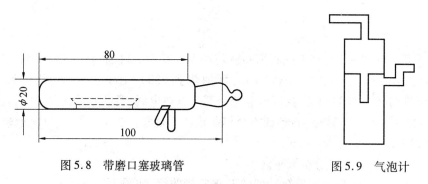

图 5.8　带磨口塞玻璃管　　　　　　　　图 5.9　气泡计

4.试验前准备

(1)炉温标定。在试验前必对三节电炉内炉温进行标定,以标定的温度进行控制。

(2)空白试验。按图 5.6 连接好装置后,检查整个系统的气密性,直到各部分都不漏气为止。开始通电升温并接通氧气,氧气流量为 120 mL/min。在升温过程中,将第一节电炉往返移动数次;新装好的吸收系统通气 20 min 左右。取下吸收系统,把 U 形吸收管磨口塞关闭,用绒布擦净。在天平旁放置 10 min 左右称重。第一节电炉达到并保持在(850±10) ℃;第二节电炉达到并保持在(800±10) ℃;第三节电炉达到并保持(600±10) ℃时,开始做空白试验。将第一节电炉移动使之紧靠第二节电炉,接上已经通气称重的吸收系统。往燃烧舟中加入三氧化钨,打开橡皮帽,取出铜丝卷,将装有三氧化钨的燃烧舟推到第一节电炉的入口处。将铜丝卷放在燃烧舟后面,塞进橡皮塞,接通氧气,调节氧气流量为 120 mL/min。移动第一节电炉,使燃烧舟进到炉的中心。通气 23 min,将炉移回原

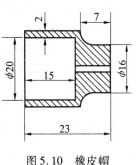

图 5.10　橡皮帽

位,2 min 后取下 U 形吸收管,把磨口塞关闭,用绒布擦净,在天平旁放置 10 min 后称重,水分吸收管的增重就是空白值。重复上述空白试验,直到连续两次所得空白值相差不超过 0.001 0 g,除氮管和二氧化碳吸收管最后一次质量变化不超过 0.000 5 g 时为止。取两次空白值平均值作为当天计算氢的空白值。

做空白试验前,应先确定燃烧管的位置,使出口端温度尽可能高,以防水蒸气在进入第一个氯化钙 U 形管前冷凝,但又不能过高,避免橡皮塞受热分解。如果空白值难以稳定,可以适当调整燃烧管位置。

5. 试验步骤

(1)将第一节电炉温度控制在(850±10) ℃;第二节电炉温度保持在(800±10) ℃;第三节电炉温度保持(600±10) ℃时,并使第一节炉紧靠第二节炉。

(2)在预先灼烧的燃烧舟中,称取粒度小于 0.2 mm 的空气干燥分析煤样 0.2 g(精确到 0.000 2 g)均匀铺平。在煤样上铺一层三氧化钨,然后把燃烧舟暂时存放在专用的磨口玻璃管或不加干燥剂的干燥器中。

(3)接上已测量质量的吸收系统,以每分钟 120 mL 的速度通入氧气。关闭靠近燃烧管出口端的 U 形管,打开入口端橡上帽,取出铜丝卷。迅速将燃烧舟放入燃烧管中,使其前端刚刚位于第一节炉炉口,再放入铜丝卷塞上橡皮塞。氧气流量保持在 120 mL/min。隔 1 min 向净化系统移动第一节电炉,使燃烧舟的一半进入炉子;过 2 min,使舟全部进入炉子;再过 2 min,使舟位于炉子中心。保温 18 min 后,把第一节炉移回原处。2 min 后取下吸收系统。关闭磨口塞,用绒布擦净,在天平旁放置 10 min 后测量质量。如果第二个二氧化碳吸收管的质量变化小于 0.000 5 g,计算时可以忽略。

(4)为了检查测定装置和操作技术是否可靠,可称取标准煤样 0.2 g(精确到 0.000 2 g),进行碳氢测定。如实测的碳氢值同标准值的差值不超过标准煤样规定的不确定度,表明测定仪可用;否则须查明原因,纠正后才能进行正式测定。

6. 结果计算

$$C_{ad} = \frac{0.272\ 9m_1}{m} \times 100 \qquad (5.18)$$

$$H_{ad} = \frac{0.111\ 9(m_2 - m_3)}{m} \times 100 - 0.111\ 9M_{ad} \qquad (5.19)$$

式中　C_{ad}——分析煤样中碳的含量,%;

H_{ad}——分析煤样中氢的含量,%;

m——分析煤样的质量,g;

m_1——二氧化碳吸收瓶增加的质量,g;

m_2——水分吸收瓶增加的质量,g;

m_3——水分空白值,g;

M_{ad}——分析煤样水分,%。

根据上述算得结果,可以换算成收到基碳、氢含量,即

$$C_{ar} = C_{ad}\frac{100 - M_f}{100} \tag{5.20}$$

$$H_{ar} = H_{ad}\frac{100 - M_f}{100} \tag{5.21}$$

碳氢测定允许误差见表5.4。

表5.4　碳氢测定允许误差

重复性限/%		再现性临界差/%	
C_{ad}	0.50	C_d	1.00
H_{ad}	0.15	H_d	0.25

5.3.2　煤中全硫的测定

煤中全硫的测定方法很多,这里只介绍高温燃烧中和法。

1. 测定原理

煤在三氧化钨等催化剂存在的情况下,加热至1 200 ℃时,煤中硫生成二氧化硫,煤中氯也将转变成气体状态的氯析出。生成气体通入过氧化氢溶液,分别形成硫酸和盐酸。然后用氢氧化钠溶液滴定硫酸和盐酸溶液,求得煤中氯的含量和硫的含量。

煤在高温下的反应式为

$$煤 + \xrightarrow[O_2-SiO_2]{1\ 250\ ℃} SO_2\uparrow + CO_2 + H_2O + Cl_2\uparrow + \cdots\cdots$$

二氧化硫和氯气通入过氧化氢溶液中的反应式为

$$Cl_2 + H_2O_2 \longrightarrow 2HCl + O_2$$

$$SO_2 + H_2O_2 \longrightarrow H_2SO_4$$

用氢氧化钠滴定生成溶液的反应式为

$$2HCl + H_2SO_4 + 4NaOH \longrightarrow Na_2SO_4 + 2NaCl + 4H_2O$$

用羟基氯化汞滴定生成的氢氧化钠的反应式为

$$Hg(OH)CN + NaCl \longrightarrow HgCl(CN) + NaOH$$

最后用硫酸滴定生成的氢氧化钠溶液的反应式为

$$2NaOH + H_2SO_4 \longrightarrow Na_2SO_4 + 2H_2O$$

通过上述滴定首先可以求得氯的含量,然后可以求得硫的含量。

2. 试剂

(1)碱石棉,化学纯,粒状。

（2）无水氯化钙（HG/T 2327），化学纯。

（3）三氧化钨（HG 10-1129）。

（4）混合指示剂。称0.125 g甲基红（HG/T 3—958）溶于100 mL 95%的酒精溶液（GB/T 679）中；称0.083 g次甲基蓝溶于100 mL 95%的酒精溶液（GB/T 678）中，分别保存在棕色瓶中。上述两种溶液等量混合，混合液放置时间不得超过7 d。

（5）过氧化氢溶液（双氧水）。取质量浓度为30%的过氧化氢溶液（GB/T 6684）3 mL，加入蒸馏970 mL，加两滴混合指示剂，用稀硫酸溶液（GB 625）或稀氢氧化钠溶液（GB 629）中和直到溶液呈钢灰色。该溶液当天中和当天使用。

（6）饱和羟基氰化汞溶液。称6.5 g羟基氰化汞，溶于500 mL蒸馏水中并过滤。滤液中加2～3滴混合指示剂，用稀硫酸中和，放在棕色瓶中储存，不得超过一星期。

（7）氢氧化钠标准溶液。$c(NaOH) = 0.03$ mol/L。以6.0 g优级纯氢氧化钠（GB/T 629）溶于5 000 mL蒸馏水，混合均匀，再用优级纯邻苯二甲酸氢钾溶液滴定，标定浓度。

（8）硫酸标准溶液，$c(1/2H_2SO_4) = 0.03$ mol/L。

在1 000 mL容量瓶中加入40 mL蒸馏水，用移液管吸取0.7 mL硫酸（GB 625）徐徐加入容量瓶中，加水稀释至刻度，充分混合。用已知浓度的碳酸钠溶液标定。

（9）氧气，99.5%。

3. 仪器设备

（1）定硫高温炉。可升温到1 250 ℃，能保持80 mm的恒温带（（1 200±10）℃）。这种高温炉都带有铂铑-铂热电偶和温度自控装置（可控硅温度控制仪）。电炉内装高温燃烧管，耐热1 300 ℃以上，长为750 mm，一端外径为22 mm，内径为19 mm，长约为690 mm；另一端外径为10 mm，内径为7 mm，长约60 mm。

（2）瓷舟，耐热1 300 ℃以上，长为77 mm，上宽为12 mm，高为8 mm。

（3）氧气净化部分包括氧气贮气筒（容量为30～50 L，用氧气钢瓶正压供气时可不配备贮气筒）、洗气瓶、干燥塔和流量计（测量范围为0～600 mL/min）。洗气瓶内装40%氢氧化钾溶液。气体干燥塔容积为250 mL，下部（2/3）装碱石棉，上部（1/3）装无水氯化钙。净化剂经70～100次测定后，应进行必要的更换。

（4）吸收部分由两个250 mL或300 mL的锥形瓶并串联而成，瓶中装有过氧化氢溶液，用以吸收硫的氧化物。经过大约100次测定后，应进行必要的更换。

（5）镍铬丝钩：用直径约为2 mm的镍铬丝制成，长约为700 mm，一端弯成小钩。

（6）带橡皮塞的T形管（图5.11）。

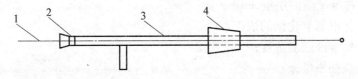

图5.11 带T形管的橡皮塞

1—镍铬丝推棒，直径约为2 mm，长约为700 mm，一端卷成直径约为
10 mm的圆环；2—翻胶帽；3—T形玻璃管：外径为7 mm，长约为60 mm，
垂直支管长约30 mm；4—橡皮塞

4. 试验前准备

(1)把燃烧管插入高温炉,使细径管端伸出炉口 100 mm,接上一段长为 30 mm 的硅橡胶管。

(2)将高温炉加热并稳定在(1 200±10) ℃,测定燃烧管内高温恒温带及 500 ℃ 温度带部位和长度。

(3)把干燥塔、氧气流量计、高温炉的燃烧管和吸收瓶连接好,并检查装置的气密性。

5. 试验步骤

(1)把高温炉加热并稳定在(1 200±10) ℃。

(2)用量筒分别量取 100 mL 已中和的过氧化氢溶液,倒入 2 个吸收瓶里,塞上带有气体过滤器的瓶塞,然后连接到燃烧管的细径端,再次检查其气密性。

(3)称取粒度小于 0.2 mm 的空气干燥煤样(0.20 ±0.01) g(称准至 0.000 2 g)放于燃烧舟中,并盖上一薄层三氧化钨。

(4)把装有煤样的燃烧舟放在燃烧管入口端,用带橡皮塞的 T 形管塞紧,然后通入氧气,并保持每分钟通入氧气 350 mL。用镍铬丝推棒将燃烧舟推到 500 ℃ 温度区并保持 5 min,再把燃烧舟推到高温区,立即拔出推棒,以免熔化。煤样在高温带燃烧 10 min。

(5)燃烧终了后,停止通入氧气,先取下紧接燃烧管的吸收瓶,然后取下另一个吸收瓶。

(6)取下带橡皮塞的 T 形管,用镍铬丝钩把燃烧舟撤出。

(7)打开吸收瓶的橡皮塞,用蒸馏水分别清洗气体过滤器 2 ~3 次,再用洗耳球加压,否则洗液不易流出。

(8)在各个吸收瓶中分别加入 3 ~4 滴混合指示剂,用氢氧化钠溶液进行滴定,溶液由桃红色变成钢灰色,即为滴定的终点。

(9)空白测定。在燃烧舟内放一薄层三氧化钨(不加煤样),按上述步骤测定空白值。

6. 结果计算

$$S_{ad} = \left[f \times (V - V_0) \times N_1 - N_2 \times V_2 \right] \times 0.016 \times 100/m \tag{5.22}$$

式中　　S_{ad}——分析煤样中硫的含量,%;

　　　　f——校正系数,当 $S_{ad}<1\%$ 时,$f = 0.95$;当 S_{ad} 为 1% ~4% 时,$f = 1.00$;当 $S_{ad}>4\%$ 时,$f = 1.05$;

　　　　V—— 煤样测定时氢氧化钠的用量,mL;

　　　　V_0—— 空白测定时氢氧化钠的用量,mL;

　　　　V_2—— 标准硫酸的用量,mL;

　　　　N_1—— 标准氢氧化钠的浓度;

　　　　N_2—— 标准硫酸的浓度;

　　　　m —— 煤样质量,g。

一般原煤中的氯含量极少,可以不考虑修正,这样可简化为

$$S_{ad} = f \times (V-V_0) \times N_1 \times 0.016 \times 100/m \tag{5.23}$$

表5.5　硫测定精密度

硫的质量分数/%	重复性限 S_{ad}/%	再现性临界差 S_d/%
≤1.50	0.05	0.15
1.50(不含)~4.00	0.10	0.25
≥4.00	0.20	0.35

5.3.3　煤中氮的测定

煤中的氮主要是由成煤植物中的蛋白质转化而来的。煤中氮通常以有机氮形式存在。目前世界各国常用开氏法或改进了的开氏法测定煤中氮的含量。

1. 测定原理

煤在沸腾的硫酸中,在催化剂的作用下,能使煤中有机质被氧化成二氧化碳和水,煤中极大部分氮被转化成氨并与硫酸作用成为硫酸氢铵。当加入过量的氢氧化钠中和硫酸之后,氨能从氢氧化钠溶液中蒸馏出来,由硼砂或硫酸溶液吸收,最后用酸碱滴定方法,求出煤中含氮量。用开氏法并不能测出氮的总含量(但极大部分氮能测出),因为在煤样消化时,煤中以吡啶、吡咯及嘌呤形态存在的有机杂环氮化物可部分地以氮分子的形态逸出,致使测值偏低。而在贫煤、无烟煤的情况下,由于杂环氮比例更多一些,测得的值更偏低一些。如要精确地测定煤中含氮量,必须收集并测量在开氏法消化时分解出来的游离氮。

测定过程中的化学反应如下:

(1)消化反应。

$$煤(有机质)+浓\ H_2SO_4 \xrightarrow[催化剂]{\triangle} CO_2\uparrow+H_2O+CO\uparrow+SO_2\uparrow+SO_3\uparrow+$$
$$Cl_2\uparrow+NH_4HSO_4+H_3PO_4+N_2\uparrow(极少)$$

在消化时,硫酸钾的主要作用是增高浓硫酸的沸点,使消化温度提高,从而缩短煤样消化时间。硫酸铜在消化时起催化作用。

(2)蒸馏反应。

$$NH_4HSO_4+S_2SO_4+NaOH(过量)\xrightarrow{\triangle}NH_3\uparrow+Na_2SO_4+H_2O$$

(3)吸收反应。

用硼酸做吸收剂时:

$$H_3BO_3+x\cdot NH_3\longrightarrow H_3BO_3\cdot xNH_3$$

用硫酸作吸收剂时:

$$H_2SO_4+2NH_3\longrightarrow (NH_4)_2SO_4$$

(4)滴定反应

用硼酸作吸收剂时:

$$2\ H_3BO_3\cdot xNH_3+x\cdot H_2SO_4\longrightarrow (NH_4)_2SO_4+2H_3BO_3$$

用硫酸作吸收剂时:

$$H_2SO_4(过量)+4NaOH(回滴用)\longrightarrow Na_2SO_4+2H_2O$$

2. 仪器及试剂

(1)容量分别为50 mL,250 mL 的开氏瓶。

（2）长约为 300 mm 的直形玻璃冷凝器。

（3）直径为 30 mm 的短颈玻璃漏斗。

（4）直径为 55 mm 的开氏球。

（5）加热炉，温度可控制在 350 ℃。

（6）容量为 250 mL 的锥形瓶。

（7）容量为 1 000 mL 的圆底烧瓶。

（8）加热电炉，额定功率 1 000 W，功率可调。

（9）硫酸。

（10）高锰酸钾或铬酸酐。

（11）混合催化剂。把无水硫酸钠、硫酸汞和化学纯硒粉按质量比 64∶10∶1 混合，研习混匀备用。

（12）硼酸。用 30 g 硼酸配成 1 L 溶液，加热熔溶解并滤去不溶物。这样溶液质量浓度为 30 g/mL。

（13）混合碱溶液。把 370 g 氢氧化钠和 30 g 硫酸钠溶于水，配成 1 000 mL 溶液。

（14）甲基红和次甲基蓝混合指示剂。称 0.175 g 甲基红研细溶于 50 mL 95% 的酒精溶液中；称 0.083 g 次甲基蓝溶于 50 mL 95% 的酒精溶液中，分别保存在棕色瓶中。上述两种溶液等量混合，混合液放置时间不得超过 7 d。

（15）无水碳酸钠（优级纯）。

（16）甲基橙指示剂。0.1 g 甲基橙溶于 100 mL 水。

（17）蔗糖。

（18）0.05 N 硫酸标准液；在 100 mL 容量中加入约 40 mL 蒸馏水，用移液管吸取硫酸 0.7 mL 放入容量瓶中，加水稀至刻度，充分振荡均匀。标定时称取 0.02 g（称准至 0.000 2 g）预先在 130 ℃下干燥至恒重的碳酸钠放入锥形瓶中，加入 50～60 mL 蒸馏水使之溶解。然后加入 2～3 滴甲基橙指示剂，用硫酸溶液滴定到溶液由黄色变为橙色。煮沸，赶出二氧化碳，冷却后继续滴定到橙色。

3. 试验装置

测氮的装置如图 5.12 所示。整个装置分成三个部分，即蒸汽发生装置、煤中有机质消化装置以及吸收装置。

（1）蒸汽发生装置。

在加热电炉上加热平底烧瓶。烧瓶容量为 1 000 mL，瓶中装有适量蒸馏水。产生的蒸汽通入开氏瓶和蒸馏瓶的溶液中。

（2）煤中有机质消化装置。

由开氏瓶及开氏球组成。把被分析的煤样（0.2 g）放入开氏瓶并加入一定量化学药品，然后加热到煤中有机质消化。

（3）吸收装置。

由冷凝器及吸收瓶组成。从开氏瓶中被蒸馏出来的蒸汽，被冷凝器冷凝，进入装有硼酸溶液的吸收瓶并被吸收，然后通过滴定即可求得氮的含量。

4. 试验步骤

（1）在擦镜头纸上称取粒度小于 0.2 mm 的分析试样约为（0.2±0.01）g（精确到

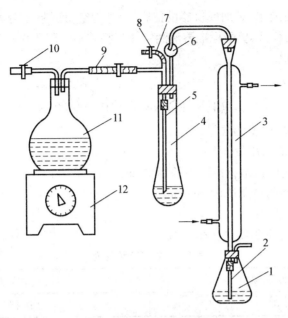

图 5.12 定氮蒸馏装置

1—锥形瓶;2,5—玻璃管;3—直形玻璃冷凝管;4—开氏瓶;5—玻璃管;6—开氏球;
7,9—橡皮管;8,10—夹子;11—圆底烧瓶;12—加热电炉

0.000 2 g),把试样包好放在 50 mL 的开氏瓶中,加入 2 g 混合催化剂和 5 mL 浓硫酸。然后将开氏瓶放到铝加热体的孔中,并在瓶口插入一短颈玻璃漏斗。在铝加热体的中心小孔中插入热电偶,接通电炉电源,缓缓加热到 350 ℃ 左右,保持此温度,直到溶液清澈透明,漂浮的黑色颗粒完全消失为止。遇到分解不完全的试样时,可将试样磨细至 0.1 mm 以下,再按上述方法消化,但必须加入高锰酸钾或铬酸酐 0.2 ~ 0.5 g。分解后如无黑色颗粒物,表示消化完全。

(2)将溶液冷却,用少量蒸馏水稀释后,移入 250 mL 开氏瓶中。用蒸馏水充分洗净原开氏瓶中的剩余物,洗液并入 250 mL 开氏瓶中(当加入铬酸酐消化样品时,需用热水溶解消化物,必要时用玻璃棒将黏物刮下后进行转移),使溶液体积约为 100 mL。然后移放到蒸馏装置上,准备蒸馏。

(3)将直形玻璃冷凝管的上端与开氏球连接,下端用橡胶管与玻璃管相连,直接插入装有 20 mL 硼酸溶液和 2 ~ 3 滴混合指示剂的锥形瓶中,管端插入溶液并距瓶底约 2 mm。

(4)往开氏瓶中加入混合碱溶液 25 mL,然后通入蒸汽进行蒸馏。蒸馏至锥形瓶中馏出液达到 80 mL 左右为止(约为 6 min),此时硼酸溶液从紫色变为绿色。

(5)拆下开氏瓶并停止供给蒸汽,取下锥形瓶,用水冲洗插入硼酸溶液中的玻璃管,洗液收入锥形瓶中,总体积约为 110 mL。

(6)用硫酸标准溶液滴定吸收溶液至溶液由绿色变成钢灰色即为终点。根据硫酸用量即可计算煤样中氮的含量。

(7)每日在试样分析前蒸馏装置须用蒸汽进行冲洗空蒸,待馏出物体积达 100 ~ 200 mL 后,再正式放入试样进行蒸馏。蒸馏瓶中水的更换应在每日空蒸前进行,否则,应加入刚煮沸过的蒸馏水。

（8）空白试验。更换水、试剂或仪器设备后,应进行空白试验。用 0.2 g 蔗糖代替煤样,并完全按上述步骤试验。以硫酸标准溶液滴定体积相差不大于 0.05 mL 的两个空白测定平均值作为当天的空白值。

5. 结果计算

$$N_{ad} = (V_1 - V_2) \times N \times 0.014 \times 100/m \qquad (5.24)$$

式中　N_{ad}——分析煤样中氮的含量,%;

　　　V_1——标准硫酸的用量,mL;

　　　V_2——空白测定时硫酸标准溶液的用量,mL;

　　　N——标准硫酸的摩尔浓度,mol/mL;

　　　m——煤样质量,g;

　　　0.014——氮的摩尔质量,g/mmol。

表 5.6　氮测定精密度

重复性限/%	再现性临界差/%
0.08	0.15

5.4　燃料元素的快速分析方法

为了减少元素分析过程中的人工操作,提高测试速度,开发了可进行自动化快速元素分析的专用仪器。无论是科学研究还是工业生产中的元素分析,大多采用可快速测量的元素分析仪。因此,本节将介绍燃料 C,H,N 元素的快速分析方法(高温燃烧红外热导法)和 O 元素含量的计算方法。

5.4.1　测定原理及概要

称取一定量的样品,在高纯氧气中高温燃烧,燃烧产物中的 SO_2 和氯用炉内填充剂在高温下除去;而 H_2O(汽)、CO_2 和 NO_x 进入贮气筒中混合均匀。定量抽取一份混匀后的气体送入红外测定室分别分析 H_2O,CO_2 含量,从而计算出 H,C 元素的含量;定量抽取另外一份混合气由高纯氦载气带动经热铜把 NO_x 还原为 N_2;经烧碱石棉和高氯酸镁分别除去 CO_2 和 H_2O,然后进入热导池分析 N_2 的含量,从而计算出燃烧中 N 元素的含量。

所得结果中碳元素包括有机碳、元素碳和碳酸盐矿物碳;氢包括有机氢元素,燃料外在水分、内在水分及结晶水中的氢元素;氮包括有机氮、硝酸盐氮。

5.4.2　试剂材料与仪器设备

（1）氧气,测氮元素时使用高纯氧气,纯度不小于 99.995%;不测氮元素时可用普通氧气,纯度不小于 99.5%;氧气压力不小于 0.27 MPa。建议不用电解氧;建议不用普氧,因为它易使铜丝失效加速。

（2）高纯氦气,作为载气,纯度不低于 99.995%,压力不低于 0.27 MPa。

（3）高纯氮气,气体标定氮时用,纯度不低于 99.995%,压力不低于 0.27 MPa。

（4）二氧化碳气，气体标定碳时用，纯度不低于 99.99%，压力不低于 0.27 MPa。

（5）动力气，可用普通纯度的氮气、二氧化碳气或者压缩空气，压力不低于 0.27 MPa。

（6）燃烧坩埚，采用耐火材料烧制，筒形，外径略小于燃烧管内径。

（7）盛样囊，锡囊或铜囊，容积大小可盛样 0.1～0.2 g。

（8）分析纯铜丝。

（9）分析纯碱石棉。

（10）分析纯高氯酸镁。

（11）玻璃棉，长绒，纯白色。

（12）活性氧化铝粉，用作燃烧助剂。

（13）标准砝码，1 g,5 g(或 10 g)各一只。

（14）标准物质，具有碳氢氮元素标准值的国家级或进口标准物质，其含量范围接近并略大于被测物的含量范围。

（15）电子天平。量程不小于 20 g，精密度为 0.000 2 g，可附带数据传送连线与主机相连，或相同量程和精密度的分析天平。

（16）碳氢氮元素测定仪。附燃烧炉，可控制温度在 950～1 100 ℃；附红外检测器和热导检测器；附催化加热管，可控温在 750 ℃，用于加热铜丝以把 NO_x 还原为 N_2；附计算机以执行参数选控、分析程序选择、存储样品质量数据以及计算结果等。

（1）燃烧系统。待测样品应能充分完全燃尽而转化为 CO_2，H_2O，N_2 和 NO_x。影响燃尽性能的因素有氧化剂的有效性、燃烧温度和燃烧时间，所以对于不同燃烧特性的样品，应能对以上三个影响参数进行调整，以确保完全燃烧。

（2）过滤系统。在燃烧气体产物进入贮气筒之前，须有效地过滤除去硫氧化物和卤化物，然后才能用红外吸收法检测碳和氢；检测氮之前必须滤除碳氧化物、水蒸气、残留氧化剂，并把氮氧化物还原为氮气。

5.4.3　试验准备

1.开机

（1）打开稳压电源，待输出电压稳定后依次打开主机、打印机和电子天平，由控制面板输入当时的时间。

（2）移开炉管出口处的过滤管，打开气体钢瓶，调节减压阀至出口压力为 0.27 MPa。如果不分析 N 元素，可通知微机关闭相应分析元件，并关闭氦气。

（3）调节炉温至 950 ℃（对于 CHN-1000 型为 1 100 ℃），打开控制微机面板上的气源开关。

注 1:如果出现"TC CELL PROTECT"报警，可以按"RESET"键恢复正常。

2.仪器的稳定

（1）输入当日大气压值。

（2）检查各吸收试剂或填充材料是否超出使用次数。当超出使用次数或在分析过程中打印出更换提示或结果明显错误时，应检查并更换相应的吸收试剂或填充材料。

（3）预热 1 h，检查系统内吸附水分被完全驱干净后，揩干并接好过滤管。

（4）检查系统的气密性。当更换气瓶、气路、气阀等相关部件后都应重新检查系统的气密性。

（5）设置氧气流量及时间表（简称量时表），以保证不同燃尽特性燃料的完全燃烧。

（6）检查仪器各项参数是否达到规定值（按"MONITOR"键以观察），待达到规定值并稳定后方可进行分析试验。

注2：若长期达不到规定值时，可进行必要的检查，并按仪器说明书进行调节。

注3：测氮桥路电压值的真实读数应在正常 He 流量（400 mL/min）时检查。

3. 空白试验

选择好通道，输入"0"使 C,H,N 空白值为0，空白测定次数为六次，使仪器进入自动空白试验直至结束。把六次以上读数的平均结果输入微机。当更换高纯的氧气、氦气、氮气、二氧化碳气时应重新进行空白试验。

4. 仪器标准化

空白试验后，进行仪器标定。标定方法可采用分析已知 C,H,N 元素含量的标准物质，也可用高纯气体标定 C,N，推荐用前种方法，按仪器说明书至少用六次有效结果进行标定。每次分析前都应进行该步骤。

附某公司产 CHN-600（CHN-1000）仪器标准化的具体步骤：

（1）按试验步骤分析标准物质的碳、氢、氮含量，至少有六次有效的分析结果。

（2）按标定键"CAL"，当仪器提问是否用燃烧法标定时，按"YES"键，并打印出分析结果。

（3）在仪器的提示下依次输入碳、氢、氮标准值并进行标定。用标准煤样标定时，因为标准值是以干燥基给出的，故应同时测定标准煤样的水分含量，并由干燥基标准值换算为空气干燥基结果输入微机进行标定。

5. 周期标定及重新标定

如果在一定分析周期内插入控制样品，控制样品的测定结果应落入标准值的允许差内，否则就应重新进行标定，且自该次控制样品之前至上一次成功的控制样品之间的测定数据应作废。一般来说，每次开机都应该进行标定。

5.4.4 试验步骤

（1）称取一定量的样品，燃油和无烟煤取 0.15 g，并视燃烧情况酌减；页岩和烟煤取 0.15~0.20 g，均称准确至 0.000 2 g；燃油用铜囊盛样，囊内放入 1/3 体积的活性氧化铝粉，并用锡帽封口（但不要过分严密）；其他燃料用锡囊盛样。把样品质量输入微机。

（2）按分析键"Analyze"，开启进样室放入样品，仪器进入分析状态。

（3）一定时间后样品分析完毕，微机显示分析结果，同时打印出 C,H,N 值。

注4：试验过程中如果更换吸收试剂或填充材料，应检查仪器进入稳定状态（如炉温回升到规定值）后才能继续分析。

注5：对不同生产厂家的相同分析原理的仪器，其具体操作步骤及操作内容须根据仪器的说明书确定。

5.4.5　结果计算

(1)碳的分析结果 C_{ad},取精密度合格的打印值报出;当煤中碳酸盐二氧化碳含量 $[(CO_2)_{car,ad}]$ 大于 2% 时,进行以下校正:

当 $2\% \leqslant (CO_2)_{car,ad} \leqslant 12\%$ 时:

$$C_{ad} = C_{ad(print)} - 0.272\,9(CO_2)_{car,ad} \tag{5.25}$$

当 $(CO_2)_{car,ad} \geqslant 12\%$ 时,取 $(CO_2)_{car,ad} = 12\%$,即

$$C_{ad} = C_{ad(print)} - 0.272\,9 \times 12 = C_{ad(print)} - 3.27 \tag{5.26}$$

式中　$C_{ad(print)}$ —— 打印的碳元素值,%;

　　　$(CO_2)_{car,ad}$ —— 煤中碳酸盐二氧化碳含量,%。

(2)氢的分析结果 Had 采用下式计算:

$$H_{ad} = H_{ad(print)} - 0.111\,9M_{ad} \tag{5.27}$$

式中　$H_{ad(print)}$ —— 打印的氢元素值,%;

　　　M_{ad} —— 空气干燥煤样的水分,%。

注 6:以上分析结果也可从计算机控制面板输入 M_{ad} 值而直接得到干燥基结果。

(3)氧采用下式计算:

$$O_{ad} = 100 - [C_{ad} + H_{ad} + N_{ad} + S_{c,ad} + M_{ad} + A_{ad} + (CO_2)_{car,ad}] \tag{5.28}$$

式中　$S_{c,ad}$ —— 空气干燥煤样的可燃硫,粗略计算时可用全硫 S_t 代替,%;

　　　A_{ad} —— 空气干燥煤样的灰分,%。

5.4.6　精密度

将空气干燥基下的分析结果乘以系数,换算为干燥基结果进行精密度判定。干燥基结果的精密度要求见表 5.7。

表 5.7　燃料元素快速分析的精密度

重复性/%	再现性/%
$C_d \leqslant 0.64$	$C_d \leqslant 2.51$
$H_d \leqslant 0.16$	$H_d \leqslant 0.30$
$N_d \leqslant 0.11$	$N_d \leqslant 0.17$

5.5　煤的发热值测定

发热值测定是煤质分析的一个重要项目。煤的发热值测定一般是在一个密封的容器中(称氧弹),在有过剩氧气存在的条件下,点燃适当的煤样并使它燃烧,放出的热量用水吸收,由水温升高值来计算发热值。

5.5.1　测定原理

在氧弹热量计中,一定量的分析试样在充有过量氧气的氧弹内完全燃烧,通过在相近条件下燃烧一定量的基准量热物苯甲酸来确定热量计的热容量,根据试样燃烧前后量热系

的温度变化,并对点火热等附加热进行校正后可求得试样的弹筒发热量。从弹筒发热量中扣除硝酸生成热和硫酸校正热(氧弹反应中形成的水合硫酸与气态二氧化硫的生成热之差),就可得到高位发热量。

煤的恒容低位发热量和恒压低位发热量可以通过高位发热量计算。计算恒容低位发热量需要知道煤样中水分和氢的含量。计算恒压低位发热量还须知道煤样中氧和氮的含量。

5.5.2　对氧弹测热实验室的要求

(1)试验室最好是一个单独的房间,以便避开其他试验项目的影响。

(2)室内温度尽量保持稳定;每次测定中,室温变化要求不超过 1 ℃。

(3)室内温度不宜过高、过低。最好在 15 ~ 35 ℃ 的范围。

(4)室内应避免强烈气流。试验过程中,应避免开启门窗。

(5)热量计应放在不受阳光直射的地方,最好试验室为朝北方向,完全不受阳光直射。

5.5.3　试剂和材料

(1)氧气,纯度不低于 99.5% ,不含可燃成分,不能采用电解氧;压力足以使氧弹充氧至 3.0 MPa。

(2)苯甲酸,基准量热物质,二等或二等以上,其标准热值经权威计量机构确定或可以明确溯源到权威计量机构。

(3)点火丝,直径为 0.1 mm 左右的铂、铜、镍丝或其他已知热值的金属丝或棉线,如使用棉线,则应选用粗细均匀,不涂蜡的白棉线。各种点火丝点火时放出的热量如下:

铁丝:6 700 J/g;

镍铬丝:6 000 J/g;

铜丝:2 500 J/g;

棉线:17 500 J/g。

(4)点火导线,直径为 0.3 mm 左右的镍铬丝。

(5)酸洗石棉绒,使用前在 800 ℃ 下灼烧 30 min。

(6)擦镜纸,使用前先测出燃烧热。其方法简述如下:抽出 3 ~ 4 张纸,团紧,称准质量,放入燃烧皿中,然后按常规方法测定发热量。把三次测量结果的平均值作为其热值。

5.5.4　仪器设备

热量计由燃烧氧弹、内筒、外筒、搅拌器、水、试样点火装置、温度测量和控制系统等构成,如图 5.13 所示。

通常热量计有两种,即恒温式和绝热式,它们的量热系统被包围在充满水的双层夹套(外筒)中,它们的差别只在于外筒的控温方式不同,其余部分无明显区别。

(1)氧弹是用耐热、耐腐蚀的镍铬或镍铬钼合金钢材制成的气密容器。氧弹的结构由三部分组成,一个容器为 250 ~ 350 mL 的圆筒形弹体,一个盖子、一个连接盖子和弹体的环。在弹盖上装有一个供应气的进气阀以及供试验结束时放气用的气阀门。

(2)内筒是一个具有搅拌器的特殊形状的金属筒。筒内放置氧弹及搅拌器。水筒中装入水量一般为 2 000 ~ 3 000 mL,以能浸没氧弹(进、出气阀和电极除外)为准。水筒的内外表面需电镀,并高度抛光,以减少与外筒间的辐射作用。

(3)外筒是由金属薄板制成的。双层容器,两层间有 10 ~ 12 mm 的间距,外筒底部有绝缘支架,以便放置内筒。水套内层必须电镀并高度抛光,以减少辐射作用。恒温式热量计配置恒温式外筒,自动控温的外筒在整个试验过程中,其外筒水温变化应控制在±0.1 K 之内。绝热式热量计配置绝热式外筒,其外筒中水量应较少,最好装有浸没式加热装置,当样品点燃后能迅速提供足够的热量以维持外筒水温与内筒水温相差在 0.1 K 之内。

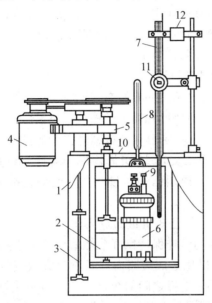

图 5.13　氧弹式热量计构造示意图

1—外壳;2—量热容器;3—搅拌器;4—搅拌马达;5—绝热支柱;6—氧弹;7—温度计;
8—工业用温度计;9—电极;10—盖;11—放大镜;12—电振动装置

(4)搅拌器。为了使试样燃烧放出的热量尽快在量热系统内均匀散布,内筒中的水需要有效地搅拌。目前常采用马达带动螺旋桨式搅拌器。搅拌器转速一般以 400 ~ 600 r/min 为宜,并应保持恒定。搅拌器轴杆应有较低的热传导或与外界采用有效的隔热措施,以尽量减少量热系统与外界的热交换。搅拌器的搅拌效率应能使热容量标定中由点火到终点的时间不超过 10 min,同时又要避免产生过多的搅拌热(当内、外筒温度和室温一致时,连续搅拌 10 min 所产生的热量不应超过 120 J)。

(5)量热温度计。用于内筒温度测量的量热温度计至少应有 0.001 K 的分辨率,以便能以 0.002 K 或更好地分辨率测定 2 K 到 3 K 的温度升高;它代表的绝对温度应能达到近 0.1 K。量热温度计在它测量的每个温度变化范围内应是线性的或线性化的。它们均应经过计量部门的检定,证明已达到上述要求。

常用的可满足此要求的温度计有玻璃水银温度计和数字显示温度计两种类型。玻璃水银温度计又分为固定测温的精密温度计和可变测温范围的贝克曼温度计。数字显示温度计可代替传统的玻璃水银温度计,它们应能提供符合要求的分辨率,这些温度计的短期重复性不能大于 0.001 K,6 个月内的长期漂移不能大于 0.05 K。

(6)热量计附属备品中,除包括温度计读数用放大镜、燃烧皿、点火装置、天平和压饼机等附件。

5.5.5　测定步骤

发热量的测定包括两个独立的试验,即热容量标定和试样的燃烧试验。为了消除未受控制的热交换引起的系统误差,要求两种试验的条件尽量相近。试验过程分为初期、主期(燃烧反应期)和末期。对绝热式热量计,初期和末期是为了确定开始点火的温度和终点温度;对恒温式热量计,初期和末期的作用是确定热量计的热交换特性,以便在燃烧反应主期内对热量计内筒与外筒间的热交换进行校正。初期和末期的时间应足够长。以较为常用的恒温式热量计法为例介绍煤的发热值测定步骤。

(1)按使用说明书安装调节热量计。

(2)在燃烧皿中称取粒度小于 0.2 mm 的空气干燥煤样 0.9 ~ 1.1 g,精确至 0.000 2 g。

对燃烧时易于飞溅的试样,可用已知质量的擦镜纸包紧后再进行测试,或先在压饼机中压饼并切成粒度为 2 ~ 4 mm 的小块使用。不易燃烧完的试样,可用石棉绒作衬垫(先在皿底铺上一层石棉绒,然后用手压实)。石英燃烧皿不需任何衬垫。如加衬垫仍燃烧不完全,可提高充氧压力至 3.2 MPa,或用已知质量和热值的擦镜纸包裹称好的试样并用手压紧,然后放入燃烧皿中。

(3)对熔断式点火法,取一段已知质量的点火丝,把两端分别接在氧弹的两个电极柱上,弯曲点火丝接近试样,注意与试样保持良好接触或保持微小的距离(对易飞溅和易燃的煤);勿使点火丝接触燃烧皿,以免形成短路而导致点火失败,甚至烧毁燃烧皿。还应注意防止两电极间以及燃烧皿与另一电极之间的短路。在非熔断式点火的情况下,当用棉线点火时,把已知质量的棉线的一端固定在已连接到两电极柱上的点火导线上(最好夹紧在点火导线的螺旋中),另一端搭接在试样上,根据试样点火的难易,调节搭接的程度。对于易飞溅的煤样,应保持微小的距离。

往氧弹中加入 10 mL 蒸馏水。小心拧紧氧弹盖,注意避免燃烧皿和点火丝的位置因受振动而改变,往氧弹中缓缓充入氧气,直至压力到 2.8 ~ 3.0 MPa,达到压力后的持续充氧时间不得少于 15 s。当钢瓶中氧气压力降到 5.0 MPa 以下时,充氧时间应适当延长,当压力降到 4.0 MPa 以下时,应更换新的钢瓶氧气。

(4)往内筒中加入足够的蒸馏水,使氧弹盖的顶面(不包括突出的进、出气阀和电极)淹没在水面下 10 ~ 20 mm。内筒水量应在所有试验中保持相同,相差不超过 0.5 g。注意,恰当调节内筒水温,使终点时内筒比外筒温度高 1 K 左右,以使终点时内筒温度出现明显下降。外筒温度应尽量接近室温,相差不能大于 1.5 K。

(5)把氧弹放入装好水的内筒中,如氧弹中无气泡漏出,则表明气密性良好,即可把内筒放在热量计中的绝缘架上;如有气泡出现,则表明漏气,应找出原因,进行纠正,重新充氧。然后接上点火电极插头,装上搅拌器和量热温度计,并盖上热量计的盖子。

(6)开动搅拌器,5 min 后开始计时,读取内筒温度(t_0)后立即通电点火。随后记下外筒温度(t_j)。外筒温度至少读到 0.05 K,内筒温度借助放大镜读到 0.001 K。每次读数前,应开动振荡器振动 3 ~ 5 s。

(7)观察内筒温度(点火后 20 s 内不要把身体的任何部位伸到热量计上方)。如在半分钟内温度急剧上升,则表明点火成功。点火后 1 分 40 秒时读取一次内筒温度($t_{1分40秒}$),接近终点时,开始按 1 min 间隔读取内筒温度。点火后最初几分钟内,温度急剧上升,读温精确到 0.01 K 即可,但如果有可能,读温应精确到 0.001 K。

(8)以第一个下降温度作为终点温度(t_n),试验主期阶段至此结束。一般热量计由点火到终点的时间为 8~10 min。对一台具体热量计,可根据经验恰当掌握。

若终点时不能观察到温度下降(内筒温度低于或略高于外筒温度时),可以随后连续 5 min 内温度读数增量(以 1 min 间隔)的平均变化不超过 0.001 K/min 时的温度为终点温度 t_n。

(9)停止搅拌,取出内筒和氧弹,开启放气阀,放出废气,打开氧弹,如果有试样燃烧不完全的迹象或有炭黑存在,试验立即作废。

量出未烧完的点火丝长度,以便计算实际消耗量。

对于自动氧弹热量计,测定时首先按照仪器说明书安装和调节热量计。然后按本节步骤(2)称取试样,按本节步骤(3)准备氧弹。按仪器操作说明书进行其余步骤的试验,最后按本节步骤(9)结束试验。试验结果被打印或显示后,校对输入的参数,确定无误后报出结果。

5.5.6　测定结果计算

1.温度校正

使用玻璃温度计时,应根据检定证书对点火温度和终点温度进行校正。

绝热式热量计的热量损失可以忽略,所以不需要冷却校正。恒温式热量计在试验过程中内筒与外筒间始终发生热交换,需要校正该散失热量。其方法是在温升中加上一个校正值 C,这个校正值称为冷却校正值,常用的计算方法如下:

$$C = (n-\alpha)v_n + \alpha v_0 \tag{5.29}$$

式中　C——冷却校正值,K;

　　　n——由点火到终点的时间,min;

　　　v_n——试验末阶段,内筒降温速度,K/min;

　　　v_0——试验初阶段,内筒降温速度,K/min;

　　　α——系数,取值如下:当 $\Delta/\Delta_{1分40秒} \leq 1.20$ 时,$\alpha = \Delta/\Delta_{1分40秒} - 0.10$;当 $\Delta/\Delta_{1分40秒} > 1.20$ 时,$\alpha = \Delta/\Delta_{1分40秒} - 0.10$;其中 Δ 为主期内总温升($\Delta = t_n - t_0$),$\Delta/\Delta_{1分40秒}$ 为点火后 1 分 40 秒时的温升($\Delta_{1分40秒} = t_{1分40秒} - t_0$)。

对每台测热器,内筒降温速度(v_n, v_0)是内筒水温和室温之差的函数,可通过标定实验求得。

2.点火热校正

在熔断式点火法中,应由点火丝的实际消耗量(原用量减掉残余量)和点火丝的燃烧热计算试验中点火丝放出的热量。在非熔断式点火法中,用棉线点燃样品时,首先算出所用一根棉线的燃烧热(剪下一定数量适当长度的棉线,称出它们的质量,然后算出一根棉线的质量,再乘以棉线的单位热值),然后按下式确定每次消耗的电能热:

电能产生的热量=电压×电流×时间

点火热是以上二者放出的热量之和。

3. 弹筒发热量和高位发热量的计算

（1）对恒温式热量计，按下式计算空气干燥煤样的弹筒发热量 $Q_{b,ad}$：

$$Q_{b,ad} = \frac{EH \times [(t_n + h_n) - (t_0 + h_0) + C] - (q_1 + q_2)}{m} \tag{5.30}$$

式中　$Q_{b,ad}$——空气干燥煤样的弹筒发热量，J/g；

　　　E——热量计的热容量，由试验标定，详见下文，J/K；

　　　q_1——点火热，J；

　　　q_2——添加物如包纸等产生的总热量，J；

　　　m——试样的质量，g；

　　　H——贝克曼温度计的平均分度值，使用数字显示温度计时，$H = 1$；

　　　h_0——t_0 的毛细孔径修正值，使用数字显示温度计时，$h_0 = 0$；

　　　h_n——t_n 的毛细孔径修正值，使用数字显示温度计时，$h_n = 0$。

（2）空气干燥煤样的恒容高位发热量 $Q_{gr,ad}$：

$$Q_{gr,ad} = Q_{b,ad} - (94.1S_{b,ad} + \alpha Q_{b,ad}) \tag{5.31}$$

式中　$Q_{gr,ad}$——空气干燥煤样的恒容高位发热量，J/g；

　　　$S_{b,ad}$——由弹筒洗液测得的含硫量，以质量分数表示，%；当全硫低于 4.00% 时，或发热量大于 14.60 MJ/kg 时，可用全硫代替 $S_{b,ad}$；

　　　94.1——空气干燥煤样中每 1.00% 硫的校正值，J/g；

　　　α——硝酸生成热的校正系数：当 $Q_b \leqslant$ 16.70 MJ/kg，α = 0.001 0；当 16.70 MJ/kg< $Q_b \leqslant$ 25.10 MJ/kg，α = 0.001 2；当 $Q_b >$ 25.10 MJ/kg，α = 0.001 6；加助燃剂后，应按总放热量考虑。

4. 热容量和仪器常数标定

（1）计算发热量所需热容量 E 和恒温式热量计法中计算冷却校正值所需的内筒降温速度通过同一试验即可进行标定。

标定时用已知发热值的标准苯甲酸试样来代替煤样，标定步骤与测定步骤大致相似。苯甲酸片的质量一般取 0.9 ~ 1.1 g。苯甲酸应预先研细并在盛有浓硫酸的干燥器中干燥 3 d 或在 60 ~ 70 ℃烘箱中干燥 3 ~ 4 h，冷却后压片。

（2）热容量标定中硝酸形成热可按下式求得：

$$q_n = Q \times m \times 0.001\,5 \tag{5.32}$$

式中　q_n——硝酸形成热，J；

　　　Q——苯甲酸的标准热值，J/g；

　　　m——苯甲酸的用量，g；

　　　0.001 5——苯甲酸燃烧时的硝酸生成热校正系数。

（3）热容量 E 计算如下：

$$E = \frac{Q \times m + q_1 + q_n}{H[(t_n + h_n) - (t_0 + h_0) + C]} \tag{5.33}$$

式中各符号的意义同上文。

热容量标定一般应重复试验五次。五次重复试验结果的平均值和相对标准差不应大于

0.20%;如果大于 0.20%,再补做一次试验,取符合要求的五次结果的平均值,修约至 1 J/K。如果任何五次结果的相对标准差都超过 0.20%,则应对试验条件和操作技术仔细检查并纠正存在问题后,重新进行标定,舍弃已有的全部结果。

热容量标定值的有效期为三个月,超过此期限时应重新标定。但有下列情况时,应立即重测:

①更换量热温度计。

②更换热量计大部件,如氧弹头、连接环(由厂家供给的或自制的相同规格的小部件,如氧弹的密封圈、电极柱、螺母等不在此列)。

③标定热容量和测定发热量时的内筒温度相差超过 5 K。

④热量计经过较大的搬动之后。

如果热量计量热系统没有显著改变,重新标定的热容量值与前一次的热容量值相差不应超过 0.25%,否则,应检查试验程序,解决问题后再重新进行标定。

5.5.7　结果表述及方法精密度

弹筒发热量和高位发热量的结果计算到 1 J/g,取高位发热量的两次重复测定的平均值,按数字修约规则修约到最接近的 10 J/g 的倍数,按 J/g 或 MJ/kg 的形式报出。

发热量测定的重复性限和再现性临界差见表 5.8。

表 5.8　发热量测定的重复性限和再现性临界差

高位发热量/$(J \cdot g^{-1})$	重复性 $Q_{gr,ad}$	再现性 $Q_{gr,ad}$
	120	300

5.5.8　低位发热量的计算

1. 恒容低位发热量

煤的收到基恒容低位发热量按下式计算:

$$Q_{net,v,ar} = (Q_{gr,v,ad} - 206H_{ad}) \times \frac{100 - M_t}{100 - M_{ad}} - 23M_t \tag{5.34}$$

式中　$Q_{net,v,ar}$ —— 煤的收到基恒容低位发热量,J/g;

　　　　$Q_{gr,v,ad}$ —— 煤的空气干燥基恒容高位发热量,J/g;

　　　　M_t —— 煤的收到基全水分的质量分数,%;

　　　　M_{ad} —— 煤的空气干燥基水分的质量分数,%;

　　　　H_{ad} —— 煤的空气干燥基氢的质量分数,%;

　　　　206 —— 对应于空气干燥煤样中每 1% 氢的气化热校正值(恒容),J/g;

　　　　23 —— 对应于收到基煤中每 1% 水分的气化热校正值(恒容),J/g。

在没有元素分析的情况下,根据我国煤的特点,当挥发分在 20% ~ 50% 时,氢的质量分数可用下式近似计算:

$$H_{daf} = 0.03V_{daf} + 4.25 \tag{5.35}$$

$$H_{ad} = H_{daf} \times (100 - M_{ad} - A_{ad})/100 \tag{5.36}$$

2. 恒压低位发热量

由弹筒发热量算出的高位发热量和低位发热量都是恒容状态,在实际工业燃烧中常常是恒压状态,严格地讲,工业计算中应使用恒压低位发热量。如果有必要,煤的恒压低位发热量可按下式计算:

$$Q_{net,p,ar} = [Q_{gr,v,ad} - 212H_{ad} - 0.8(O_{ad} + N_{ad})] \times \frac{100 - M_t}{100 - M_{ad}} - 24.4M_t \tag{5.37}$$

式中　　$Q_{net,p,ar}$—— 煤的收到基恒压低位发热量,J/g;

M_t—— 煤的收到基全水分的质量分数,%;

O_{ad}—— 煤的空气干燥基氧的质量分数,%;

N_{ad}—— 煤的空气干燥基氮的质量分数,%;

212 —— 对应于空气干燥煤样中每1%氢的气化热校正值(恒压),J/g;

24.4 —— 对应于收到基煤中每1%水分的气化热校正值(恒压),J/g。

其余符号意义同前。

5.6　煤灰熔融性的测定

世界各国测定煤灰熔融性的方法主要有熔点法和熔融曲线法。大多数国家采用角锥熔点法,此法操作简便,不需要复杂设备,效率高,具有一定的准确性。

煤灰的熔融性主要取决于它们的化学组成。但是,由于煤灰中总会有一定量的铁,它在不同的气体介质(氧化性或还原性)中将以不同的价态出现。在氧化性气体介质中,它将转变成3价铁;在弱还原性气体介质中,它将转变成2价铁。而在强还原性气体介质中,它将转变成金属铁。三者的熔点以2价铁最低(1 420 ℃),3价铁为最高(1 560 ℃)。因此,煤灰的熔融性除了决定于它的化学组成外,试验气氛也是一个极其重要的影响因素。在工业锅炉中,成渣部位的气体介质大多呈弱还原性,因此煤灰熔融性的测定常在模拟工业条件——弱的还原性气氛中进行。

煤灰熔融性测定的原理是将煤灰制成一定形状和尺寸的角锥体,放在一定气体介质中,以一定升温速度加热,观察并记录其特征温度。

5.6.1　灰的特征温度定义

灰锥熔融特征示意图如图5.14所示。

(1)变形温度 DT,锥体尖端或棱开始弯曲或变圆时的温度。

(2)软化温度 ST,锥体弯曲至锥尖触及托板或锥体变成球形时的温度。

(4)半球温度 HT,锥体变成近似半球形,即高度约等于底长一半时的温度。

(4)流动温度 FT,试样完全熔化或展开成高度小于或等于1.5 mm 的薄层时的温度。

5.6.2　仪器设备及试剂

(1)高温炉,应满足如下要求:有足够的恒温带(各部位温差小于5 ℃)、能按规定的程序加热、炉内气氛可控制为弱还原性和氧化性、能在试验过程中观察试样形态变化。图5.15所示是一种适用的管式硅碳管高温炉。

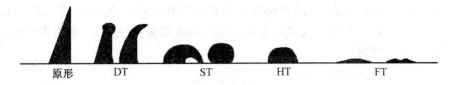

图 5.14　灰锥熔融特征示意图

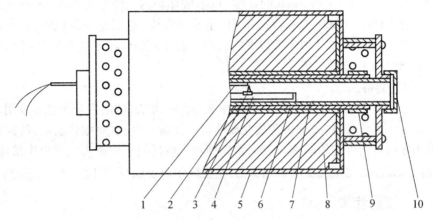

图 5.15　硅碳管高温炉

1—热电偶;2—硅碳管;3—灰锥;4—刚玉舟;5—炉壳;6—刚玉外套管;7—刚玉内套管(内径为
50 mm,长为 600 mm);8—保温材料;9—硅碳管电极片;10—观察孔

(2)热电偶及高温计,测量范围在 0~1 500 ℃,最小分度为 1 ℃,使用时必须加气密刚玉套管保护,否则在还原性介质中会变质而损坏。高温计和热电偶至少每年校准一次。

(3)灰锥模,由对称的两个半块构成,用黄铜或不锈钢制成,用以制造三角锥体试样(锥高 20 mm,底边为长 7 mm 的正三角形,锥体之一棱面垂直于底面)。

(4)灰锥托板,在 1 500 ℃下不变形,不与灰锥发生反应,不吸收灰样。

(5)灰锥托板模,由模座、垫片和顶板三部分构成。用硬木或其他坚硬材料制作。

(6)刚玉舟,耐温 1 500 ℃以上,能盛足够量的碳物质。

(7)常量气体分析器,可测量一氧化碳、二氧化碳和氧气含量。

(8)糊精溶液,化学纯糊精 10 g 溶于 100 mL 蒸馏水中,配成 100 g/L 溶液。

(9)碳物质,灰分低于 15%,粒度小于 1 mm 的石墨、无烟煤或其他碳物质。

(10)氧化镁,工业品,研细至粒度小于 0.1 mm。

(11)煤灰熔融性标准物质,可用来检查试验气氛性质的煤灰熔融性标准物质。

(12)二氧化碳。

(13)氢气或一氧化碳。

(14)可溶性淀粉(工业用)。

(15)玛瑙研钵。

5.6.3　气氛控制与灰锥制备

(1)气氛控制。

如果测定弱还原性气氛下的灰熔融特性,则高温炉内可通入 50% ±10% 的氢气和

50% ±10% 的二氧化碳混合气,或者 60% ±5% 的一氧化碳和 40% ±5% 的二氧化碳混合气,或者封入碳物质,以产生所需气氛。对氧化性气氛灰熔融特性测定,炉内不放任何含碳物质,并使空气自由流通。

(2)弱还原性气氛检查。

对弱还原性气氛下灰熔融特性测定,需要定期或不定期地用下述方法检查炉内气氛性质。从炉子高温带以 6 ~ 7 mL/min 的速度(以不破坏炉内气体平衡为准)取出气体进行成分分析。如在 1 000 ~ 1 300 ℃ 温度范围内,还原性气体(主要是一氧化碳,也包括氢和甲烷)体积占 10% ~70%(在 1 100 ℃ 以下它们和二氧化碳的体积比应小于 1 : 1),且氧含量小于 0.5%,则为弱还原性气氛。

(3)灰锥的制备。

取粒度小于 0.2 mm 的分析煤样,按煤中灰分测定方法,使之完全灰化。并用玛瑙研钵研细至 0.1 mm 以下,取 1 ~2 g 煤灰放在玻璃板或瓷板上,用数滴糊精水溶液(根据灰的可塑性也可用水或可溶性淀粉溶液)润湿,调成糊状。然后用小刀铲入灰锥模中挤压成形,用小刀将模内灰锥小心地推至玻璃板瓷板上,于空气中风干或 60 ℃ 温度下烘干备用。

5.6.4　试验步骤

(1)用糊精水溶液将少量氧化镁调成糊状。用它将灰锥固定在灰推托板的三角槽内,并使灰锥之垂直接面垂直于托板表面。

(2)如用封碳法来产生弱还原性气氛,则预先在舟内放置足够量的碳物质。炉内封入的碳物质种类和量根据炉膛大小和密封性用试验的方法确定。

(3)拧开观察孔盖,将刚玉舟徐徐推入炉膛,并使灰锥紧邻电偶热端(相距 2 mm 左右),拧上观察孔盖,开始加热,把升温速度控制在下述范围内:900 ℃ 以前升温速度为 15 ~20 ℃/min,900 ℃ 以后升温速度为(5±1) ℃/min。

(4)如用通气法产生弱还原性气氛,则从 600 ℃ 开始通入氢气或一氧化碳和二氧化碳混合气体,通气速度以能避免空气渗入为准。流经灰锥的气体线速度不低于 400 mm/min,对于图 5.15 所示高温炉,可为 800 ~1 000 mL/min。

注意:从炉内排出的气体中含有部分一氧化碳,因此,应将这些气体排放到外部大气中(可使用排风罩或高效风扇系统)。如果使用了氢气,要特别注意防止发生爆炸,应在通入氢气前和停止氢气供入后用二氧化碳吹扫炉内。

如果测定氧化性气氛下灰的熔融特性,炉内不放任何含碳物质,并使空气自由流通。

(5)随时观察灰锥的形态变化(高温下观察戴上黑色眼镜)。记录灰锥的四个熔融特征温度,即变形温度、软化温度、半球温度和流动温度。

(6)待全部灰锥都达到流动温度或炉温升至 1 500 ℃ 时断电、结束试验。待炉子冷却后,取出刚玉舟,仔细检查托板表面,如发现试样与托板共熔,则应另换一种托板重新试验。

5.6.5　试验结果处理

(1)记录试样 DT,ST,HT 及 FT 四个熔融特征温度。

(2)记录试验气氛的性质及其控制方法。

(3)记录托板材料及试验后表面的特征。

（4）记录试验过程中出现的烧结、收缩、膨胀和鼓泡等现象及其出现的温度。

煤灰熔融性测定精密度见表 5.9。

表 5.9　煤灰熔融性测定精密度

熔融性特征温度	重复性限/℃	再现性临界差/℃
DT	60	—
ST	40	80
HT	40	80
FT	40	80

5.7　煤灰颗粒特性筛分试验

煤以及灰是由各种不同尺寸和形状不规则的颗粒所组成的。我国沸腾炉用煤大多是 0~8 mm 颗粒。颗粒分布对沸腾风速的选取有直接关系。因此在设计或运行前首先对煤及床料做筛分分析，求出其颗粒分布规律及其平均粒径。

一般用一组具有标准筛孔尺寸的筛子来测定，如图 5.16 所示。某筛子上筛后剩余量占总量的百分比用 R_x 来表示；筛后通过量占总量的百分比用 D_x 表示，即

$$R_x = a/(a+b) \times 100$$
$$D_x = b/(a+b) \times 100 \qquad (5.38)$$

式中　a—— 某筛上的剩余量，g；

　　　b—— 通过某筛的量，g。

因此

$$R_x + D_x = 100 \qquad (5.39)$$

在筛子上剩余的煤越少，也即 R_x 越小，则煤也就越细。

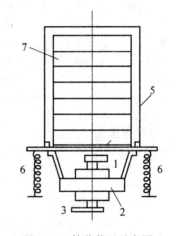

图 5.16　筛分装置示意图
1—上部偏心轮；2—附重；3—下部偏心轮；4—平台上安放筛组的凸出部分；5—扣筛的环带；6—弹簧；7—筛子

5.7.1　筛分方法

（1）取一组不同筛孔尺寸的筛子（包括筛盖及筛底），最大孔径达 6~8 mm。理论上筛子越多越好，但在实际工作中常取 8~10 个，孔径应均匀分布。

（2）取 150~200 g 有代表性的试样作为筛分物料。当试样含水太大时，应用烘箱（在 50 ℃左右）烘干。

（3）把用天平称好的试样（精确到 0.01 g），放入第一筛子并盖好盖，把一组以孔径大小为先后次序的筛子放在振筛机上（或用人工）使其振动，一般振 5~10 min。当上一个筛子上面的物料不再落入下一个筛子上时，筛分即告结束。

（4）取下每个筛子，并且小心地倒出物料，轻轻地用猪毛刷刷筛子反面，使筛上物料全部倒出（切忌用刷子刷正面，以免筛孔变形），并在天平上称质量。

5.7.2 计算

通过筛分得到一组数据,见表 5.10。

平均直径的求取方法很多,目前常用的有质量份额平均直径、比表面积平均直径以及临界流化风速平均直径。

表 5.10 筛分结果数据汇总表

序　号	筛孔尺寸 /mm	筛子上剩余量 /g	筛余 R_x/%	二筛间质量 份额 x_i/%	颗粒平均直 径 d_i/mm
1	8.00	11.22	5.61	5.61	9.00
2	6.60	26.64	13.32	7.71	7.30
3	4.00	47.38	23.69	10.37	5.30
4	2.80	72.98	36.49	12.80	3.40
5	2.00	97.36	48.68	12.19	2.40
6	1.00	139.54	69.77	21.09	1.50
7	0.50	167.06	83.53	13.76	0.75
8	0.25	182.78	91.39	7.86	0.375
9	0.125	191.20	95.60	4.21	0.1875
10	0.045	196.78	98.39	2.79	0.085
筛底	0	200.00	100	1.61	0.002 5

(1)质量份额平均直径。

根据上表数据,以及质量份额平均直径的计算公式,可求出质量份额平均直径:

$$d_{pjG} = \sum d_i x_i = 2.66 \, (mm) \tag{5.40}$$

(2)比表面积平均直径。

$$d_{pjF} = 1 / \sum \frac{x_i}{d_i} = 0.51 \, (mm) \tag{5.41}$$

(3)临界流化风速平均直径。

$$d_{pjW} = \left(\sum x_i d_i^{\,0.55} \right) 1/0.55 = 2.18 \, (mm) \tag{5.42}$$

从以上计算看出,用不同计算平均直径的方法,即使用同种物料,得到的平均直径值差别很大。质量份额平均直径主要突出了大颗粒对平均直径的影响,而比表面积平均直径突出了小颗粒对平均直径的影响;临界流化风速平均直径主要考虑了宽筛分物料流化状态下的平均直径。对不同的平均直径适合在不同的场合。

5.7.3 颗粒的分布规律及平均直径的计算

为了计算多组分物料的平均直径,通常利用筛分的方法。但是对于同一种物料当用不同筛号筛分,即使使用同一个计算公式,所得到的平均直径值相差甚大。这主要是由于计算二筛号之间平均直径公式与实际有差别。目前,计算二筛号之间平均直径常用两种方法:一种是用二筛号筛孔直径的算术平均值作为二筛号之间的平均直径;另一种是用二筛号筛孔直径的几何平均值($\sqrt{d_i d_{i-1}}$)作为二筛号之间的平均直径。因此,两相邻筛子孔径相差越大,误差越大。为了消除使用不同筛号而产生的误差,可采用以下计算方法。

对脆性材料颗粒分布特性符合下列规律:

$$F(D) = 1 - \exp(-bD^n) \tag{5.43}$$

式中　$F(D)$ —— 颗粒分布函数,是指小于某一粒度 D 的颗粒质量份额;

　　　D —— 筛孔直径,mm;

　　　b —— 反映粒度大小的系数;

　　　n —— 反映粒度均匀性系数。

在相同 n 值下,b 值越大,表示颗粒越细;当 b 值一定时,n 值越大,颗粒分布越均匀。

颗粒分布密度为

$$x(D) = \frac{\mathrm{d}F(D)}{\mathrm{d}D} = bnD^{n-1}\exp(-bD^n) \tag{5.44}$$

根据平均直径定义可分别得出

$$d_{\mathrm{pjG}} = bn\int_0^\alpha D^n\exp(-bD^n)\mathrm{d}D \tag{5.45}$$

$$d_{\mathrm{pjF}} = \frac{1}{bn}\times\frac{1}{\displaystyle\int_0^\alpha D^{n-2}\exp(-bD^n)\mathrm{d}D} \tag{5.46}$$

$$d_{\mathrm{pjW}} = \left[bn\int_0^\alpha D^{n-0.45}\exp(-bD^n)\mathrm{d}D\right]^{\frac{1}{0.55}} \tag{5.47}$$

式中　α —— 宽筛分物料最大颗粒直径,mm;

　　　α_1 —— 宽筛分物料最小颗粒直径,mm。

应当指出,根据脆性材料的颗粒分布规律,只有当 $D\rightarrow\infty$ 时,$F(D)$ 才等于1;而实际宽筛分物料的最大颗粒并不等于无穷大,它也很难确定,因此式(5.47)中的积分上限 α 定义为当 $F(D) = 0.99$ 时的颗粒直径,由此可求出 α 值。

$$\alpha = (\mathrm{LN}100/b)^{\frac{1}{n}} \tag{5.48}$$

对质量份额平均直径及临界流化风速平均直径,其积分下限取为零。对比表面积平均直径由于函数在零点不连续,因此计算公式中积分下限 α_1 定义当 $F(D) = 0.01$ 时的颗粒直径,由此可求出 α 值,即

$$\alpha_1 = (\mathrm{LN}^{0.01}/b)^{\frac{1}{n}} \tag{5.49}$$

实践证明,对于宽筛分物料用不同筛子筛分求得的 b,n 值相差不大。这是因为在求 b,n 值时只用到筛余及筛孔尺寸 D_i,而没有涉及颗粒直径。在做筛分时,只需用3 ~ 4个具有一定孔径间隔的筛子筛分,用最小二乘法原理求得 b,n 的值。

第6章 气体成分测量

工业界许多热工设备都需要应用燃料燃烧产生的能源。燃烧产物中不仅含有大量的 CO_2，还包括来自于燃料本身和燃烧过程中产生的灰粒、炭黑、NO_x、SO_x、CO 以及未燃尽的碳氢化合物、微量有害元素等。同时，燃烧过程还存在噪声及臭味，这些都是造成人类生存环境恶化的元凶。

随着锅炉容量的增大和环境保护要求的提高，希望全面分析烟气中各成分的含量。例如，CO 的含量与燃油炉结焦和 SO_3 的含量有一定关系，而 SO_3 含量直接影响锅炉尾部的腐蚀情况；另外，SO_3 和 NO 的含量是环境保护所要控制的指标。因此，人们需要了解和把握燃烧产物的各种成分及含量，以便采取措施控制污染物的生成和排放。同时，掌握燃烧产物成分，对于判断燃烧质量及进行热工设备设计和操作，都是十分必要和重要的。

6.1 热导式气体分析器

热导式气体分析器是根据各种物质导热性能的不同，通过测量混合气体热导率的变化来分析气体组成的仪器。它可以用于分析气体混合物中某个组分的百分含量，如分析混合气体中 H_2，Ar，NH_3，CO_2，SO_2 等气体的含量。它的结构简单、性能稳定，使用维修方便，价格便宜。

6.1.1 混合气体热导率与组分的关系

表 6.1 列出了常见气体在 0 ℃ 时相对于空气的相对热导率 λ_0/λ_κ。

对于彼此之间无相互作用的多组分的混合气体，它的热导率可近似地认为是各组分热导率的算术平均值。

表 6.1　各种气体在 0 ℃ 时的相对热导率

气体名称	空气	N_2	O_2	CO_2	SO_2	H_2	CO	CH_4	H_2O
λ_0/λ_κ	1.00	0.996	1.013	0.605	0.344	7.15	0.964	1.318	0.973 (100 ℃)

$$\lambda_1 = \sum_{i=1}^{n} \lambda_i C_i \tag{6.1}$$

式中　　λ——混合气体的热导率，$W/(m \cdot ℃)$；

　　　　λ_i——混合气体中第 i 组分的热导率，$W/(m \cdot ℃)$；

　　　　C_i——混合气体中第 i 组分的体积分数，%。

设待测组分为 $i=1$，它的热导率即为 λ_1，并且当

$$\lambda_2 \approx \lambda_3 \approx \lambda_4 \approx \cdots \approx \lambda_n \tag{6.2}$$

由于 $C_1 + C_2 + C_3 + C_4 + \cdots = 1$,所以式(6.2)可简化为

$$\lambda \approx \lambda_1 C_1 + \lambda_2 (C_2 + C_3 + C_4 + \cdots) \approx \lambda_1 C_1 + \lambda_2 (1 - C_1) \approx \lambda_2 + \lambda_2 (\lambda_1 - \lambda_2) C_1 \tag{6.3}$$

式(6.3)也可写成

$$C_1 = \frac{\lambda - \lambda_2}{\lambda_1 - \lambda_2} \tag{6.4}$$

这样,在测得混合气体的热导率以后,即可求得待测组分的体积分数。

显然,借助混合气体的热导率随待测组分含量变化这一特性来分析该组分的含量时,必须满足以下两个条件:① 混合气体中除待测组分外,其余各组分的热导率必须相同或十分接近;② 待测组分的热导率对比其余组分的热导率,要有显著的差别。差别越大,测量越灵敏。

另外,由于气体的热导率与温度有关,因此热导式气体分析器的测量条件要保证温度在较小范围内变化,使混合气体保持一基本恒定的温度。至于混合气体各组分在基本恒定温度下它们的热导率或相对热导率的实际数是多少,这一点在应用上并不重要,因为仪表实际上都是通过实验直接刻度,而不是用理论计算的方法来刻度的。

6.1.2　测量原理

由上述可知,热导式气体分析器是要通过混合气体的热导率的测量来分析待测组分的含量。但是由于直接测量气体的热导率来确定气体成分比较困难,所以所有热导式分析器都是把测量热导率的差异转变成电阻的测量,即将由于混合气体中待分析组分的变化所引起总的热导率的改变转化为电阻的变化,而电阻的变化是很容易测定的。

图 6.1 是热导式气体分析器敏感元件金属丝工作小室(发送器)的示意图,被测气体混合物以扩散方式进入发送器,流速很小。发送器内安装一根铂丝,铂丝的长度与直径之比很大,一般在 2 000 ~ 3 000 以上。发送器的外壁温度与铂丝温度相差不大于 200 ℃,当被测气体混合物流过发送器时,电阻丝电阻发出的热量通过以下方式向四周散热:① 气体的热传导;② 气体的对流散热;③ 电阻丝的热辐射散热;④ 电阻丝轴向导热。当发送器内气流速度较低、电阻丝温度不太高时,电阻丝的散热以气体导热为主,在垂直于电阻丝方向,其单位时间内的散热量为

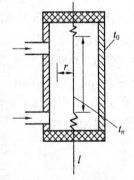

图 6.1　热导式气体分析器发送器

$$Q_1 = \frac{\lambda 2\pi L(t_n - t_0)}{\ln r_0 / r_n} \tag{6.5}$$

式中　λ —— 混合气体在平均温度 $\approx (t_n + t_0)/2$ 下的热导率,
　　　　　$W/(m \cdot ℃)$;

　　　L —— 电阻丝长度,m;

　　　t_n —— 热平衡时的电阻丝温度,℃;

　　　t_0 —— 发送器的壁温,℃;

　　　r_0 —— 发送器的半径,m;

r_n——电阻丝的半径,m。

而电阻丝由于通过恒定电流 I,则电阻丝在单位时间的内发热量为

$$Q_2 = I^2 R_n \tag{6.6}$$

式中　R_n——t_n ℃ 下电阻丝的电阻值。

当电阻丝所产生的热量与通过气体导热散失约热量相等时,即达到热平衡 $Q_1 = Q_2$ 时

$$I^2 R_n = \frac{\lambda 2\pi L}{\ln r_0/r_n}(t_n - t_0) \tag{6.7}$$

或

$$t_n = t_0 + \frac{\ln r_0/r_n}{\lambda 2\pi L} I^2 R_n \tag{6.8}$$

考虑到电阻丝电阻值与温度关系为

$$R_n = R_0(1 + \alpha t_n) \tag{6.9}$$

式中　R_0——0 ℃ 时电阻丝电阻值,V/A;

　　　α——该电阻丝材料的电阻温度系数,℃$^{-1}$。

将式(6.8)代入式(6.9)中,得

$$R_n = R_0 \left[1 + \alpha \left(t_0 + \frac{\ln r_0/r}{\lambda 2\pi L} I^2 R_n \right) \right] \tag{6.10}$$

令 $\dfrac{\ln r_0/r_n}{\lambda 2\pi L} = K$ 为仪器常数,则式(6.10)可写成

$$R_n = R_0 \left[1 + \alpha \left(t_0 + \frac{KI^2 R_n}{\lambda} \right) \right] \approx R_0(1 + \alpha)t_0 + \frac{\alpha K I^2 R_0 R_n}{\lambda} \tag{6.11}$$

由于 α 值很小(如电阻丝一般是采用铂丝,铂的电阻温度系数 α 在0～100 ℃ 的平均值为 3.9×10^{-3}℃$^{-1}$),所以 α^2 值更小,故 α^2 值可忽略。由式(6.11)可知,当 $R_0 \alpha, I$ 和 t_0 为常数时,铂丝在热平衡状态下的电阻值与混合气体的热导率之间存在单值函数关系,显然 K 值越大,灵敏度越高。要使铂丝从结构上满足 K 值的大小,主要是以气体的热传导方式散热,K 值一般取2 000以上;R_0, I 的增大受几何尺寸和耗散功率的限制,I 一般取 100 mA 左右,L 为 50～60 mm,r_n 为0.01～0.03 mm,r_0 为4～7 mm,阻值在15 Ω 左右,α 的大小由电阻丝的材质决定,由于铂具有电阻值稳定、寿命长、能抗腐蚀等特点,故一般热导式分析器大多选用铂丝作电阻丝。

6.2　氧气分析器

在燃料燃烧过程和氧化反应过程中,测量和控制混合气体的氧气含量是非常重要的。通过对烟气中氧含量的测定来控制燃烧过程,可以提高燃料的利用率。

6.2.1　热磁式氧量计

1. 工作原理

热磁式氧量计是利用氧比其他气体有高得多的磁化率这一特性而制成的氧气分析器,常用来测定烟气中氧的含量。

在外磁场作用下,任何物质会发生磁化。这时物质中的磁感应强度 B,是由外磁场强度 H 和由于磁化所产生的物质内附加磁场强度 H' 叠加而成的,而附加磁场的大小与外磁场强度成正比,可以表示为

$$B = H + H' = H + 4\pi KH = (1 + 4\pi K)H = \mu H \qquad (6.12)$$

式中　μ——物质的磁导率;

　　　K——物质的容积磁化率,代表物质磁化能力的大小。

容积磁化率 $K > 0$ 或磁导率 $\mu > 1$ 的物质,其附加磁场与外磁场方向相同,称为顺磁性物质,它们在不均匀的外磁场中受磁场的吸引。容积磁化率 $K < 0$ 或磁导率 $\mu < 1$ 的物质,其附加磁场的方向与外磁场方向相反,称为逆磁性物质,它们在不均匀的外磁场中受到排斥。容积磁化率的绝对值越大,在一定外磁场中所受到的吸引力或排斥力越大。烟气中各成分的容积磁化率见表 6.2。

表 6.2　烟气中各成分的容积磁化率

成分名称	N_2	CO_2	CO	H_2	H_2O	CH_4	O_2
容积磁化率 $K/[10^{-9}(H \cdot cm^{-4})]$	-0.58	-0.84	-0.44	-0.164	-0.58	+1	+142
相对磁化率/%	-0.4	-0.57	-0.31	-0.11	-0.4	+0.68	+100

注:相对磁化率是指在 20 ℃ 下,与氧的容积磁化率的比值

由表 6.2 可见,烟气各成分中只 O_2 和 CH_4 是顺磁性物质,但 CH_4 的磁化率比 O_2 的要低 100 倍以上,而且在烟气中 CH_4 含量极微。

实验证明,混合气体的容积磁化率 K_c 与各成分容积磁化率之间关系为

$$K_c = \sum K_i \varphi_i = K\varphi + (1 - \varphi)K' \qquad (6.13)$$

式中　K_i——各成分的容积磁化率;

　　　K——氧的容积磁化率;

　　　K'——非氧成分的容积磁化率;

　　　φ_i——各成分的体积分数,%;

　　　φ——氧的体积分数,%。

由于烟气中各非氧成分的容积磁化率均很小,并有正有负,可相互抵消,因此式(6.13)中等号右侧第二项可以忽略,所以混合气体的容积磁化率主要取决于氧成分的含量,于是可以根据混合气体的容积磁化率大小来测量其中氧的含量。

直接测量混合气体容积磁化率的大小是很困难的。但是,通过顺磁性气体做进一步的研究,发现顺磁性气体容积磁化率 K 随温度升高而迅速降低,这种关系由居里定理和理想气体状态方程表达为

$$K = \frac{CMP}{RT^2} \qquad (6.14)$$

式中　C——居里常数;

　　　M——气体的相对分子质量;

　　　P——气体的压力,N/m^2;

　　　R——气体常数,$kJ/(K \cdot mol)$;

　　　T——气体绝对温度,K。

由此可见,顺磁性气体容积磁化率与压力成正比,而与绝对温度的平方成反比,当压力

一定时、温度低的顺磁性气体在不均匀磁场中所受到的吸引力比温度高的气体要大得多。因此，如果有一个不均匀磁场放在顺磁性气流附近，如图 6.2 所示，顺磁性气体受磁场吸收而进入水平通道。如在进入不均匀磁场的同时，对气体加热，气体温度升高，受磁场的吸引力减小，从而受后边磁化率高的冷气体推进，推出磁场，于是在水平通道中不断有顺磁性气体流过，这种现象称为热滋对流或磁风。

由物理学可知，单位容积的气样在磁场强度为 H、场强梯度为 dH/dx 的不均匀磁场中，所受 x 方向的力可表示为

$$F = K_c H \frac{dH}{dx} \approx \varphi K H \frac{dH}{dx} \qquad (6.15)$$

式中　　Φ —— 气体中氧的体积分数；

　　　　K —— 氧的容积磁化率。

设气样进入水平通道前的温度为 T_1，相应氧的容积磁化率为 K_1，进入通道后被加热到温度 T_2，相应氧的容积磁化率为 K_2，则可得单位容积气样所受到的磁风力为

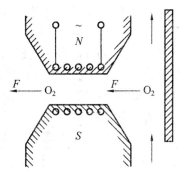

图 6.2　氧在不均匀磁场中的受力情况

$$F = \varphi(K_1 - K_2) H \frac{dH}{dx} \qquad (6.16)$$

考虑到容积磁化率与压力和绝对温度的关系，则

$$F = \varphi \frac{CMP}{R} \left(\frac{1}{T_1^2} - \frac{1}{T_2^2} \right) H \frac{dH}{dx} \qquad (6.17)$$

由式 (6.17) 可知，磁风力大小与磁场强度、场强梯度、工作温度和压力有关，当这些因素确定以后，可根据磁风力大小来确定气样中氧的含量，这就是热磁式氧量计的基本工作原理。

2. 热磁式氧量计的结构

热磁式氧量计按发送器的不同形式分为两种：一种是环管式，一种是直管式。环管式发送器为一带水平通道的环形管，如图 6.3 所示。在水平通道外壁上绕有两个铂丝加热电阻线圈 R_1 和 R_2，它们同时又作为感温元件，并与另外两个锰铜丝绕制的固定电阻 R_3 和 R_4 组成测量电桥，电桥输出送给二次仪表。在靠近水平通道进口两侧，放置永久磁铁的两个磁极，形成不均匀的永久磁场。被分析气样从圆环下部进入，分两路通过圆环，在圆环上部合并后排出。当气样中不含氧时，水平通道中无磁风，R_1 和 R_2 的温度相等，电阻值相同，电桥平衡，输出为零。当含氧气样通过时，在中间通道产生磁风，由于磁风先流经 R_1，被加热后流经 R_2，所以磁风对 R_2 的冷却作用比对 R_1 的要小，使

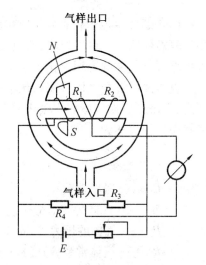

图 6.3　热磁式氧量计的原理图

R_1 和 R_2 的温度不相等,电阻不相等,电桥失去平衡,不平衡程度与磁风大小有关,即与氧含量有关。在仪表环境温度、入口气样温度、压力、电源电压稳定的情况下,电桥输出的不平衡电压信号可代表气样中的氧含量。

3. 误差分析

由于该仪表的分析过程是一个复杂的物理变化过程,影响其误差的原因很多,包括温度误差、大气压力误差、倾斜度误差等。

(1)温度误差。

由前文可知,在不同的温度下,气体的体积磁化率与温度的平方成反比。所以,气体的温度变化引起的误差相当可观。一般情况下,环境温度升高 1 ℃,指示值要降低 1.5% 左右。所以要设置恒温控制器使发送器环境温度恒定,或者在测量线路中采取温度补偿措施(如在工作桥臂上串入温度补偿电阻)。

(2)大气压力误差。

由前文可知,大气压力 P 与气体体积磁化率 K 成正比。仪表分度时的气样压力通常是标准大气压,工作时若气样压力偏离标准大气压,就会造成指示误差,指示值将随气样压力增加而增大。一般来说,压力增加 10 mm 水银柱,指示值增大 2.5% 左右。因此,有些仪表采取了压力补偿措施,通常是用压力变化信号来改变控制的温度值,从而实现压力补偿。此外,当气体压力 P 波动时,K 值随之波动,仪表示值波动。P 每波动 ±1%,仪表产生 ±1% 的误差。

(3)倾斜度误差。

如果传送器倾斜度不同,热磁对流与自然对流的关系会改变,两者对流矢量形成夹角不同,传送器将有不同的输出特性,使仪表零点发生偏移,误差将大大增加。因此,在使用过程中必须要保证传送器水准器水泡应居于中央位置。

(4)供电电源波动引起的误差。

电源的波动会引起供给电阻丝的电流波动,从而影响检测温度,给仪表指示带来误差。虽然仪器中有电源稳压装置,但只能起到减少误差的作用,并不能完全消除。

(5)气体流量引起的误差。

由于气体流经传送器要带走热量,而且流量的变化使带走的热量也将发生变化,必然引起测量误差。为避免由于流量波动而引起仪器示值的不稳定,在测定过程中应采用气体稳流、稳压控制装置。

(6)磁钢磁性能衰减引起的误差。

两磁极间隙中的磁场强度变化,会引起磁风强弱的变化。因此,磁钢磁性能的衰减会使仪表示值降低。

由于热磁式氧量计的可靠性和稳定性比热导式二氧化碳分析器好些,所以使用较多,但是无论是热导式还是热磁式,都有一套烟气取样装置,它们的共同缺点是机构复杂,维护不方便,迟滞较大(一般要 10 s 以上)。

6.2.2　氧化锆氧量计

20 世纪 70 年代初,人们研究出氧化锆测氧的新技术,它的测量元件氧化锆,具有结构简单、信号准确、使用可靠、反应迅速(小于 0.4 s)、维修简便等一系列优点,因此得到各界广泛应用。

1. 结构

(1)管式氧化锆氧传感器。

管式氧化锆氧量计的发送器就是一根有封头的氧化锆管。氧化锆管是由氧化锆(ZrO_2)中渗入12%~15%摩尔分数氧化钇(Y_2O_3)或氧化钙(CaO)并经高温焙烧后制成,它的气孔率要很小。在管的内外壁上用高温烧结等方法附上铂电极和引线,如图6.4所示。

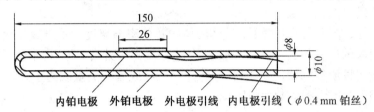

内铂电极　外铂电极　外电极引线　内电极引线($\phi 0.4\,mm$铂丝)

图6.4　氧化锆管

氧化锆管是一种结晶体,它是由4价的锆被一部分3价的钇或2价的钙所取代而生成的氧空穴的一种氧化结晶体。由于存在空穴而成为一种能导电的氧离子,是一种具有良好导电性能的固体电解质。

氧传感器正常工作的温度比较高,一般要在550 ℃左右。第一代管式氧传感器达到工作温度的唯一热源是热尾气本身,因而传感器升温到正常工作温度的时间很长。为了解决这一问题,第二代管式氧传感器在设计中引入了加热器。

(2)板式氧化锆氧传感器。

传统的氧传感器采用的都是陶瓷粉末的压力成型工艺,管式氧化锆陶瓷体成型也比较复杂。鉴于陶瓷层压工艺的成熟以及板式氧传感器在灵敏度方面的优势,BOSCH公司率先开发了板式氧传感器,并于1998年开始了大规模生产。其结构如图6.5所示。这种板式氧传感器的响应原理与传统的管式氧化锆氧传感器相似。板式陶瓷成型也相对比较容易。这种板式氧传感器的特点是:加热器的热量直接传导到氧化锆元件上,热效率很高。同时由于器件尺寸明显缩小、紧凑,因而只需较低的加热能耗,可以快速升高到工作温度。

2. 工作原理

氧化锆氧量计的基本原理是:以氧化锆作固体电解质,高温下的电解质两侧氧浓度不同时形成浓差电池,浓差电池产生的电势与两侧氧浓度有关,如一侧氧浓度固定,即可通过测量输出电势来测量另一侧的氧含量。

氧化锆在高温并有氧存在的情况下,氧化锆表面的氧取得了晶格中氧离子空穴中的位置而变成了氧离子,如果氧化锆两侧氧的浓度不同,则形成两侧的氧离子浓度也不同。氧离子浓度高的一侧必然向浓度低的一侧扩散,如图6.6所示。由于物质浓度的差别而产生离子迁移,因此具有电动势,这就是浓差电池的原理。而极间产生电动势的大小与温度以及两侧氧分压的大小有关,根据能斯特(Nerenst)公式,电池两端产生的电势 E 为

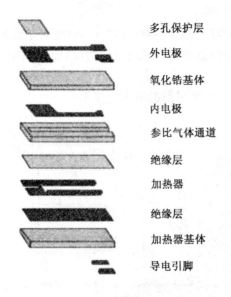

多孔保护层

外电极

氧化锆基体

内电极

参比气体通道

绝缘层

加热器

绝缘层

加热器基体

导电引脚

图 6.5　板式氧化锆氧传感器的多层结构

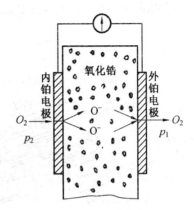

图 6.6　氧浓差电池原理

$$E = \frac{RT}{nF}\ln\frac{p_2}{p_1} \tag{6.18}$$

式中　　R —— 气体常数，$R = 8.315, \mathrm{kJ/(K \cdot mol)}$；

　　　　F —— 法拉第常数，$F = 96\,500\,\mathrm{C}$；

　　　　T —— 绝对温度，K；

　　　　n —— 反应时每个氧分子形成离子时输送的电子数，对氧 $n = 4$；

　　　　p_1, p_2—— 被测气体与参比气体中的氧分压，$p_2 > p_1$。

　　若被分析气体的总压力 p 与参比气体的总压力相同，则式（6.18）改写为

$$E = \frac{RT}{nF}\ln\frac{p_2}{p_1} = \frac{RT}{nF}\ln\frac{\varphi_2}{\varphi_1} = 0.049\,6T\log\frac{\varphi_2}{\varphi_1} \tag{6.19}$$

式中　　φ_2 —— 参比气体中氧的容积成分，$\varphi_2 = p_2/p$；

　　　　φ_1 —— 被测气体中氧的容积成分，$\varphi_1 = p_1/p$。

　　在分析烟气中的氧含量时，常用空气作为参比气体，则 $\varphi_2 = 20.80\%$ 为定值。如果工作温度 T 一定，则氧浓差电势与被测气体中的氧含量的对数成反比。

3. 使用注意事项

（1）测量系统。

　　用氧化锆式氧量计来测量烟气含氧量的测量系统形式很多，大致可分为抽出式和直插式两类。抽出式带有抽气和净化系统，能除去杂质和 SO_2 等有害气体，对保护氧化锆管十分有利。氧化锆管处于 800 ℃ 的定温电炉中工作，准确性较高，但系统复杂，并失去了反应快的特点。直插式是将氧化锆管直接插入烟道高温部分，如图 6.7 所示。

　　在一端封闭的氧化锆管内外，分别通过空气和被测烟气，在管外装有铂铑-铂热电偶，测定氧化锆管的工作温度，并通过控制设备把定温电炉的温度控制在 800 ℃。为了防止烟气中尘粒污染氧化锆，加装了多孔性陶瓷过滤器。用泵抽吸烟气和空气，使它们的流速在一

定的范围内,同时使空气和烟气侧的总压力大致相等。

为了简化系统,将氧化锆管直接插在具有高温(一般为 600 ～ 850 ℃)的被测介质内,取消定温电炉,而在回路中采取一定措施,用以补偿被测介质由于温度波动而带来附带的误差。

直插式的特点是反应迅速,响应时间约为 1 s,加装过滤器后大约在 3 s。

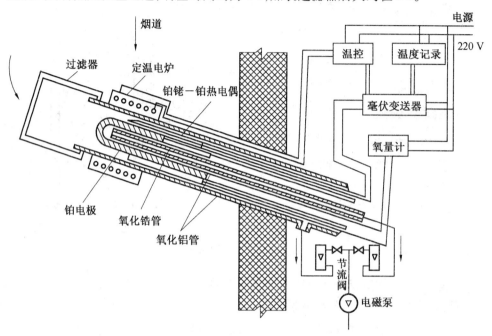

图 6.7　直插定温抽气式氧化锆氧量计

(2)安装点的选择。

在使用氧化锆传感器测定烟气中的氧浓度时,合理选择采样测量点非常重要,应遵循如下原则:

①选择的测量点要求能正确反映所需要的炉内气氛,以保证氧传感器输出信号的真实性,尽量避开回风死角。

②测量点不能太靠近燃烧点或喷头等部位,这些部位气氛处于剧烈反应中,会造成氧传感器检测值剧烈波动失真。

③安装点的烟气温度不宜过高,一般来说,烟气温度低,检测器使用寿命长;烟气温度高,使用寿命短。不能安装在过热器前面、几乎接近炉膛的位置,这样会使锆头不正常工作,甚至由于高温辐射、炉温控制操作的温度骤变等损坏锆头的结构和性能。

④另外要求烟道漏气较小,检测器安装维修方便,对于中、小型锅炉,建议安装在省煤器前过热器后。如果测点过于靠近烟气炉膛出口,由于温度过高,流速较快,将对检测器不锈钢外壳形成冲刷腐蚀,减短使用寿命;如果测点过于偏后,由于烟道系统中存在漏气现象,将造成测点处氧量值偏高,不能如实反映炉膛中的烟气氧量。

⑤氧化锆管元件系陶瓷类金属氧化物,应尽量避免碰撞和振动。不要过于靠近风机等产气设备,以免电机的振动冲刷损坏传感器。避免放在可能碰撞的位置,以免碰撞损坏探头,保证传感器的安全。

（3）使用注意事项。

为了正确测量气体中氧的容积成分（即氧含量），使用氧化锆氧量计量必须注意以下几点：

①因为氧浓度差电势与氧化锆管应处于恒定温度下工作，或在仪表线路中附加温度补偿措施，以使输出不受温度影响。目前常用的工作温度为 800 ℃。

②氧化锆材料的致密性要好，否则氧分子将直接通过氧化锆而降低输出电势。另外，氧化锆材料的纯度要高，如存在杂质，则会使电子直接通氧化锆本身短路，降低输出电势。

③使用中应保持被测气体和参比气体的压力相等，只有这样，两种气体中氧分压之比才能代表两种气体中氧的体积分数（即氧浓度）之比。因为当压力不同时，如氧的体积分数相同，氧分压也是不同的。

④由于氧浓度电池有使两侧氧浓度趋于一致倾向，因此必须保证被测气体和参比气体都有一定的流速，以便不断更新。

⑤氧化锆材料的阻抗很高，并且随工作温度降低按指数曲线上升，为了正确测量输出电势，二次仪表必须具有很高的输入阻抗。

⑥在高温下，CO 会腐蚀氧化锆固体电解质和电极的表面，生成高电阻的成分，使固体电解质和电极的电阻增加。但该反应为可逆反应，使传感器在高温下的空气中保持一段时间，可恢复固体电解质的电导率。

⑦由于氧传感器是长期在线检测测量的器件，锅炉等设备（尤其是煤燃烧炉或者烧粉窑炉等）产生的粉尘沉积在氧化锆管表面，或者堵塞导气采样管道，造成测量的气氛数值失真甚至无法测量气氛，此时必须定期对采样管中的积尘进行吹扫处理。吹扫时要注意以下问题：

a. 由于在吹扫的过程中，氧传感器的氧电势会下降，这时检测的氧电势不代表炉内的气氛。

b. 吹扫空气的流量要保证能够去除积灰，吹扫过程中可注意氧传感器的氧电势输出值，如果氧电势值始终没有下降，则表明空气流量太小，没有清理积尘，应予以调节或者检查吹扫管道，可能吹扫管道已经堵死。

c. 吹扫口的通道是与炉内直接相通的，每次在吹扫完毕后，应关闭阀门堵死吹扫孔，防止因炉内负压空气进入，影响氧传感器的检测。

（4）氧化锆传感器的检定。

由于电极材料的升华、电解质的立方晶体转化为单斜晶体等原因，氧浓差电池在正常运行中会慢慢失效。传感器还可能漏气，为此应进行定期检查和校验。

检定的最好方法是在规定条件下向传感器通入标准成分的气样。但当未能取得标准气样时，也可以利用能斯特公式来检查，维持式中 p_1 和 p_2 恒定，改变温度 T 并测量相应的电势 E，如果在 $500 \sim 850$ ℃ 可得到正比关系，并且该直线通过原点（$E = 0$ 和 $T = -273$ ℃），则认为传感器可以继续使用，这也同时确定了最适当的温度范围。如果直线的温度范围太小，则其测量的准确性就值得怀疑。

6.3　红外线气体分析器

红外吸收光谱(Infrared Absorption Spectrum,IR)是利用物质的分子吸收了红外辐射后,并由其振动或转动引起偶极矩的净变化,产生分子振动和转动能级从基态到激发态的跃迁,得到分子振动能级和转动能级变化产生的振动-转动光谱,因为出现在红外区,所以称之为红外光谱。利用红外光谱进行定性、定量分析及测定分子结构的方法称为红外吸收光谱法。气态、液态和固态样品均可进行红外光谱测定,本节主要介绍气体组分的红外光谱法分析,此类仪器称为红外线气体分析器或多组分红外气体分析仪。

红外线气体分析器具有如下特点:

(1)能测量多种气体。除了单原子的惰性气体(如 He,Ne,Ar 等)和具有对称结构无极性的双原子分子气体(如 N_2,H_2,O_2,Cl_2 等)外,CO,CO_2,NO,NO_2,SO_2,NH_3 等无机物,CH_4,C_2H_4 等烷烃、烯烃和其他烃类及有机物,都可用红外线气体分析器进行测量。

(2)测量范围宽。可分析气体的上限达 100% ,下限可达几个 10^{-6} 的浓度。

(3)灵敏度高。具有很高的检测灵敏度,气体浓度有微小变化都能分辨出来。

(4)响应快。响应时间 T_{90} 一般在 10 s 以内。

(5)具有良好的选择性。红外分析器有很高的选择性系数,因此它特别适合于对多组分混合气体中每一待分析组分的测量,而且当混合气体中一种或几种组分的浓度发生变化时,并不影响对待分析组分的测量。因此,用红外分析器分析气体时,只要求背景气体干燥、清洁和无腐蚀性,而对背景气体的组成及各组分的变化,没有严格要求。

对于锅炉排放烟气,通常需要将样气保持在高温和高湿状态下进行测量,如测量烟气中含有 HCl,NH_3 等组分时,如果采用传统的降温除湿法,HCl 和 NH_3 的溶解和吸附会使测量值大大降低,甚至无法测出。此外,烟气中的焦油在常温下会凝结在样品系统中,污染气室和管路。

6.3.1　红外辐射的基本特征

红外光谱位于可见光谱红端之外,其波长为 0.76 ~ 1 000 μm,通常又将红外光谱划分为三个区,即近红外光谱区(0.76 ~ 2.5 μm)、中红外光谱区(2.5 ~ 25 μm)及远红外光谱区(25 ~ 1 000 μm),见表6.3。根据红外理论,许多化合物分子在红外波段都具有一定的吸收带。吸收带的强弱及所在的波长范围由分子本身的结构决定。只有当物质分子本身固有的振动和转动频率与红外光谱中某一波段的频率相一致时,分子才能吸收这一波段的红外辐射能量,并将吸收到的红外辐射能转变为分子振动能和转动动能,使分子从较低的能级跃迁到较高的能级。实际上,每种化合物的分子并不是对红外光谱内任意一种波长的辐射都具有吸收的能力,而是有选择性地吸收某一个或某一组特定波段内的辐射。这个特定的波段就是分子的吸收带。气体分子的特征吸收带主要分布在 1 ~ 25 μm 波长范围内的红外光谱区。特征吸收带对某一分子来说是确定的,就像是"物质指纹"。通过对特征吸收带及其吸收光谱的分析,可以鉴定识别分子的类型;也可以通过测量这个特征带所在的一个窄波段的红外辐射的吸收情况,得到待测组分的含量。

表 6.3　红外光谱区划分

区域名称	波长(λ)/μm	波数(δ)/cm^{-1}	能级跃迁类型
近红外	0.75 ~ 2.5	13 300 ~ 4 000	OH,NH 及 CH 键的倍频吸收区
中红外	2.5 ~ 50	4 000 ~ 200	各个键的伸缩和弯曲振动,可以得到官能团周围环境的信息,用于化合物鉴定
远红外	50 ~ 1 000	200 ~ 10	含重原子的化学键伸缩振动和弯曲振动的基频要在远红外光区
常用波段	2.5 ~ 25	4 000 ~ 400	

对近红外光谱区,一些物质的低能电子跃迁及含氢原子团(如 OH,NH,CH 等)的倍频吸收就出现在此光谱区。对中红外光谱区而言,该区辐射的频率和绝大多数有机化合物的振动基频相对应。由于有机物的基频振动能级跃迁的吸收最强,由此中红外光谱区是研究和应用最多的光谱区。一般所说的红外光谱就是指中红外光谱区的红外光谱。

当一束具有连续波长的红外光通过物质,物质分子中某个基团的振动频率或转动频率和红外光的频率一样时,分子就吸收能量,由原来的基态振(转)动能级跃迁到能量较高的振(转)动能级,分子吸收红外辐射后发生振动和转动能级的跃迁,该处波长的光就被物质吸收。所以,红外光谱法实质上是一种根据分子内部原子间的相对振动和分子转动等信息来确定物质分子结构和鉴别化合物的分析方法。将分子吸收红外光的情况用仪器记录下来,就得到红外光谱图。红外光谱图通常用波长(λ)或波数(σ)为横坐标,表示吸收峰的位置,用透光率($T\%$)或者吸光度(A)为纵坐标,表示吸收强度。红外吸收光谱产生的两个条件为:①辐射应具有能满足物质产生振动跃迁所需的能量;②辐射与物质间有相互耦合作用。当外界电磁波照射分子时,如照射的电磁波的能量与分子的两能级差相等,该频率的电磁波就被该分子吸收,从而引起分子对应能级的跃迁,宏观表现为透射光强度变小。电磁波能量与分子两能级差相等为物质产生红外吸收光谱必须满足条件之一,这决定了吸收峰出现的位置。红外吸收光谱产生的第二个条件是红外光与分子之间有耦合作用,为了满足这个条件,分子振动时其偶极矩必须发生变化。这实际上保证了红外光的能量能传递给分子,这种能量的传递是通过分子振动偶极矩的变化来实现的。并非所有的振动都会产生红外吸收,只有偶极矩发生变化的振动才能引起可观测的红外吸收,这种振动称为红外活性振动;偶极矩等于零的分子振动不能产生红外吸收,称为红外非活性振动。

需要说明的是,在对气态物质进行红外光谱分析时,同一原子构成的多原子气体,如 N_2,O_2,Cl_2,H_2 及各种惰性气体如 He,Ne,Ar 等,它们并不能吸收 1 ~ 25 μm 的波长范围内的红外辐射,所以红外光谱分析器不能分析这类气体。工业红外线气体分析器主要分析对象为 CO,CO_2,CH_4,C_2H_2,NH_3,C_2H_4,C_2H_6 及水蒸气等,其中最常分析的一些气体的红外吸收光谱如图 6.8 所示。图中横坐标为红外辐射波长,纵坐标为透过气体的红外辐射的百分率。由图可以看出,例如,CO 气体能吸收的红外辐射波长(又称特征吸收波长)为 2.37 μm 和 4.65 μm,而且在波长 4.65 μm 附近,CO 对红外辐射有很大的吸收能力。而 CO_2 对波长为 2.78 μm 和 4.26 μm 红外辐射具有最大的吸收。CH_4 的特征吸收波长则为 3.3 μm 及 7.65 μm。

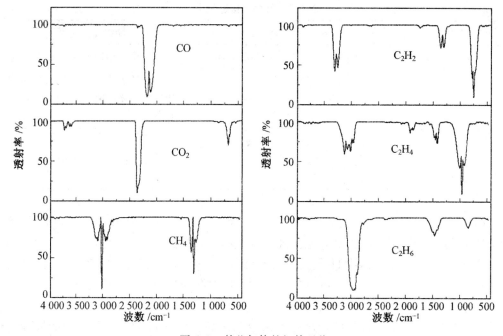

图 6.8　某些气体的红外吸收

6.3.2　测量原理

红外线气体分析器通常有色散型和干涉分光型两种。目前以干涉分光型傅里叶变换红外光谱仪较为常用,其工作原理如图 6.9 所示。图中 MCT 是汞铬碲检测器的简称,它的工作温度比较低,需要液氮冷却,检测灵敏度很高。它采用的单色器是迈克耳逊干涉仪。迈克耳逊干涉仪位于辐射光源和试样中间,由光源发出的红外辐射经迈克耳逊干涉仪,产生干涉图。当光通过试样后,干涉图发生变化,然后再作用于检测器,获得带有试样信息的干涉图,这是一种信号强度随时间周期性变化的函数曲线图,必须经计算机进行快速傅里叶变换,才能得到为我们熟悉的以透过率随波数变化的红外光谱图。由于干涉型红外光谱仪必须采用傅里叶变换处理,所以这类红外光谱仪一般又称为傅里叶变换红外光谱仪(FTIR)。

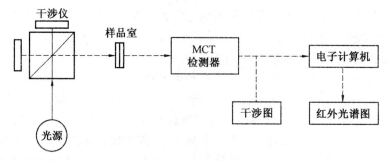

图 6.9　干涉型红外光谱仪的工作原理

红外光源照射一定长度气体池的被测气体,测定通过气体池前、后的红外线辐射强度的变化,即可得到被测组分的光强度。根据朗伯-比尔定律

$$I = I_0 e^{-kcl} \tag{6.20}$$

式中　I_0—— 射入被测组分的光强度;

　　　　I—— 红被测组分吸收后的光强度;

　　　　k—— 被测组分对光能的吸收系数;

　　　　c—— 被测组分的摩尔浓度;

　　　　l—— 光线通过被测组分的长度(气室长度)。

式(6.20)表明待测组分是按照指数规律对红外辐射能量进行吸收的。e^{-kcl} 可根据指数的级数展开为

$$e^{-kcl} = 1 + (-kcl) + \frac{(-kcl)^2}{2!} + \frac{(-kcl)^3}{3!} + \cdots \qquad (6.21)$$

当待测组分浓度很低时,$kcl \ll 1$,则式(6.21)简化为

$$e^{-kcl} = 1 + (-kcl) \qquad (6.22)$$

此时,朗伯比尔定律可以用线性吸收定律来代替,即

$$I = I_0(1 - kcl) \qquad (6.23)$$

式(6.23)表明,当 cl 很小时,辐射能量的衰减与待测组分的浓度 c 呈线性关系。

为了保证吸光度与浓度呈线性关系,当待测组分浓度大时,选用测量气室较长的分析仪;当浓度低时,选用测量气室较短的分析仪。

FTIR 分析技术涉及多种技术手段和数学方法的综合应用,其分析过程和操作步骤如图 6.10 所示。

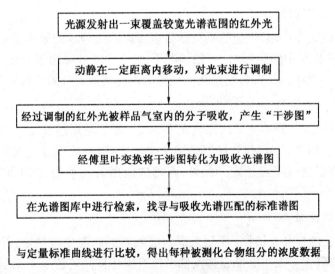

图 6.10　FTIR 分析过程

6.3.3　Gasmet FT-IR 未知气体分析的基本步骤

下面以芬兰 Gasmet 公司生产的 DX4000 型便携式多组分傅里叶变换红外光谱仪为例,介绍其样品采集方法。该分析仪可用于各种排放气体的监测和分析,它采用了独有傅里叶变换红外光谱仪、高温分析单元和信号处理电路,可同时分析中红外有吸收的气体,特别对于 NH_3,HF,HCl 等难测气体,是有效的分析手段。可以快速地对样品中的主要成分进行定性、定量分析,无需标定,最多可同时测量 50 种组分。同时,由于红外光谱法无法分析的 O_2

的组分,可通过内置的氧化锆传感器进行 O_2 的定量测量。便携式傅里叶光谱仪主要由主机和采样器两部分组成。在广泛的领域中提供准确可靠的分析数据,可进行应急监测、自动连续监测、质量控制及过程控制。

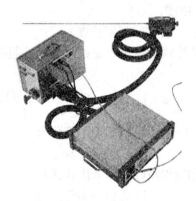

图 6.11　Gasmet DX4000 便携式傅里叶变换红外光谱仪

进行测量和分析样品有三个最基本的部分,即样品光谱本身、背景光谱图和参考光谱。分析使用的所有参考光谱的设定都在应用分析设定库文件中。

假定应用分析设定库已经建立好但是没有背景光谱或样品光谱,为了测量和分析一个样品,操作过程如下:

1. 选择测试气体成分

在应用分析设定库中,必须包括所有样品中含有的组分。如果样品中含有明显浓度的未知组分,分析结果很可能不正确。一般情况下,最强的吸收峰用于分析。分析范围应该尽量大(最少为 $200\sim500\ cm^{-1}$),特别是在同一范围内有其他组分的吸收峰覆盖时。

2. 零点标定

当进行零点标定时,样品室必须完全充满零气。零气是那些没有红外吸收的气体,最常用的是氮气(N_2)。另外,GASMET 仪器必须完全稳定,即系统温度有足够时间去稳定。若环境改变,需要重新进行零点标定。此外,若每次使用的间隔超过 24 h,则需要进行零点标定。

3. 测量和分析样品

观察连续变化的样品光谱图,样品光谱的吸收峰的高度比较稳定,并且峰高在 1.0 以下。如果峰高太高(主要发生在测量挥发性液体或固体样品的情况下),就需要抽取干净的空气进行稀释。合格的样品图如图 6.12 所示。

扣除样品图中的 H_2O 和 CO_2,查看残差图,将残差图转为样品光谱图。残差图很好地表现出分析结果是否准确。如果残差图出现的吸收峰都接近零基线,则表示这些只是噪声,表明分析结果准确。成功的分析结果,其残差图的吸收峰必须小于 0.01,越小越精确。如果有明显的峰,说明有气体没有包括在分析设定库中,需要修改分析设定参数,也有可能需要重新进行零点标定。

4. 光谱检索

根据光谱图,选择匹配范围,搜索光谱库,选择匹配度最高的光谱文件进行对照。对比

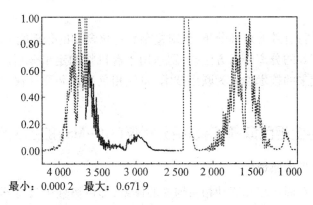

最小：0.000 2　最大：0.671 9

图 6.12　合格的样品光谱图

两个光谱图是否峰峰对应,如果是,则说明此组分在样品光谱中存在。再查看残差图,如果存在明显的吸收峰,则再重复上述步骤将残差图转为样品光谱图,重复以上步骤直到残差图没有明显的吸收峰为止。

以上即为混合组分的定性定量分析过程。

6.3.4　使用注意事项

(1)为了防止样品气在传导过程中有任何冷凝,导气管、采样泵、尘过滤器和气阀均要被加热到 180 ℃。

(2)在采样系统的上游应安装除尘、除焦油装置。

(3)选择合适的参考光谱文件。

(4)如果分析范围选择不正确,则会产生错误结果。检查分析范围是否设定得足够宽,吸收强度是否过低。

(5)检查所有交叉干扰表是否正确。无干扰的组分应该从干扰表中删除。

6.4　气相色谱–质谱联用分析仪

气相色谱法(GC)是从 1952 年后迅速发展起来的一种分离分析方法。它实际上是一种物理分离的方法:基于不同物质物化性质的差异,在固定相(色谱柱)和流动相(载气)构成的两相体系中具有不同的分配系数(或吸附性能),当两相做相对运动时,这些物质随流动相一起迁移,并在两相间进行反复多次的分配(吸附–脱附或溶解–析出),使得那些分配系数只有微小差别的物质,在迁移速度上产生了很大的差别,经过一段时间后,各组分之间达到了彼此分离。被分离的物质依次通过检测装置,给出每个物质的信息,一般是一个色谱峰。通过出峰的时间和峰面积,可以对被分离物质进行定性和定量分析。

气相色谱法具有分离效能高、选择性好(分离制备高纯物质,纯度可达 99%;可分离性能相近物质和多组分混合物)、灵敏度高、样品用量少、分析速度快及应用广泛等优点。受样品蒸汽压限制是其弱点,对于挥发性较差的液体、固体,需采用制备衍生物或裂解等方法,增加挥发性。将色谱与质谱、红外光谱、核磁共振谱等具有定性能力的分析仪器联用,复杂的混合物先经气相色谱分离成单一组分后,再利用质谱仪、红外光谱仪或核磁共振仪进行定性分析。

质谱法可以进行有效的定性分析,但对复杂有机化合物的分析能力较差;而色谱法对有机化合物是一种有效的分离分析方法,特别适用于有机物的定量分析。像这种将两种或两种以上方法结合起来的技术称之为联用技术,将气相色谱仪和质谱仪联合起来使用的仪器称为气-质联用仪。

6.4.1　气相全相色谱-质谱联用分析仪(GC-MS)的的工作原理

1. 色谱分离的工作原理

根据不同物质在固定相和流动相所构成的体系,即色谱柱中具有不同的分配系数而进行分离。被分析的试样由载气带入色谱柱,色谱柱内有固体吸附剂或固定液,对不同的气体有不同的吸附能力或溶解能力,但对载气的吸附能力要比样品组分弱得多。由于样品各组分在固定相上吸附或溶解能力的不同,被载气带出的先后次序也就不同,从而实现了各组分的分离。先后流出的不同组分经检测器检测和相关信号处理后得到结果。

当流动相中携带的混合物流经固定相时,其与固定相发生相互作用。由于混合物中各组分在性质和结构上的差异,与固定相之间产生的作用力的大小、强弱不同,随着流动相的移动,混合物在两相间经过反复多次的分配平衡,使得各组分被固定相保留的时间不同,从而按一定次序由固定相中流出。如图 6.13 所示,这种采用色谱柱和检测器对混合气体先分离、后检测的定性、定量分析方法称为气相色谱分析法。

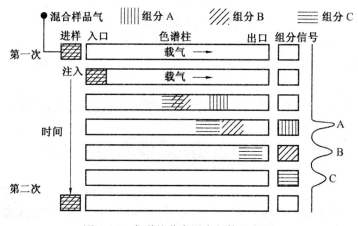

图 6.13　色谱柱分离混合气体示意图

气相色谱的分离原理有气-固吸附色谱和气-液分配色谱之分,物质在固定相和流动相(气相)之间发生的吸附、脱附或溶解、挥发的过程称为分配过程。在一定温度下,组分在两相间达到平衡时,组分在固定相与在气相中浓度之比,称为分配系数,用 K 表示,即

$$K = \frac{\text{组分在固定相中的浓度}}{\text{组分在流动相中的浓度}} = \frac{c_s}{c_M} \tag{6.24}$$

不同物质在两相间的分配系数不同,分配系数小的组分,每次分配后在气相中的浓度较大,经过多次分配平衡,分配系数小的组分,先离开蒸馏塔,分配系数大的组分后离开蒸馏塔。由于色谱柱内的塔板数相当多,因此即使组分的分配系数只有微小差异,仍然可以获得好的分离效果。

2. 质谱分离的工作原理

质谱仪是一种测量带电粒子质荷比的装置。它利用带电粒子在电场和磁场中的运动行为(偏转、漂移、振荡)进行分离与测量。在离子源中样品分子被电离和解离,电离后成为带单位电荷的分子离子。其解离后则生成一系列的碎片,这些碎片可能形成带正电荷的碎片离子或带负电荷或呈中性。

将分子离子和碎片离子引入到一个强的正电场中,使之加速,此时所有带单位正电荷的离子都将获得动能。由于动能达数千电子伏,可以认为此时各种带单位正电荷的离子都有近似相同的动能。但是,不同质荷比的离子则具有不同的速度,利用离子不同质荷比及其速度差异,质量分析可将其分离,然后由检测器测量其强度记录后获得一张以质荷比(m/z,其中 m 为离子的质量,z 为离子携带的电荷数)为横坐标,以相对强度为纵坐标的质谱图。

质谱仪的工作方框图如图 6.15 所示,其基本过程可以概括为以下四个环节:①通过合适的进样装置将样品引入并进行汽化;②汽化后的样品引入到离子源进行电离,即离子化过程;③电离后的离子经过适当的加速后进入质量分析器,按不同的质荷比进行分离;④经检测、记录,获得一张质谱图。根据质谱图提供的信息,可以进行无机物和有机物定性与定量分析、复杂化合物的结构分析、样品中同位素比的测定以及固体表面的结构和组成的分析等。

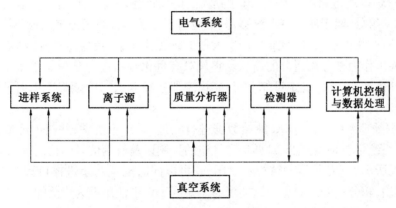

图 6.14　质谱仪工作方框图

6.4.2　气相色谱-质谱联用仪的结构

气相色谱仪是实现气相色谱过程的仪器。GC 仪器型号繁多,仪器的基本结构是相似的,主要由载气系统、进样系统、分离系统(色谱柱)、检测系统以及数据处理系统等组成,其方块流程图如图 6.15 所示。

(1)载气系统。包括载气和检测器所用气体的气源(氮气或氦气、氢气、压缩空气等的钢瓶和/或气体发生器,气流管线)以及气流控制装置(压力表、针形阀,还可能有电磁阀、电子流量计)。

(2)进样系统。其作用是有效地将样品导入色谱柱进行分离,如自动进样器、进样阀、各种进样口(如填充柱进样口、分流/不分流进样口、冷柱上进样口、程序升温进样口),以及顶空进样器、吹扫-捕集进样器、裂解进样器等辅助进样装置。

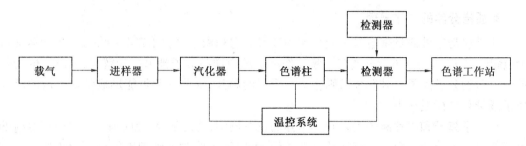

图 6.15　气相色谱仪方块流程图

（3）色谱柱系统。包括柱加热箱、色谱柱以及与进样口和检测器的接头。其中色谱柱本身的性能是分离成败的关键。

（4）检测系统。用各种检测器检测色谱柱的流出物，如热导检测器（TCD）、火焰离子化检测器（FID）、氮磷检测器（NPD）、电子捕获检测器（ECD）、火焰光度检测器（FPD）、质谱检测器（MSD）等。

（5）热导式检测器（TCD）。属于浓度型检测器，其响应值正比于组分浓度。基于不同物质具有不同的导热率，当被测组分与载气的导热率不同时，电桥输出不平衡信号。几乎对所有的物质都有响应，是目前应用最广泛的通用型检测器。

（6）氢火焰电离检测器（FID）。基于物质的电离特性，只能检测有机碳氢化合物等在火焰中可分离的组分，属于质量型检测器，其响应值正比于单位时间内进入检测器的组分的质量。当微量有机物被引入氢火焰时，产生大量的碳正离子，电流急剧增加，将该电流转换为电压信号，便可作为被分离组分的信息。它是对有机化合物进行分析的常用检测器。其灵敏度高，线性范围宽，响应稳定可靠，但只能检测那些在氢火焰中燃烧产生大量碳正离子的有机化合物。

（7）数据处理系统。即对 GC 原始数据进行处理，画出色谱图，并获得相应的定性定量数据。控制系统主要是检测器、进样口和柱温的控制以及检测信号的控制等。

图 6.16 所示为 GC 仪器的结构示意图，它可以同时配置两个进样口和两个检测器，用键盘实现控制，积分仪处理数据。这类仪器是实际工作中使用最为广泛的。

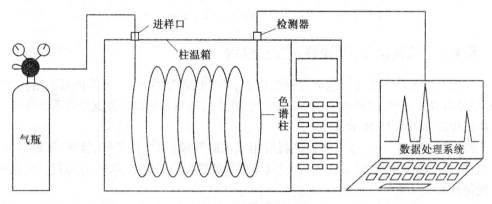

图 6.16　气相色谱仪结构示意图

6.4.3　气相色谱的定性、定量分析

进行气相色谱法分析时,载气(一般用氮气或氢气)由高压钢瓶供给,经减压阀减压后,载气进入净化管干燥净化,然后由稳压阀控制载气的流量和压力,并由流量计显示载气进入色谱柱之前的流量,以稳定的压力进入气化室、色谱柱、检测器后放空。

当汽化室中注入样品时,样品瞬间汽化并被载气带入色谱柱进行分离。分离后的各组分先后流出色谱柱再进入检测器,检测器将其浓度信号转变成电信号,再经放大器放大后在记录器上显示出来,就得到了色谱的流出曲线。利用色谱流出曲线上的色谱峰就可以进行定性、定量分析。这就是气相色谱法分析的过程。

色谱法是非常有效的分离和分析方法,同时还能将分离后的各种成分直接进行定性和定量分析。

1.定性分析

色谱定性分析的任务是确定色谱图上每个峰所代表的物质。由于能用于色谱分析的物质很多,不同组分在同一固定相上色谱峰出现时间可能相同,仅凭色谱峰对未知物定性有一定困难。对于一个未知样品,首先要了解它的来源、性质及分析目的,在此基础上,对样品可有初步估计,再结合已知纯物质或有关的色谱定性参考数据,用一定的方法进行定性鉴定。

(1)利用保留时间定性。

在一定的色谱系统和操作条件下,各种组分都有确定的保留时间,可以通过比较已知纯物质和未知组分的保留时间定性。如待测组分的保留值与在相同色谱条件下测得的已知纯物质的保留时间相同,则可以初步认为它们是属同一种物质。为了提高定性分析的可靠性,还可以进一步改变色谱条件(分离柱、流动相、柱温等)或在样品中添加标准物质,如果被测物质的保留时间仍然与已知物质相同,则可以认为它们为同一种物质。

利用纯物质对照定性,首先要对试样的组分有初步了解,预先准备用于对照的已知纯物质(标准对照品)。该方法简便,是气相色谱定性中最常用的定性方法。

(2)柱前或柱后化学反应定性。

在色谱柱后装 T 形分流器,将分离后的组分导入官能团试剂反应管,利用官能团的特征反应定性。也可在进样前将被分离化合物与某些特殊反应试剂反应生成新的衍生物,于是该化合物在色谱图上的出峰位置的大小就会发生变化甚至不被检测。由此得到被测化合物的信息。

将色谱与质谱联用,复杂的混合物先经气相色谱分离成单一组分后,再利用质谱仪进行定性。未知物经色谱分离后,质谱可以很快地给出未知组分的相对分子质量和电离碎片,对结构鉴定提供可靠的论据。

2.定量分析

混合组分经色谱柱分离后的色谱柱流出曲线示意图如图 6.17 所示。

在一定的色谱操作条件下,流入检测器的待测组分 i 的含量 m_i(质量或浓度)与检测器的响应信号(峰面积 A_i 或峰高 h_i)成正比,即

$$m_i = f_{iA} A_i \tag{6.25}$$

或

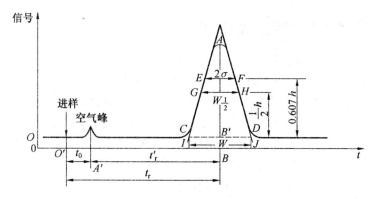

图 6.17　色谱柱流出曲线

$$m_i = f_{i\,h} h_i \tag{6.26}$$

式中　f_{iA}、f_{ih}——绝对校正因子。

要准确进行定量分析，必须准确地测量响应信号，确定出定量校正因子。式(6.25)和式(6.26)是色谱定量分析的理论依据。

(1) 峰面积法。

① 峰高乘半峰宽法。对于对称色谱峰，可用式(6.27)近似地计算出峰面积：

$$A = 1.065 \times h \times W_{h/2} \tag{6.27}$$

在相对计算时，系数 1.065 可约去。色谱峰的峰高 h 是其峰顶与基线之间的距离。

② 峰高乘平均峰宽法。对于不对称峰的测量，在逢高 0.15 和 0.85 处分别测出峰宽 $W_{0.15}$ 和 $W_{0.85}$，由式(6.28)近似计算峰面积：

$$A = (W_{0.15} + W_{0.85}) \times \frac{h}{2} \tag{6.28}$$

此法测量时比较麻烦，但计算结果较准确。峰面积的大小不易受操作条件如柱温、流动相的流速、进样速度等影响，因此更适合做定量分析的参数。

③ 自动积分法。通过仪器附带的工作站软件，自动积分色谱峰面积，对不同形状的色谱峰可以采用相应的计算程序自动计算，得出准确的结果。

(2) 定量校正因子。

① 绝对校正因子。单位峰面积或峰高对应的组分 i 的质量或浓度，即

$$f_{iA} = \frac{m_i}{A_i} \tag{6.29}$$

和

$$f_{iA} = \frac{m_i}{A_i} \tag{6.30}$$

f_{iA}、f_{ih} 与检测器的性能、组分和流动相性质及操作条件有关，不易准确测量。在定量分析中常用相对校正因子。

② 相对校正因子。组分 i 与标准物质的绝对校正因子之比，即

$$F_{isA} = \frac{f_{iA}}{f_{sA}} = \frac{A_s m_i}{A_i m_s} \tag{6.31}$$

$$F_{ish} = \frac{f_{ih}}{f_{sh}} = \frac{h_s m_i}{h_i m_s} \tag{6.32}$$

式中　　F_{isA}，F_{ish}——组分 i 以峰面积和峰高为定量参数时的相对校正因子；

　　　　f_{sA}，f_{sh}——基准组分 s 以峰面积和峰高为定量参数时的绝对校正因子，其余符号的含义同前。

相对校正因子只与检测器类型有关，与色谱条件无关。

（3）定量方法。

色谱常采用归一化法、内标法、外表法进行定量分析。由于峰面积定量比峰高准确，所以常采用峰面积来进行定量分析。为表述方面，以下将相对校正因子简写为 f。

①归一化法。

它是将试样中所有组分的含量之和按 100% 计算，以它们相应的色谱峰面积为定量参数。如果试样中所有组分均能流出色谱柱，并在检测器上都有响应信号，都能出现色谱峰，可用此法计算各待测组分 X 的含量。其计算公式为

$$\omega_i = \frac{A_X f_X}{\sum_{i=1}^{n} A_i f_i} \tag{6.33}$$

归一化法简便、准确，进样量多少不影响定量的准确性，操作条件的变动对结果的影响也比较小，尤其适用多组分的同时测定。但若试样中有的组分不能出峰，则不能采用此法。

②外标法。

直接比较法：将未知样品中某一物质的峰面积与该物质的标准品的峰面积直接比较进行定量。通常要求标准品的浓度与被测组分浓度接近，以减小定量误差。

标准曲线法：取待测试样的纯物质配成一系列不同浓度的标准溶液，分别取一定体积进样分析。从色谱图上测出峰面积，以峰面积对标准浓度作图即为标准曲线。然后在相同的色谱操作条件下，分析待测试样，从色谱图上测出试样的峰面积（或峰高），通过标准曲线得到待测组分的含量。

外标法是最常用的定量方法。其优点是操作简便，不需要测定校正因子，计算简单。结果的准确性主要取决于进样的重现性和色谱操作条件的稳定性。

③内标法。

内标法是在未知样品中加入已知浓度的标准物质（内标物），然后比较内标物和被测组分的峰面积，从而确定被测组分的浓度。由于内标物和被测组分处在同一基体中，因此可以消除机体带来的干扰。而且当仪器参数和洗脱条件发生非人为的变化时，内标物和样品组分都会受到同样的影响，这样消除了系统误差。当对样品的情况不了解，样品的机体很复杂或不需要测定样品中所有组分时，采用这种方法较为合适。

内标物必须满足如下的条件：a. 内标物与被测组分的物理化学性质要相似（如沸点、极性、化学结构等）；b. 内标物应能完全溶解于被测样品（或溶剂）中，且不与被测样品起化学反应；c. 内标物的出峰位置应该与被分析物质的出峰位置相近，且又能完全分离，目的是为了避免 GC 的不稳定性所造成的灵敏度的差异；d. 选择合适的内标物加入量，使得内标物和被分析物质二者峰面积的匹配性大于 75%，以免由于它们处在不同响应值区域而导致的灵敏度偏差。

内标法的优点是定量准确。因为该法是用待测组分和内标物的峰面积的相对值进行计算，所以不要求严格控制进样量和操作条件，试样中含有不出峰的组分时也能使用，但每次

分析都要准确称取或量取试样和内标物的量,比较费时。

6.4.4　质谱的表示方法

1.质谱中常见的几种离子

质谱中常见的几种离子分子在离子源中电离后产生各种各样的离子。

(1)分子离子(M^+)。进入质谱离子源的物质在电离过程中失去一个电子而形成的单电荷离子。它代表该物质的相对分子质量。

(2)碎片离子。电离后有过剩热力学能的分子离子能以多种方式裂解,生成碎片离子。碎片离子还可能进一步裂解成更小质量的碎片离子。这些碎片离子是解析质谱、推断该物质分子结构的重要信息。

(3)多电荷离子。多电荷离子指带有两个或更多个电荷的离子,如 m/z 为 15.5 的峰实际上是质量数为 31 的双电荷离子。

(4)同位素离子。各种元素的同位素基本上是按照该同位素在自然界中的丰度比出现在质谱中,这对于利用质谱确定化合物及碎片的元素组成有很大作用。如自然界中氯元素的同位素^{35}Cl 和^{37}Cl 的丰度比约为 3∶1,当某一质谱峰的 M^+ 与($M^+ +2$)峰的强度比[$M^+/(M^+ +2)$]近似为 3∶1 时,其相应的化合物或碎片中就可能含有 1 个氯原子。

(5)负离子。上述提到的离子都是带正电荷的正离子,在常规质谱分析中得到的质谱图也都是由记录正离子得到的,但在电离过程中也会产生一部分带负电荷的负离子。在常规质谱中负离子强度比正离子强度低 2~3 个数量级。质谱仪器做相应的变化后,可记录负离子的质谱图。

(6)奇电子离子和偶电子离子。带有未成对电子的分子离子或碎片离子称为奇电子离子(OE)或游离基离子,用“-”表示;外层电子完全成对的离子称为偶电子离子(EE),用“+”表示。把质谱中的离子分为奇电子离子(游离基离子)和偶电子离子,对离子分解反应的解释和分离极为方便、有用。

当知道离子的元素组成时,环加双键公式将可以给出该离子是奇电子离子还是偶电子离子。对于通式为 $C_xH_yN_zO_n$ 的离子,其环加双键的总数应等于 $x-y/2+z/2+1$,当这一值为整数时,该离子为奇电子离子,如 C_5H_5N,环加双键数为 $5-5/2+1/2+1=4$,是一整数,故 $C_5H_5N^+$(吡啶离子)是奇电子离子。而 C_7H_5O,环加双键数为 $7-5/2+0/2+1=5.5$,不是整数,故 $C_7H_5O^+$(苯甲酰离子)是偶电子离子。

2.质谱谱图解析

质谱谱图解析就是根据质谱谱图中的各种信息,如分子离子峰、碎片离子峰、同位素离子峰、亚稳离子峰、多电荷离子峰等的质荷比及强度,各种离子产生的机理——离子碎裂的基本机理来推测未知物的结构。当然,有时仅凭一张简单的质谱图是很难推测未知物的结构,这时可以采用一些质谱辅助技术来帮助推测未知物的结构。如采用电子轰击电离(EI)得不到分子离子峰,无法确认该未知物的相对分子质量时,可以采用一些软电离技术,如化学电离(CI)、场解吸电离(FD)、快原子轰击电离(FAB)等技术来获得分子离子峰——相对分子质量信息。再如,为了准确获知分子离子或碎片离子的元素组成,可采用高分辨质谱,以便准确测量分子离子或碎片离子的精确质量,由此可以推出其元素组成。当然,有些化合物仅用质谱是无法确定其结构的,这时就要辅以其他的结构分析技术,如紫外、红外、核磁共振波谱和元素分析等来推测该化合物的结构。

一张化合物的质谱图包含有很多信息,根据使用者的要求,可以用来确定相对分子质量、验证某种结构及确认某元素的存在,也可以用来对完全未知的化合物进行结构鉴定。对于不同的情况解释方法和侧重点不同。质谱图一般的解释步骤如下:

(1)由质谱的高质量端确定分子离子峰,求出相对分子质量,初步判断化合物类型以及是否含有 Cl,Br,S 等元素。

(2)根据分子离子峰的高分辨数据,给出化合物的组成式。

(3)由组成式计算化合物的不饱和度,即确定化合物中环和双键的数目。不饱和度表示有机化合物的不饱和程度,计算不饱和度有助于判断化合物的结构。

(4)研究高质量端离子峰。质谱高质量端离子峰是由分子离子失去碎片形成的。从分子离子失去的碎片,可以确定化合物中含有哪些取代基。

(5)研究低质量端离子峰,寻找不同化合物断裂后生成的特征离子和特征离子系列。例如,正构烷烃的特征离子系列为 $m/z = 15,29,43,57,71$ 等,烷基苯的特征离子系列为 $m/z = 91,77,65,39$ 等。根据特征离子系列可以推测化合物类型。

(6)通过上述各方面的研究,提出化合物的结构单元。再根据化合物的相对分子质量、分子式、样品来源、物理化学性质等,提出一种或几种最可能的结构。必要时,可根据红外和核磁数据得出最后结果。

(7)验证所得结果。验证的方法有:将所得结构式按质谱断裂规律分解,看所得离子和所给未知物谱图是否一致;查该化合物的标准质谱图,看是否与未知谱图相同;寻找标样,做标样的质谱图,与未知物谱图比较等各种方法。

6.4.5　色谱仪操作注意事项

1.色谱柱的安装

当把毛细管柱安装在色谱仪上时,需要将其两端分别与进样口和检测器相连接。仪器所用的接头有两种:一是内螺纹接头,二是外螺纹接头(图 6.18)。用一个石墨密封垫,通过接头压紧达到固定和密封的目的。安装毛细管柱时应注意以下三个问题:

(1)先将密封垫套在柱头,此时应将柱头朝下,避免密封垫碎屑进入柱管而造成堵塞。将石墨垫套在柱头后,应将柱头截去 1 ~ 2 cm。可用专门的柱切割器,在柱管上轻轻划一下,然后用手拜。这样做可以保证柱端是整洁的,又避免了柱头污染物对分析的干扰。

(2)柱端伸出密封垫的长度,应严格按仪器说明书确定。比如,Agilent 仪器要求进样口一端伸出 5 mm 左右,检测器一端则依据检测器不同而不同。总的原则是进样口一端安装好后,柱端应处于分流点以上,并位于衬管中央。检测器一端则是柱出口尽量接近检测点(FID 的火焰),以避免死体积造成的柱外效应。为保证柱端伸出的长度准确,可在截去柱端后,先量好柱头伸出长度,然后用记号笔或改字液在接头下方的色谱柱上做一记号,拧紧接头后保证该记号正好位于接头端面。这样就避免了拧紧过程中因柱管移动可能造成的伸出长度不准确。

(3)接头不要拧得太紧,以免将色谱柱压裂或压碎。一般新的石墨垫用手拧紧后再用扳手拧1/4 圈即可。如果是重复使用的石墨垫,则要多拧紧点,直到用手轻轻拉柱管拉不动

为止。原则上每次安装色谱柱都要用新的石墨
垫，不过同一色谱柱拆下再安装时，可重复使用
石墨垫，但重复使用的次数不要超过三次，否则
会失去密封性。

2.色谱柱的使用与维护

每次新安装了色谱柱后，都要在进样前进
行老化。具体方法是：先接通载气，然后将柱温
从 60 ℃ 左右以 5～10 ℃ 的速率程序升温到色
谱柱的最高使用温度以下 30 ℃（如 HP-5 柱可
到 280 ℃）或者实际分析操作温度以上 30 ℃
（如分析时用 240 ℃，老化温度应为270 ℃），并
在高温时恒温 30～120 min，直到所记录的基线

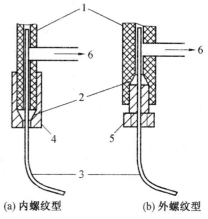

(a) 内螺纹型　　　　　　(b) 外螺纹型

图 6.18　毛细管柱接头示意图
1—仪器上的接头（进样口和检测器）；2—石墨密
封垫；3—固定螺母；4—固定接头；5—毛细管柱；
6—分流出口

稳定为止。如果基线难以稳定，可重复进行几
次程序升温老化，也可在高温下恒定更长的时
间。一定要等到基线稳定后，才可做空白运行
或进样分析。色谱柱使用一段时间后，柱内会滞留一些高沸点组分，这时基线可能出现波动
或出现鬼峰。解决此问题的方法也是老化。

每次关机前都应将柱箱温度降到 50 ℃ 以下，然后再关电源和载气。温度高时切断载
气，可能会因空气（氧气）扩散进入柱管而造成固定液的氧化降解。

仪器有过温保护功能时，每次新安装了色谱柱都要重新设定保护温度（超过此温度值
时，仪器会自动停止加热），以确保柱箱温度不超过色谱柱的最高使用温度。

3.气路的清洗

色谱仪工作一段时间后，在色谱柱与检测器之间的管路可能被污染，最好卸下来用乙醇
浸泡冲洗几次，干燥后再接上。空气压缩机出口至色谱仪空气入口之间，经常会出现冷凝
水，应将入口端卸开，再打开空气压缩机吹干。为清洗汽化室，可先卸掉色谱柱，在加热和通
载气的情况下，由进样口注入乙醇或丙酮反复清洗，继续加热通载气使汽化室干燥。热导池
检测器的清洗：拆下色谱柱，换上一段干净的短管，通入载气，将柱箱及检测器升温到 200～
250 ℃，从进样口注入 2 mL 乙醇或丙酮，重复几次，继续通载气至干燥。如果没清洗干净，
可小心卸下检测器，用有机溶剂浸泡、冲洗。切勿将热丝冲断或使其变形，与池体短路。

6.4.6　质谱仪使用注意事项

（1）一般情况下，质谱要保持正常运行状态，除非一周以上不使用仪器，方可关闭。一
是因为耗损（频繁开关机会损坏分子涡轮泵，分子涡轮泵在正常工作状态下的摩擦最小，在
开关机时受到的摩擦力最大）；二是要保持高灵敏度（达到好的真空度需要抽真空 24 h 以
上）。在预知停电的情况下，需提前关闭质谱。

（2）泵油的更换。要经常观察泵油颜色，当变成黄褐色时应立即更换。如果仪器使用
频繁且气体比较脏，则要求至少半年更换一次，加入泵油量不超过最上层液面。

（3）质谱内部元件正常工作氛围为真空条件，所以在进行测试以前，要进行充分的抽真

空,保证测试结果的准确性和重现性。

(4)为了得到匹配度高的分析结果,在仪器长时间没有使用后,再次使用前要进行调谐操作。

6.5 热重-红外光谱联用分析仪

许多物质在加热或冷却过程中除了产生热效应外,往往有质量变化,其变化的大小及出现的温度与物质的化学组成和结构密切相关。因此利用在加热和冷却过程中物质质量变化的特点,可以区别和鉴定不同的物质。热重分析就是在程序控制温度下测量获得物质的质量与温度关系的一种技术。其特点是定量性强,能准确地测量物质的质量变化及变化的速率。将热重分析仪(TGA)与傅里叶变换红外光谱仪(FTIR)联用是目前最常用的逸出气体(EGA)分析手段之一。通过热重加热样品,样品会因挥发物的存在或者燃烧分解出气体,这些气体被传输到红外气体池中,通过检测器检测到含有多种官能团的红外谱图,从而定性、定量分析加热样品的逸出产物。

6.5.1 TGA-FTIR 联用技术

TGA-FTIR 系统模块如图 6.19 所示。对于 TGA-FTIR 联用仪,所有从 TGA 中流出的气体都会流入红外光谱中的一个加热的气体池。光谱以非常快的速度(例如每秒 1 次)被连续记录。然后将获得的光谱(吸光度对波数)与气相红外光谱库中的光谱进行比对。TGA-MS 仅仅分析逸出气的一小部分,而 TGA-FTIR 是分析从 TGA 中流出的所有气体。吹扫气和从样品逸出的气体从 TGA 经过一个加热管线输送到 FTIR 的气体池。为防止逸出气体的凝结,传输线和气体池被加热到约 200 ℃。

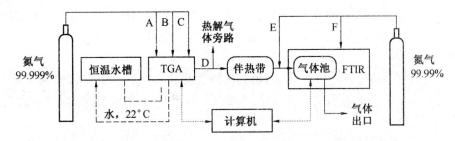

图 6.19 热重红外联用分析测试系统
A—保护气;B—反应气;C—反应前后平衡气;D—热解气体;E—稀释气体;F—吹扫光学台气体

6.5.2 热重分析仪的基本结构

热天平主要由天平、加热炉、程序控温系统、气氛控制系统及测量和记录系统组成。热天平的示意图如图 6.20 所示。

(1)天平。商品微量天平包括天平梁、悬臂梁、弹簧和扭力天平等各种设计。

(2)加热炉及程序控温系统。炉子的加热线圈采取非感应的方式绕制,以克服线圈和试样间的磁性相互作用。一般高温炉温度可以达到 1 600 ℃,线圈可选用各种材料,如镍铬($T<1\ 300$ K)、铂($T>1\ 300$ K)、铂-10% 铑($T<1\ 800$ K)和碳化硅($T<1\ 800$ K),用循环水或

气体来冷却。也有的不采用炉丝加热,而用红外加热炉。这种红外线炉只需要几分钟就可以使炉温升到 1 800 K,很适于恒温测量。低温炉温度可降至-70 ℃,一般用液氮来制冷。

（3）气氛控制系统。TG 可在静态、流通的动态等各种气氛条件下进行测量。在静态条件下,当反应有气体生成时,围绕试样的气体组成会有所变化。因而试样的反应速率会随气体的分压而变。一般建议在动态气流下测量。TG 测量使用的气体有 $Ar, Cl_2, SO_2, CO_2, H_2, H_2O, N_2, O_2$ 等。

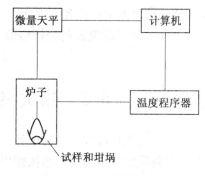

图 6.20　热天平示意图

（4）测量和记录系统。测量系统是热分析仪器的核心部分。热重法是测定物质的质量与温度的关系,测量系统把测得的物理量转变为电信号,由计算机直接对电信号进行记录和处理,并同时显示分析曲线以及结果,报告由打印机输出。

6.5.3　热重分析仪的工作原理

许多物质在加热过程中常伴随质量的变化,这种变化过程有助于研究晶体性质的变化,如熔化、蒸发、升华和吸附等物质的物理现象;也有助于研究物质的脱水、解离、氧化、还原等物质的化学现象。

从热重法可派生出微商热重法（DTG）,它是 TG 曲线对温度（或时间）的一阶导数。以物质的质量变化速率 dm/dt 对温度 T（或时间 t）作图,即得 DTG 曲线。DTG 曲线可以微分 TG 曲线得到,也可以用适当的仪器直接测得,DTG 曲线的峰顶,即失质量速率的最大值,与 TG 曲线的拐点相应;DTG 曲线上的峰数,与 TG 曲线的台阶数相等;峰面积则与失质量成比例,因此可用来计算失质量。DTG 曲线比 TG 曲线有较大的优越性,提高了 TG 曲线的分辨力。

热重法的仪器称为热重分析仪,给出的曲线为热重曲线。它是以试样的质量变化（损失）作纵坐标,从上向下表示质量的减少,以温度（T）或时间（t）作横坐标,自左向右表示增加,如图 6.21 所示。

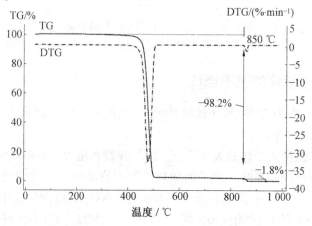

图 6.21　典型 TG 曲线与 DTG 曲线

6.5.4 热重分析仪的应用

1. 在煤的工业分析中的应用

热重分析通常与差热分析 DTA 或差示扫描量热 DSC 结合在一起使用,在同一次测量中可同步得到热重与差热信息。目前,煤的热重分析技术普遍应用于煤的工业分析、热解特性的研究、煤的氧化自燃规律以及燃烧特性研究中。

国外很多学者利用热重法研究煤的工业分析,结果表明利用非等温热重法所测定的挥发分和灰分的含量与美国材料实验标准值(ASTM)很一致。国内的研究也表明,利用 TGA 法,选择一定的条件,可以进行煤的快速工业分析,其误差在标准方法规定的误差范围之内。

传统煤的工业分析方法为:

(1)水分测定。

称取一定质量的分析试样,置于 105 ~ 110 ℃ 的烘箱中干燥至恒重(通常褐煤、无烟煤为 2 h,烟煤为 1.5 h),其失去的质量占试样质量的百分数即为空气干燥煤样的水分 M_{ad}。

(2)挥发分测定。

称取一定量的空气干燥基试样,将其放于已预先在 900 ℃ 下达到恒质量的坩埚中,加盖后将其放入(900±10) ℃ 的马弗炉的恒温区内,使试样在炉中持续加热 7 min 后取出,冷却,称量,其减轻的质量占原煤质量的百分数,减去分析煤样的水分质量含量 M_{ad},即为空气干燥煤样的挥发分 V_{ad}。

(3)灰分测定。

将空气干燥煤样放入逐渐升温的马弗炉内燃烧,然后在(815±10) ℃ 下灼烧至恒重,灼烧后残渣的质量占原试样质量的百分数即为空气干燥煤样的灰分 A_{ad}。

(4)固定碳分量。

$$FC_{ad} = (1 - M_{ad} - V_{ad} - A_{ad}) \times 100\% \tag{6.34}$$

具体实验方法如下:

天平保护气体为 N_2,流量为 20 mL/min。

①取一定量的煤样放入热重分析仪后,从 25 ℃ 升温至 105 ℃,升温速率为 80 ℃/min,气氛为 N_2,流量为 180 mL/min。

②105 ℃ 下保持恒温 1 h,气氛为 N_2,流量为 180 mL/min。

③从 105 ℃ 升温至 850 ℃,升温速率为 80 ℃/min,气氛为 N_2,流量为 180 mL/min。

④温度达到 850 ℃ 后,立即切换气氛为 O_2,流量为 180 mL/min,维持恒温 1.5 h,至煤样完全灼烧干净达到恒重为止。

⑤实验结束,取出样品。

需要注意的是,为了保证热重分析仪进行工业分析的准确度,煤样的量应该稍大一些,不宜少于 20 mg。

用常规标准方法和 TGA 法对一些煤样的工业分析值对比表明,分析结果符合标准方法的测试要求。但需要指出的是,由于 TGA 实验所需的样品极少,因此必须按照标准方法规定的要求进行煤样的选择、混合、磨制和筛分,以使得样品具有代表性。

2. 在煤热解特性研究中的应用

煤在惰性环境中受热脱去挥发分的过程称为煤的热解,煤的热解对煤的燃烧、液化和汽化具有重要的影响,深入了解这一过程将有助于增进对煤的利用方式的理解,完善煤的燃烧、汽化、液化和焦化。利用 TG 还可计算热解反应动力学参数,即活化能 E、反应速率常数 k 和指前因子 A,通过计算动力学参数可以比较同一煤样不同热解阶段的挥发分析出情况,也可以比较不同种煤样的热解特性。

3. 热重分析在煤的燃烧研究中的应用

20 世纪 70 年代起,国内外学者普遍采用 TGA 分析方法判定煤的着火特性、稳燃特性及燃尽特性。热重分析与差热分析或差示扫描量热的结合可以在煤燃烧的全过程中连续得到温度、质量、差热、热量扫描等多种信息,因此,如何把从热分析曲线中得到的信息用于正确评价煤的燃烧特性,是燃烧领域的热点研究问题。

由于煤的燃烧特性研究侧重考察煤从着火特性温度到燃尽的高温反应过程,而对煤在着火特性温度之前的前期氧化反应较少研究,因此通过 TGA 分析方法获得的燃烧反应的动力学参数只是表征煤燃烧整个过程的宏观动力学参数,而不能确切地描述煤在着火特性温度之前的前期氧化反应,特别是煤的低温氧化过程的动力学过程。TGA 分析方法可以应用于煤的自燃过程(即煤的低温氧化过程)研究。

煤的活化能就是煤的氧化反应能够进行的最低能量。活化能越大,煤就越不易自燃,即自燃发火倾向性就越小;反之,活化能越小,煤越容易自燃,发火倾向性也就越大。各煤样的活化能与煤的自燃倾向性有着密切的关系,由此可以看出,活化能可以作为煤炭自燃倾向性鉴定的一个指标。

煤的热重分析中可以得到 TG,DTG,DTA 和 DSC 曲线,从中可以得到随温度(时间)变化的煤升温过程中的质量、热量的变化规律,再运用适当的分析手段,获得煤的着火温度、活化能等。煤的热分析技术已经得到了广泛的应用,对煤的开采与加工利用具有重要的意义,因此煤的热分析技术应用前景十分广阔。

6.5.5　TGA-FTIR 数据解析程序

要想得到热解产物的组分和含量,则需要对 FTIR 图谱数据进行解析。解析的第一步是显示格莱姆-施密特曲线。GS 曲线的形状通常与 DTG 曲线相似,如图 6.22 所示。当然,峰的来源不同,这意味着强度不一定对应。然而,假如从 TGA 到 FTIR 的气体池的气体传输工作正常,则从两种技术测得的出峰时间应该一致。

1. 格莱姆-施密特(GS)曲线

在整个光谱范围内,将每个单独的 FTIR 光谱的光谱吸收积分,结果被显示成强度对时间的曲线,即为 GS 曲线。所以 GS 曲线是总红外吸收的定量度量,显示逸出气体的浓度随时间的变化。

2. 化学图谱

FTIR 测试的是整个光谱,即不可能仅在一个特定的频率测试 IR 吸收强度(与 MS 相比)。然而可以显示每个光谱中的一个或者多个选择的区域,以便检测逸出气中特定的官能团。这对于数据的解析极其有用。生成的强度对时间曲线是众所周知的化学图谱,如图 6.23 所示。

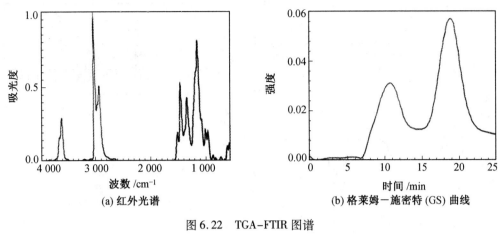

(a) 红外光谱　　　　　　　　　　　　(b) 格莱姆-施密特 (GS) 曲线

图 6.22　TGA-FTIR 图谱

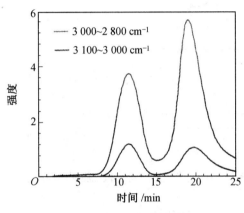

图 6.23　化学图谱

3. 逸出气剖面图 (EGP)

逸出气剖面图由显示和解析 GS 曲线中每个最大值处的图谱两部分组成,如图 6.24 所示。将各个光谱(吸光度对波数)与气相红外光谱的计算机数据库中的光谱进行比对。IR 吸收以吸光度的单位(对数坐标,这与浓度呈线性关系)表示。这样可以进行更好的强度比较。信号也可以被归一化,即吸收值除以最大吸收。然后 y 轴被显示在 0 到 1 的尺度范围内。借助于光谱数据库,未知的化合物可以被鉴别并根据它们与参比光谱的相似性进行归类。更进一步还可以缩小搜索范围(如从 3 200 ~ 2 500 cm^{-1}),然后重复数据库检索。为了鉴别混合物光谱中的某一化合物,常须扣除某一已知组分的光谱。

4. 官能团剖面图 (FGP)

另一种技术是使用经过选择的不同光谱范围的化学图谱,例如,检测逸出气中羰基化合物的 1 800 ~ 1 600 cm^{-1} 的谱图或者检测脂肪族 C—H 吸收的 3 000 ~ 2 800 cm^{-1} 的谱图。这些所谓的官能团剖面图(FGP)对于解析复杂混合物是非常有用的。在特定的光谱范围,吸光度显示成与时间(或温度)的函数。测绘的曲线可以被直接叠加在 DTG 区线上。这类红外光谱解析包括将未知化合物光谱中吸收光谱带与普通官能团的吸收频率加以关联。有时证明某个谱带不存在也许与检测某个谱带真实存在同样重要。

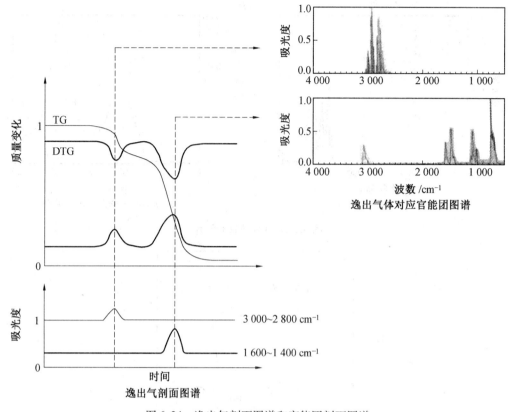

图 6.24　逸出气剖面图谱和官能团剖面图谱

5. 光谱解析

通过回答下列问题也许可以获得对于一个未知化合物的更好的解释。

(1)哪些一般的官能团可从下面的伸缩振动中被鉴别出来？

4 000 cm^{-1}到 2 500 cm^{-1}：X—H(C—H,O—H,N—H)

2 500 cm^{-1}到 1 800 cm^{-1}：三键(C≡C,C≡N)

1 800 cm^{-1}到 1 600 cm^{-1}：双键(C=C,芳香族的 C=C,C=O)

1 600 cm^{-1}到 400 cm^{-1}：指纹区(C—O,C—N,C—C)

(2)未知化合物是脂肪族或芳香族的吗？

脂肪族烃在 3 000 ~ 2 850 cm^{-1}之间显示 C—H 的吸收。芳香环可以通过 3 010 ~ 3 080 cm^{-1}之间的=C—H 吸收和在 1 600 cm^{-1}和 1 500 cm^{-1}处的 C=C 伸缩振动谱带来确定。

(3)化合物包含烷基侧链吗？

除了通常的 C—H 吸收(3 100 ~ 2 850 cm^{-1})外,C—H 面外弯曲振动会在 900 cm^{-1}以下(通常从 740 ~ 720 cm^{-1})产生替代模式。

(4)是否存在甲基？

甲基(—CH$_3$)可通过 C—H 吸收(3 100 ~ 2 850 cm^{-1})和 1 380 cm^{-1}处的峰来鉴别。这个吸收带被异丙基官能团分成双峰。

(5)是否有双键(烯烃、羰基)或者三键？

在约 3 100 cm^{-1} 处的一个中等强度的吸收带表示一个烯烃或芳香族化合物的 C—H 振动,所以通过 1 640~1 680 cm^{-1} 间的吸收可以表征烯烃。

羰基(C=O)在 1 760~1 670 cm^{-1} 之间有强而宽的吸收带。共轭作用的吸收峰位置会降低 30 cm^{-1}。2 840~2 720 cm^{-1} 之间的 C—H 吸收可以用来表征乙醛。

C≡C 和 C≡N 三键分别在约 2 150 cm^{-1} 和 2 250 cm^{-1} 显示相对较窄的谱带。

(6)是否 O—H 或 N—H 吸收存在?

O—H 或 N—H 吸收带发生在约 3 000 cm^{-1} 处。氢键醇(即在固体或溶液相)在 3 400~2 400 cm^{-1} 之间显示一个宽峰。对于羧酸这个峰甚至更宽。自由的非成键 O—H 基团(即在气相中)在约 3 400 cm^{-1} 处显示一个尖锐的峰。非成键胺和酰胺的 N—H 键在约 3 500 cm^{-1} 处有伸缩振动。NH$_2$ 基团在约 2 400 cm^{-1} 处可以观察到一个双峰。

(7)指纹区内能观察到什么类型的键?

胺基(C—N)在 1 340~1 020 cm^{-1} 之间显示一个伸缩振动谱带。1 300~1 080 cm^{-1} 之间的 C—O 吸收带(表征羧酸、酯、醚、醇和酐)通常像 O—H 和 N—H 键的吸收带那样完美。如果在约 1 740 cm^{-1} 处观察到一个羰基吸收带,那么约 1 200 cm^{-1} 处观察到一个羰基吸收带,那么约 1 200 cm^{-1} 处的尖峰可以证明一种酯的存在。

6.5.6　影响热重曲线的因素

热重分析和差热分析一样,也是一种动态技术,其实验条件、仪器的结构与性能、试样本身的物理、化学性质以及热反应特点等多种因素都会对热重曲线产生明显的影响。为了获得准确并能重复和再现的实验结果,研究并在实践中控制这些因素,显然是十分重要的。

由于气体密度随温度而变化。例如,室温空气的密度是 1. 18 kg/m^3,而 1 000 ℃时仅为0. 28 kg/m^3。所以,随着温度升高,试样周围的气体密度下降,气体对试样支持器及试样的浮力也在变小,于是出现表现增重现象。与浮力效应同时存在的还有对流影响,这是试样周围的气体受热变轻形成一股向上的热气流,这一气流作用在天平上便引起试样的表观失重;如气体外逸受阻时,上升的气流将置换上部温度较低的气体,而下降的气流势必冲击试样支持器,引起表观增重。不同仪器、不同气氛和升温速率,气体的浮力与对流的总效应也不一样。

(1)升温速率。

升温速率对热重曲线有明显的影响。这是因为升温速率直接影响炉壁与试样、外层试样与内部试样间的传热和温度梯度。但一般来说,升温速率并不影响失重百分比。对于单步吸热反应,升温速率慢,起始分解温度和终止温度通常均向低温移动,且反应区间缩小,但失重百分比一般并不改变。

如果试样在加热过程中生成中间产物,当其他条件固定时,升温速率较慢,通常容易形成与中间产物对应的平台即稳定区。对于含结晶水的试样,例如 NiSO$_4$ · 7H$_2$O,当升温速率为 0. 6 ℃/min^1 时,则能检测出六、四、二和一水合物的失水平台;而当升温速率为2. 5 ℃/min^1 时,仅测得一水合物的失水平台。因此,对含有大量结晶水的试样,升温速率不宜太快。

(2)炉内气氛。

炉内气氛是对热重分析影响与试样的反应类型、分解产物的性质和装填方式等许多因

素有关。在热重分析中,常见反应为

$$A_{(固)} \rightleftharpoons B_{(固)} + C_{(气)} \tag{6.35}$$

这一反应,只有在气体产物的分压低于分解压时才能发生,且气体产物增加,分解速率下降。

在静态气氛中,如果气氛气体是惰性的,则反应不受惰性气氛的影响,只与试样周围自身分解出的产物气体的瞬间浓度有关。当气氛气体含有与产物相同的气体组分时,由于加入的气体产物会抑制反应的进行,因而将使分解温度升高。例如,$CaCO_3$在真空、空气和CO_2中的分解为

$$CaCO_{3(固)} \rightleftharpoons CaO_{(固)} + CO_{2(气)} \tag{6.36}$$

其起始分解温度随气氛中的二氧化碳分压的升高而增高,$CaCO_3$在三种气氛中的分解温度之差可达数百度。气氛中含有与产物相同的气体组分后,分解速率下降,反应时间延长。

静态气氛中,试样周围气体的对流、气体产物的逸出与扩散,也都影响热重分析的结果。气体的逸出与扩散、试样量、试样粒度、装填的紧密程度及坩埚的密闭程度等许多因素有关,使它们产生附加的影响。

在动态气氛中,惰性气体能把气体分解产物带走而使分解反应进行得较快,并使反应产物增加。当通入含有与产物气体相同的气氛时,这将使起始分解温度升高并改变反应速率和产物量。所含产物气体的浓度越高,起始分解温度就越高,逆反应的速率也越大。随着逆反应速率的增加,试样完成分解的时间将延长。动态气氛的流速、气温以及是否稳定,对热重曲线也有影响。一般来说,大流速有利于传热和气体的逸出与扩散,这将使分解温度降低。

提高气氛压力,无论是静态还是动态气氛,常使起始分解温度向高温区移动和使分解速率有所减慢,相应的,反应区间则增大。

(3)坩埚形式。

热重分析所用的坩埚形式多种多样,其结构及几何形状都会影响热重分析的结果。图6.25 为常用的几种坩埚示意图。

热重分析时气相产物的逸出必然要通过试样与外界空间的交界面,深而大的坩埚或者试样充填过于紧密都会妨碍气相产物的外逸,因此反应受气体扩散速度的制约,结果使热重曲线向高温侧偏移。当试样量太多时,外层试样温度可能比试样中心温度高得多,尤其是升温速度较快时相差更大,因此会使反应区间增大。

当使用浅坩埚,尤其是多层板式坩埚时,试样受热均匀,试样与气氛之间有较大的接触面积,因此得到的热重分析结果比较准确。迷宫式坩埚由于气体外逸困难,热重曲线向高温侧偏移较严重。

浅盘式坩埚不适用于加热时发生爆裂或发泡外溢的试样,这种试样可用深的圆柱形或圆锥形坩埚,也可采用带盖坩埚。带球阀盖的坩埚可将试样气氛与炉子气氛隔离,当坩埚内气体压力达到一定值时,气体可通过上面的小孔逸出。如果采用流动气氛,不宜采用迎风面很大的坩埚,以免流动气体作用于坩埚造成基线严重偏移。

(4)试样因素。

在影响热重曲线的试样因素中,主要有试样量、试样粒度和热性质以及试样装填方

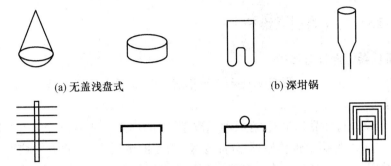

(a) 无盖浅盘式　　　　　　　　　　(b) 深坩锅

(c) 多层板式坩锅　(d) 带密封盖的坩锅　(e) 带有球阀密封盖的坩锅　(f) 迷宫式坩锅

图 6.25　热天平常用坩埚类型

式等。

试样量对热重曲线的影响不可忽视,它从两个方面来影响热重曲线。一方面,试样的吸热或放热反应会引起试样温度发生偏差,用量越大,偏差越大。另一方面,试样用量对逸出气体扩散和传热梯度都有影响,用量大则不利于热扩散和热传递。图 6.26 为不同用量 $CuSO_4 \cdot 5H_2O$ 的热重曲线,从图中可看出,用量少时得到的结果较好,热重曲线上反应热分解中间过程的平台很明显,而试样用量较多时则中间过程模糊不清,因此要提高检测中间产物的灵敏度,应采用少量试样以获得较好的检测结果。

试样粒度对热传导和气体的扩散同样有着较大的影响。试样粒度越细,反应速率越快,将导致热重曲线上的反应起始温度和终止温度降低,反应区间变窄。粗颗粒的试样反应较慢。如石棉细粉在 50 ~ 850 ℃ 连续失重,600 ~ 700 ℃ 热分解反应进行得较快,而粗颗粒的石棉到 600 ℃ 才开始快速分解,分解起始和终止温度都比较高。

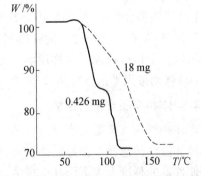

图 6.26　不同用量 $CuSO_4 \cdot 5H_2O$ 的热重曲线

试样装填方式对热重曲线的影响。一般来说,装填越紧密,试样颗粒间接触就越好,也就越利于热传导,但不利于气氛气体向试样内的扩散或分解的气体产物的扩散和逸出。通常试样装填得薄而均匀,可以得到重复性好的实验结果。

试样的反应热、导热性和比热容对热重曲线也有影响,而且彼此还互相联系。放热反应总是使试样温度升高,而吸热反应总是使试样温度降低。前者使试样温度高于炉温,后者使试样温度低于炉温。试样温度和炉温间的差别,取决于热效应的类型和大小、导热能力和比热容。由于未反应试样只有在达到一定的临界反应温度后才能进行反应,因此,温度无疑将影响试样反应。例如,吸热反应易使反应温度区扩展,且表观反应温度总比理论反应温度高。

此外,试样的热反应性、前处理、杂质、气体产物性质、生成速率及质量,固体试样对气体产物有无吸附作用等试样因素也会对热重曲线产生影响。

6.5.7　热分析仪的日常维护

1. 热分析仪器的操作与维护

（1）操作时应注意不要在样品支架和天平横梁上施加过大的力；取放样品时，必须轻拿轻放，否则仪器必然受损。

（2）热分析仪进行样品测量时，在某些情况下，有的样品可能会释放出可以损坏仪器的腐蚀性气体。这些气体会腐蚀传感器、样品支架、周围的金属元件，并大大缩短传感器的寿命。为此，将样品温度保持在样品释放腐蚀性气体的温度点以下。如果有理由相信样品可能会放出腐蚀性气体，就应用大量净化气体将腐蚀性气体逐出仪器之外，把试样的量取到尽量少，以保护传感器的寿命。

（3）在仪器未被使用超过一周后，做一个空白（没有试样）测试，覆盖范围为最大的温度测试极限范阁，出于灰尘或水汽会在仪器长时间不工作时附着在平衡梁上，通过空白实验予以驱除。

（4）如果在 1 300 ℃以上使用铂盘，样品支架和铂盘会黏附在一起，很难分开它们。为防止这种事件发生，在放上铂盘之前，在坩埚和铂盘之间放一片蓝宝石垫片。另外，在 1 300 ℃以上使用，炉子寿命会大大缩短（由于加热炉的铂丝会蒸发）。热分析仪器炉子的加热铂丝可能会烧断。

（5）某些聚合物试样，如聚乙烯在熔化后会冒气泡，导致热分解。当试样比较多时，试样会发出气泡、在天平横梁上的容器里沸腾。这不仅会影响到测试结果，还会损坏设备。应尽量采用少量试样或深皿试样坩埚。

（6）移动带天平的热分析仪器（如 TG-DTA）时，要用保护胶带及支架等固定平衡系统。

2. 炉体和样品支架的维护

炉体和样品支架是与用户打交道最多的部件，也是整台仪器最娇贵的部分，里面含有加热元件和温度传感器。良好的维护可使仪器使用数十年，而不良的操作习惯或受到不可抗力将使仪器的精度大大下降甚至报废。

（1）做试验前，应对样品的性质有大概的了解。比如特征转变温度大概在什么范围，与样品坩埚是否发生反应，扫描过程中是否会有有毒气体逸出等。对于未知样品，在扫描前应采取保守的态度，能不做到高温的尽量避免温度升得太高，一般仔细摸索 3～5 次后才进行实验比较稳妥。否则，过高的温度将可能导致样品的分解、蒸发、炭化等污染炉子的事件发生。

（2）轻放样品坩埚。使用镊子加样时，注意不要使尖锐的镊子触及炉子的底部，因为那里有精密的加热装置和温度传感器。严禁对样品支架施加过大的力，包括压、拉、扭，因为这样会造成支架的弯曲、变形甚至断裂，轻者造成精度大大降低和重复件变差，重者使仪器损坏。

（3）当发现仪器精度有所下降时，应考虑是否是由炉子污染引起的。如果炉子受到污染，可以用酒精棉签轻轻擦拭样品支架。注意，不要将液体的清洗剂（如酒精、丙酮等）直接倒在样品池内进行洗涤。清洗完成后要敞开炉子一段时间，让有机物挥发出去，如果发现仍有残留，若能确保是有机物，可以将炉子加热到 600 ℃，但如不能保证是有机物，或怀疑是金属等可能与炉体材料形成合金或化合的物质,则不能采用此法。

6.6 工业电导率仪

工业电导率仪属于电化学式分析仪表,是以测量溶液的电化学性质为基础的。电导率仪是一种历史比较久、应用较广泛的成分分析仪表。它是通过测量溶液的电导而间接得知溶液的浓度。它既可用来分析一般的电解质溶液,如酸、碱、盐等溶液的浓度,又可用来分析气体的浓度。

分析气体浓度时,须使气体溶于溶剂中,或者为某电导液吸收,再通过测量溶剂或电导液的电导率,来间接得知被分析气体的浓度。

6.6.1 工作原理

1.电导率与溶液浓度的关系

电解质溶液与金属导体一样,是电的良导体。所以当电流通过电解质溶液时,也必呈现有电阻的作用,并且可用下式来表示:

$$R = \rho \frac{L}{A} \tag{6.37}$$

在液体中常常引用电导和电导率这一概念,而很少用电阻和电阻率。这是因为对于金属导体而言,电阻的温度系数是正的,而液体的电阻温度系数是负的,为了运算上的方便和一致起见,在液体中就引用了电导和电导率这一概念。此时,溶液的电导为

$$m = \frac{1}{R} = \frac{1}{\rho} \frac{A}{L} = S \frac{A}{L} \tag{6.38}$$

式中　R—— 溶液电阻,Ω;

　　　ρ—— 电阻率,即电阻系数,$\Omega \cdot cm$;

　　　L—— 导体长度,cm;

　　　A—— 导体横截面积,cm^2;

　　　m—— 电导,$\frac{1}{\Omega}$;

　　　S—— 电导率,即电导系数,$\frac{1}{\Omega \cdot cm}$。

所谓导体,是指由两电极间的液体所构成。其长度、横截面积均为两电极间的电解质溶液所具有的长度和横截面积。

由式(6.38)可知,当 $L = 1\ cm$,$A = 1\ cm^2$ 时,$m = S$。所以电导率的物理意义是:$1\ cm^3$ 溶液所具有的电导,它表示在 $1\ cm^3$ 体积中充以任意溶液时所具有的电导。如果充以一个当量浓度的溶液时,溶液的电导率称为当量电导率 λ。因而"当量电导率 λ"是指:相距为 $1\ cm$,面积为 $1\ cm^2$ 的两平行电极之间,充以浓度为 $1\ mol$(基本单元以单位电荷计)的溶液时的电导率。

若含有 η 摩尔浓度的溶液,此时溶液的电导率为

$$S = \eta \lambda \tag{6.39}$$

式中　S —— 溶液的电导率；

　　　　η —— 溶液的摩尔浓度；

　　　　λ —— 溶液的当量电导率。

溶液的摩尔浓度 η 与溶液的浓度 C 之间的关系为

$$\eta = \frac{C}{\delta \times 1\,000} \tag{6.40}$$

式中　δ —— 溶液中溶质的摩尔质量，g/mol；

　　　　C —— 溶液的浓度，mg/L。

将式(6.39)、(6.40)代入式(6.38)中，得

$$m = S\,\frac{A}{L} = \eta\lambda\,\frac{A}{L} = \frac{A}{L}\,\frac{\lambda C}{\delta \times 1\,000} \tag{6.41}$$

或

$$R = \frac{1}{m} = \frac{L}{A}\,\frac{\delta \times 1\,000}{\lambda C} \tag{6.42}$$

式(6.41)、(6.42)说明：当电极的尺寸和距离一定时（即 A 和 L 一定时），由于各种溶液中溶质的摩尔质量 δ 是一定的，溶液的当量电导率 A 也是一定的，因此两电极间溶液的电导 m 就仅与溶液的浓度 C 有关。

图6.27绘出了20 ℃时某些电解质溶液在低浓度范围的电导率和浓度之间的关系曲线。在浓度范围大的情况下，其关系曲线则如图6.28所示。从图6.27及图6.28中的曲线可以看到，利用电导法测量浓度，其范围是受到限制的，只能测量低浓度和高浓度，因中间一段浓度与电导率之间的关系不是单值，所以不能用电导率法来进行测量。

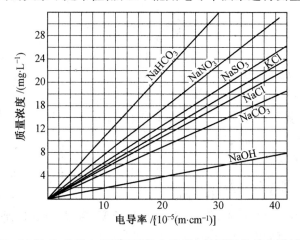

图6.27　20 ℃时，几种电解质溶液的电导率与浓度的关系曲线（低浓度）

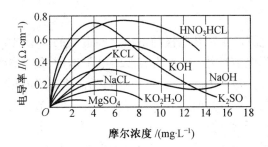

图 6.28　20 ℃时,某些电解质溶液的电导率与浓度的关系曲线(浓度范围较大)

2. 刻度方法和电极常数

利用电导法测量溶液的浓度,仪表的指示值直接指溶液的电导率或溶液的浓度值。刻度方法一般很少用标准样品进行刻度,因为标准溶液配制麻烦,而且难以配制精确,所以通常采用的方法是计算出各类已知浓度溶液的电阻值,然后用标准电阻箱代之,间接地、一一对应地进行刻度。用这种方法进行刻度时,如果指示值为溶液的电导率,则是基于得出:$S = \dfrac{1}{R}\dfrac{L}{A}$,式中 $\dfrac{L}{A}$ 与电极的几何尺寸和距离有关,对于一对已定的电极来说是个常数,常称为电极常数,如用 K 来表示,则上式可改写为

$$R = \frac{K}{S} \tag{6.43}$$

因此,对各类已知浓度的溶液,其电导率 S 可以从有关手册中查曲线而得,这样在求出电极常数 K 以后,就可以根据式计算出所对应的电阻值,并以标准电阻箱代之,对仪表进行刻度。

由此可见,要确定电阻与电导率(或溶液浓度)之间的关系。必须准确知道电极常数 K 的数值。不同的电极结构,具有不同的电极常数,而根据电极结构、尺寸计算出的数值与实际值也常常有出入,在几何尺寸复杂时,就更难于保证其准确性了。因此,电极常数一般都是通过实验方法来测得。

测定电极常数具体方法是:把需要测定电极放入已由其他方法精确测量电导率 S 的溶液中,然后测定此溶液不同浓度时的电阻值 R,这样就可根据式(6.43)来进行计算,即电极常数 $K=RS$。通常用 KCl 作为标准溶液,因为我们容易得到很纯的 KCl,配制成溶液后也很稳定,而且在各种温度下,不同浓度时的电导率已精确地测出,供我们直接查阅应用。

6.6.2　误差分析

(1)电极的极化问题。

由于测量溶液的电导时,可采用平衡电桥、不平衡电桥及分压法等进行测量,不论用哪种方法,为了要测量溶液的电导,总需外加电压,并产生相应的电流。利用平衡电桥或不平衡电桥测量溶液电导时,就类似热导式气体分析器那样,把测量电导池及参比电导池(起温度补偿作用)作为相邻两个桥臂电阻接入桥路中,但这时电桥的电源不能用直流电源,而必须用交流电源。这是由于用直流电源时就有极化情况产生。所谓极化,就是在电极浸入溶液时,由于施加了直流电,溶液就发生电解作用。这样在电极上就产生化学变化,或电极附近电解液的浓度发生变化,前一种情况所引起的极化作用称为化学极化,后者则称为浓差

极化。

化学极化是由于电解产生物在电极与溶液之间造成的一个电势与外加电压相反的"原电池",这就使电极间的电流减小,等效的溶液的电阻增加,结果给测量带来了误差。采用交流电流则可使电解产生物大为减小,就可以使化学极化造成的影响大为削弱。

浓差极化是由于在电解进行时,与电极接近的离子浓度在电子交换过程中往往很快地减少,这是因为溶液中离子移动速率比起离子在电极上进行电子交换的速率要缓慢,因此在电极表面附近溶液中离子浓度比溶液本体中离子浓度低得多,而且电流密度越大,电极上发生反应的离子越多,浓差极化越严重。这样电导池的电阻不但决定于本体溶液电阻,而且也决定于电极区离子浓差极化层的电阻。由于浓差极化层电阻受到溶液流量和温度严重影响,而且不稳定,因此浓差极化严重存在,对测量灵敏度和准确度均有很大影响。但如果改变外加电压方向,即加上交流电压,浓差极化层则可以变得很薄,这样就对测量不会造成明显的影响。

所以为了减小极化作用,提高测量溶液电导的灵敏度和准确度,减少测量误差该采用交流电源,而且提高电源的频率则更为有利。

另外,可以加大电极表面积,减小电流密度,也可使极化作用影响减小。因此,工业上应用的铂电极,常常镀上一层铂黑,镀铂黑的结果是使光滑的铂电极表面沉积一层坚固的粉状颗粒,增大了电极的表面积。

(2)电极电容的影响。

在考虑溶液浓度与电导之间的关系时,只将电导池作为一个纯电阻元件,因而在刻度时也以电阻箱代之而进行刻度。在用交流电源时,电极间就会出现一系列的电容,因而测量值实际上是等效阻抗的作用,这就产生了误差,所以还必须考虑容抗的影响。由于容抗的存在,在外加电压和电流间就会出现相位差。

如果设电导池两电极间的绝缘电阻为 R,电容为 C,则电导池的总阻抗为

$$Z = R - \frac{1}{\mathrm{j}wC} \tag{6.44}$$

其电流与电压之间的相位差为

$$\alpha = \arctan \frac{\dfrac{1}{wC}}{R} = \arctan \frac{1}{wCR} \tag{6.45}$$

由此可见,为减小相位差,可提高电源的频率 w,或增大电阻 R,但提高度是受到限制的,因为测量对象已定,增大 R 只能是通过减小电极面积和加大电极间的距离。同时,R 过大,也会导致信号绝对值减小,造成测量上的困难。

所以,无论从降低极化作用的观点出发,还是从降低电容存在的影响考虑,加大电源的频率都是有利的。对于测量低浓度范围的溶液,由于溶液电阻大,所以频率不必太高,一般用 50 Hz 就可以得到满意的结果;对于浓度高、电阻小的溶液,则必须采用高频,至于多高的频率合适,可以根据测量的对象用实验方法来确定。确定的原则是在达到某一频率后,仪表的读数不再因频率增加发生显著变化,就可以取这一频率为工作频率。频率过高,则会给仪表的制造、调整造成新的困难,所以目前一般采用 1 ~ 4 kHz。

(3)温度的影响。

电解质溶液有着很大的电阻温度系数,它和金属导体相反,电导率随温度的增加而有显著地增加,也就是其电阻随温度的增加而显著的减小。在低浓度时(0.05 当量以下),电导率和温度的关系可以表示为

$$S_t = S_\alpha [1 + \beta_1 (t - t_0) + \beta_2 (t - t_0)^2] \tag{6.46}$$

式中　　S_t, S_α——对应于温度为 t 及 t_0 时的电导率;

　　　　β_1, β_2——电导率的温度系数。

通常由于 $\beta_2 (t - t_0)^2$ 的值很小,可忽略不计。

温度系数在室温情况下,酸性溶液为 $0.016 ℃^{-1}$,盐类溶液约为 $0.024 ℃^{-1}$,碱性溶液约为 $0.019 ℃^{-1}$。温度升高时,β_1 的数值减小。

显然,待测溶液的温度变化时,对电导率的影响很大,如不加温度补偿措施,则会对测量结果带来很大的误差。

温度的补偿方法总结起来有三种:①在测量线路中加补偿元件;②采用参比测量法;③采用恒温的方法。工业电导率仪主要采用前两种方法。

电阻补偿法:这是在测量线路中用电阻作温度补偿元件,如图 6.29 所示。其中,R_1 采用锰钢电阻,其温度系数极小,可以近似为零,这与溶液电阻 R_x 并联,其作用是降低溶液电阻 R_x 的温度系数,使其接近于铜电阻 R_k 的温度系数。R_k 是真正的温度补偿电阻,它是用铜线绕制,它的温度系数较大。这样设置后,当溶液浓度未变化时,由于溶液温度的升高,溶液的电导率变大,即电阻值 R_x 变小。由于 R_k 所处的温度与溶液的温度相同(因为 R_k 也浸没在待测溶液中),因此 R_k 随溶液的温度升高其阻值增大。根据待测溶液的温度系数,适当地选择 R_1 和 R_k 的数值,也可以达到较好的温度补偿。

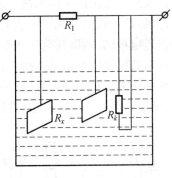

图 6.29　电阻补偿原理图

参比电导池补偿法:即用两个结构完全相同的电导池进行温度补偿。它与热导式气体分析器补偿方法相似,将两个热导池作为电桥相邻的两个桥臂,并处于相同的温度下,一个作为测量电导池,一个作为参比电导池,也能得到较好的温度补偿。

6.6.3　结构

图 6.30 给出了一种工业电导率仪结构示意图。工业电导率仪主要由电导池和变送单元两部分组成。电导池又称为检测器或者发送器,它把溶液的浓度转化为电阻或者电导变化。变送单元又称为转换器,它的作用是把电阻或电导变化转换为直流电压或电流信号。

电导池一般由电极、温度补偿电阻、接线端子和电极保护套管等组成,如图 6.31 所示。根据使用环境的不同,电导池有不同的结构形式。

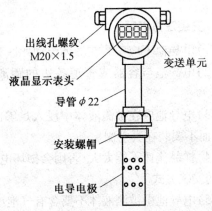

出线孔螺纹
M20×1.5

变送单元

液晶显示表头

导管 $\phi 22$

安装螺帽

电导电极

图 6.30　工业电导率仪结构示意图

图 6.32 给出了几种常见的结构形式。

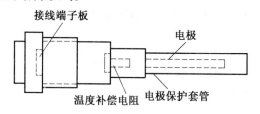

图 6.31　电导池的结构示意图

浸入式电导池的结构如图 6.32(a)所示,它直接浸没在被测介质中,或通过活接头固紧在工艺设备上,一般用在要求不高的常压场合。

插入式电导池的结构如图 6.32(b)所示,它的外套管上有法兰盘或螺纹接口。安装时通过法兰或螺纹与设备连接,可以保证一定的插入深度。既能垂直安装,也能够水平安装,可用于有一定压力的场合。

流通式电导池的结构如图 6.32(c)所示,它通过法兰或螺纹与设备管道连接,被测介质从下部进入,经过电导池后再从上部侧向流出。这种电导池安装在管道系统中,因为样品是直接流过电极的,所以其响应速度较快。

流通式电导池的结构如图 6.32(d)所示,它由闸阀、填料函和连接件等组成。这种电导池能够在工艺生产不停车和不排放的情况下拉出电极进行清洗、检查或更换,既不会影响生产,又可以避免被测介质外溢,常用于高压测量场合。

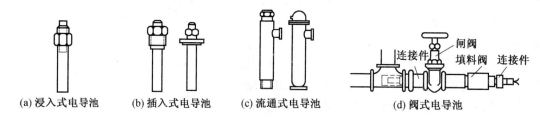

(a) 浸入式电导池　　(b) 插入式电导池　　(c) 流通式电导池　　(d) 阀式电导池

图 6.32　几种电导池的外形图

6.6.4　安装使用和维护

1. 安装注意事项

(1)电导池不应安装在液体流动死区和环境不好的地方,并应考虑维护方便。

(2)电导池与容器或管道各边的距离要大于 1.27 cm,电极原有的防护层应该保持完好。

(3)电导池应在被测液体中浸入足够的深度。如果把电导装在泵系统,应装在泵的压力侧,而不要装在真空侧。

(4)样品流速不能太大,否则会损坏电导池。样品流速低时,建议采用样品流入电导池开口的安装方式。

(5)电导池中被测液体不要含有气泡或固体物质,而且保证沉淀不能堵塞电导池通道。被测液体的温度和压力不能超过仪表技术条件所规定的范围。

(6)测量电极的两根引线,要用性能良好的聚乙烯绝缘屏蔽电缆,而且分布电容要小。

为了减少分布电容的影响,提高测量精度,电极引线不能过长。如果采取一定的措施来减小线间分布电容时,电极引线长度才能增加。一般要求在电缆总长度内的分布电容小于2 000 pF。

2. 日常维护和注意事项

(1)电导池的检查周期取决于设备状况和被测溶液的电导率。一般来说,溶液的电导率越高,对电极表面的要求也越高,检查次数就要多一些。在正常情况下,一般每月只检查一次。

(2)检查项目如下:电导池是否有裂缝、缺口、磨损或变质迹象;电极表面铂黑镀层是否完好;电极上有无腐蚀或变色的迹象;电极周围的防护层是否完好;有无因液体流速太大而引起电极位置变化的迹象;干电导池的泄漏电阻是否符合要求;排空口是否堵塞等。

(3)当电导池安装在新的管道系统时,建议运行几天后就进行第一次检查。观察电极和池室上有无油污、铁锈、沉淀物等。若有,则应清洗干净。

(4)如果被测溶液的电导率大大超过仪表测量范围的上限,须立即切断电源,并查看电导池是否损坏。

(5)如果显示仪表出现不明原因的不正常现象,如灵敏度下降、死区增大、滞后增大、指示不稳定和平衡困难等,往往表明电极表面有损伤,应拆下电导池进行检查、清洗或更换。

6.7　钠离子浓度计

钠离子浓度计是用以测量水溶液中的含钠量而设计的,特别对电厂高纯水(如蒸汽、凝结水、锅炉给水等)的品质监督更适宜应用,在锅炉热工测试中可用来测量蒸汽带水量。在这里以 Dws-51 型钠离子浓度计为例进行介绍。

Dws-51 型钠离子浓度计是一台全晶体管式高阻毫伏计(以下称电计)和钠功能电极组合而成。当钠功能电极浸入被测溶液时,产生一定的电位,此电位决定于 Na^+ 的活度,当此电位输入到电计时,就在指示表头上直接读出 P_{Na^+} 数或 Na^+ 含量。电计有 0 ~ 100 mV 输出信号,可以接记录仪,供电计做长时间测量或了解连续反应变化过程。

6.7.1　工作原理和结构

Dws-51 型钠离子浓度计是由一台用参量振荡放大深度负反馈原理的直流放大器和一对钠功能电极配套进行测量,以面对电极系统和放大器原理分别进行介绍。

1. 测定原理

测量 Na^+ 活度原理基本上与玻璃电极测定溶液的 pH 相似,当钠电极浸入溶液时,钠电极敏感玻璃与溶液间产生一定的电位:此电位决定于溶液中 Na^+ 的活度,因此,用另一支具有固定电位的参比电极即能测得其电势,即 Na^+ 的活度(即浓度)求得,若 P_{Na^+} 电极的电位受 Na^+ 活度的影响,则符合公式

$$E = E_0 + \frac{2.302\ 6RT}{F} \log a_{Na^+} \tag{6.47}$$

式中　E —— 电极电位;

R —— 气体常数;

E_0 ——零电位;

T ——绝对温度;

a_{Na^+} —— Na^+ 的活度;

F ——法拉第常数,96500 C/g-eq。

$P_{Na} = \log a_{Na^+}$,当 Na^+ 的活度系数为一常数时,则式(6.47)即为

$$E = E_0 + \frac{2.302\ 6RT}{F} \log C_{Na^+} \tag{6.48}$$

式中　C_{Na^+} —— Na^+ 的克离子浓度。

按式(6.48)在 20 ℃时,当活度每变化 10 倍时,电极相当电动势的变化为 58.16 mV(即为 PNa 个数)。但是由于被测溶液中 H^+ 和 Na^+ 及其他(如 K^+)等,都是 1 价阳离子,在测定时相互影响而引起干扰。因此,当测量 H^+,Na^+ 的浓度和 Na^+ 的浓度应为 1∶1 000 时,可以免除 H^+ 对 Na^+ 测定的干扰,也就是说,如测量 PNa7(即 PNa 值为 7)的溶液时,pH 值应在 10 以上。

2. 电极系统

测 PNa 的钠功能玻璃电极,称之为指示电极,其头部为特殊玻璃制成的薄膜,单独 PNa 玻璃电极只形成半电池(图 5.21)为:玻璃膜|NaCl+KCl|Ag·AgCl,由于玻璃敏感膜内阻很大,因此,插头必须保持绝缘电阻大于 $10^{12}\Omega$。

测量 PNa 的另一支电极,参比电极,也组成一个半电池为:Hg|Hg₂Cl₂|KCl(0.1 当量),在取样测量时甘汞已极采用 0.1 当量氯化钾,以减少 K^+ 对 PNa 值的干扰,甘汞电极盐桥部用陶瓷沙芯烧结而成,陶瓷沙芯导电阻抗一般不大于 10 kΩ。

3. 电极

电极是采用参量振荡深反馈直流放大器,深反馈能提高仪表的稳定性和线性度。

(1)深反馈原理。

从图 6.33 可看出,净输入电压为

$$E_i = E - E_F \tag{6.49}$$

可得到电极输入电压为

$$E = E_i + E_F \tag{6.50}$$

而

$$E_i = \frac{E_F}{\alpha\beta} \tag{6.51}$$

式中　E —— 输入电压,V;

E_i ——净输入电压,V;

E_F ——反馈电压,V;

α ——放大器放大倍数;

β ——反馈系数。

将(6.51)代入式(6.49),得

$$E = E_F + \frac{E_F}{\alpha\beta} = E_F\left(1 + \frac{1}{\alpha\beta}\right) \tag{6.52}$$

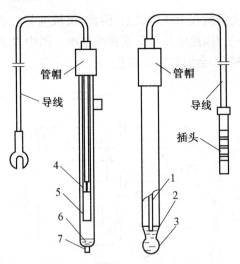

图 6.33　电极的结构

1—银氯化银电极；2—NaCl + KCl；3—敏感玻璃
膜；4—Hg；5—Hg_2Cl_2；6—陶瓷芯；7—0.1NKCl

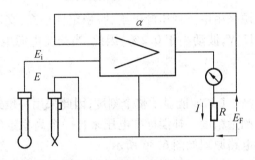

图 6.34　深反馈原理图

可见，当 $\alpha\beta \gg 1$ 时，则 $E \approx E_F = IR$，由此可知，如果 R 不变。若足够大，则电流 I 和输入电压 E 呈正比线性关系，而放大倍数稍有变化不会影响指示读数，因此提高了放大器的稳定性。

另外，深度负反馈放大器也提高了仪器的输入阻抗。因为 $R_i = R_0(1 + \alpha\beta)$，其中 R_i 为等效输入阻抗；R_0 为输入端阻抗，当 $\alpha\beta \gg 1$ 时，则 R_i 为 R_0 的 $\alpha\beta$ 倍。

（2）参量振荡放大器。

参量振荡放大器是用参量振荡原理达到相似调制目的一种变换器，如图 6.35 所示。它不需要调制元件，可以延长使用寿命，提高可靠性、加快反应速度。振荡原理是用两个高阻抗变容二极管作桥路的两个桥臂，当接通电源，电流流经 L_3，则 A，B 两端就得到感应电势，A 与 B 即桥路两端。因此，桥路 C，D 两端就有输出电压，输出电压的大小决定桥路不平衡度，当 D_1，D_2 变容管容量差越大，则桥路不平衡度越大，放大器的输出也越大，反之则越小。当外接电极直流电压加到桥路上时，即加在 D_1，D_2 变容管的两端，当输入电压是负向，则对 D_2 是正向，对 D_1 是反向的，因此 D_2 容量增加，D_1 容量减少，使桥路平衡度发生变化，就能改变 E_0 的输出。D_1，D_2 和 C 的电容量及 F_1 电感量决定于振荡频率。电路频率选定为 150 kHz 左右。由于整个电路是深反馈方式，因此，净输入电压小于 1 mV。实际上对 D_1，D_2 电容量变化量极微,由于放大器放大倍数在 100 倍以上,因此,灵敏度是较高的。另外,D_1,D_2两只变容管同时形成相互温度补偿,因此电路对温度影响很小。图中 R_1 的作用是分离振荡器和接地回路,当电极内阻减小时,不会引起振荡停止。

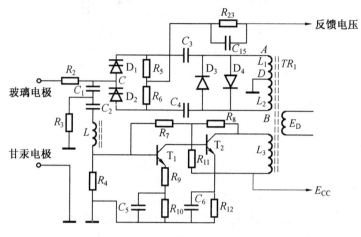

图 6.35　参量振荡大器

供放大器的直流电源是由电子稳压源供给的,稳定性很高,交流波纹很小,一般不超过 0.2 mV,输出直流电压 15 V,波动小于 0.2%,因此,当交流电源电压变化±10% 时,指针无明显变动。

（3）补偿电路。

由于仪表精度要求高。1 PNa 能显示整个刻度,因此采用补偿式,这样即能扩大测量范围、精确读数,又能提高测量精度。补偿标准电压来自一个高稳定的稳压源,经过二次稳压以提高稳定性能。补偿电路原理如图 6.36 所示。

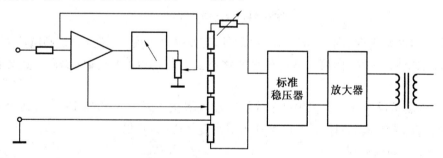

图 6.36　补偿电路原理示意图

6.7.2　使用方法及说明

PNa 测量,即用 PNa 玻璃电极测量水溶液的 PNa 值,必须以一个已知的标准溶液来进行定位,也就是定位调节一个相同的电压抵消指示电极和参比电极之间的不对称电位,但标准 PNa 溶液无缓冲作用。要防止容器污染,特别是氢离子也会引起干扰。因此在测量时要另加碱试剂,如二异丙胺或氢氧化钡。由于以上原因,故对测量要求比较严格。

（1）仪器安装。

电极和测量杯必须放在塑料绝缘板上,周围无交流磁场,仪器电源应良好接地以防止干扰,先将 PNa 复合电极的插头插入仪器后面板上的电极插座上,并安装在电极支架上。注意,在使用前应把 PNa 复合电极浸泡 1~2 h 以活化电极,电极插头要保持清洁干净,切记污物接触。

(2)测量准备。

①PNa/mv 转换开关板至 PNa 挡上。

②温度调节在标准溶液的温度值上。

③斜率调节器在 100% 处。

(3)定位。

由于 Na⁺ 标准溶液容易受到污染和其他离子干扰,因此如果方法不正确,就会造成很大的人为误差,特别在定位时要按以下步骤进行:

①配制 PNa4 标准溶液数立升,作为定位液,将要用的塑料试杯仔细清洗,并编上号,使浓度不同的用具按号正确使用,以防止造成污染。配制好的标准溶液如果没有加过碱性试剂,则可以预先加好,或在使用时加也可。碱性试剂是二异丙胺或氢氧化钡,加入后使 pH 值在 10 左右,以防止氢离子干扰。

②新的玻璃电极可以用四氯化碳擦去支管和插头上的污染物。

③检查玻璃电极球泡内溶液和内电极(即银氯化银电极)接触,两者之间应无气泡存在。

④如定位液末加碱性试剂,则应在清洗好的塑料试杯中加入两滴 0.2 mol 二异丙胺(或加饱和氢氧化钡溶液滴一滴),再加入定位液约 100 mL,清洗电极球部。这样重复换溶液清洗 3~4 次,然后再换 PNa4 溶液放在仪器右侧垫有良好绝缘的塑料板上。

⑤把安装好的 PNa 复合电极移下,使球泡和甘汞陶瓷芯浸入溶液内,水样不再摇动。

⑥仪器读数逐渐变化,调节定位调节器使读数接近 4.00,待 2~3 min 后,读数逐渐达到最大值,在 1~2 min 内,没有明显变动或变小,立即调节定位调节器至 4.00。

⑦倒去此定位液再复定位 1~2 次,如复定位相差较大,则需继续调整定位器,调节直至复定位后误差不超过 PNa 4.00±0.02 。

(4)测量。

由于电极定位时水样浓度较高,因此在定位以后测量水样含钠量低时,应用蒸馏水或无钠水(加好碱性试剂)对电极进行清(一般要请洗 4~5 次),洗到指示值接近被测值。

①同定位方法,在塑料环内加入两滴 0.2 mol 二异丙胺,再加水样约 100 mL。

②将电极球部浸入被测液中。

③如测量蒸馏水或冷凝水,应将 PNa 读数开关放在"6"或"7"位置。

④将测量开关放在测量位置,如指示超过右面刻度,则应增加 PNa 开关挡,如低于左面刻度.则应减少 PNa 挡,一般在 1~2 min 达到最大值,之后指针逐步倒退,读数应读最大指示值。

⑤将测量开关回到校正位置检查零点。

⑥电极的清洗。由于电极定位时水样浓度较高,因此在定位过后测量水样含钠量低时,应用蒸馏水或无钠水(加好碱性试剂)对电极进行清洗(一般要清洗 4~5 次),清洗到读数值接近被测值左右。

⑦测量。

a. 同定位方法,在塑料杯中加入一滴饱和氢氧化钡,再加水样约 100 mL。

b. 将电极球部浸入被测溶液中(甘汞陶瓷芯也浸入)。

c. 仪器读数逐渐增大,1 ~ 2 min 达到最大值,读数应读最大值。

⑧二点校正。4 ~ 6 条为一点校正的测量方法,使用一种标准溶液(PNa4),而二点校正的测量方法,则使用两种标准溶液,如 PNa4 和 PNa5。校正步骤如下:

a. 清洗 PNa 复合电极(同第⑤条)温度调节器指示溶液的实际温度值选择开关拨至 PNa 挡。

b. PNa 复合电极浸入第一标准溶液(PNa4),调节定位器使仪器读数为 PNa 4.00±0.02。

c. 清洗 PNa 复合电极(4 ~ 5 次)。

6.7.3　仪器的维护及注意事项

1. 检验

在对仪器的准确度进行检验时,如发现指示值有不准确,则可以用电位差计串接高阻器进行检验。连接方法如图 6.37 所示。

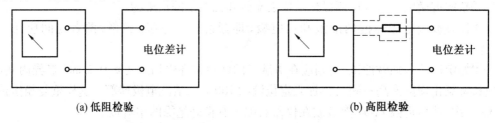

(a) 低阻检验　　　　　　　　　　　　　　　　(b) 高阻检验

图 6.37　连接方法

2. 注意事项

(1)新购的 PNa 电极或久置不用的电极,要用蘸有四氯化碳酒精的棉花擦净,再用水冲洗,浸泡在 5% 的 KCl 中 15 ~ 20 min,然后用蒸馏水洗净,再浸泡在 0.01 mol 的 NaCl 溶液中数小时,使电极有良好的性能。但不宜浸泡过长时间。

(2)电极敏感膜不要与手指油腻等相接触,以免污染电极,电极敏感膜玻璃很薄,要注意勿触及硬物,防止破裂。

(3)PNa 电极使用寿命尚无确定结论,按目前使用的情况,一般为一年至一年半,如超过此时间尚可应用,但定位时间将大为增加,测定时反应也较迟钝,一般定位时间超过 10 min,指针还在缓慢漂动,则说明电极衰老反应迟钝,应更换新电极。

(4)在测定极微量的钠含量时,容器及电极的支管的污染往往是造成测量误差的主要原因,在每次测定前均要用高纯水冲洗干净,然后再用试样反复冲洗电极 4 ~ 5 次(不要用滤纸去吸电极上的水珠)。每当测定过浓的溶液时,1 mol NaCl 的玻璃电极和甘汞电极都不能立即用来测试纯水,必须将电极经过仔细清洗后,浸在纯水中让其恢复,否则也会给测试结果带来极大误差。

(5)当水样温度低于 20 ℃时(特别在 15 ℃以下时),PNa 电极的反应速度较慢。因此读数时间将要适当延长,并且会增加误差,水温越高,反应的速度越快。

(6)如被测溶液呈酸性,则应增加二异丙胺或氢氧化钡的加入量,使 pH 在 10.2 左右。

在配制 PNa4 标准液时,有时会带来少量误差,因此最好固定使用一套较好的量瓶及移液管,并保证清洗干净,不受污染。在精密的测定中(一般不必如此)可用质量法配制,即将 2 L 容量瓶在天平上(应准确至 0.1 g)称取 2 000 g 水,这可以避免容量瓶因室温变化等原因所引起的容积误差。

(7)仪器在不测量时,应将测量开关扳在校正位置,这样电极即使脱开溶液时也不会使指针敲打击坏。如果在使用上不注意,碰到指针敲打时,应立即将测量开关扳向校正位置,并让其恢复 1 ~ 2 min 方可测量。

(8)仪器在测量被测溶液时,应预先将 PNa 开关转在接近该溶液的 PNa 值位置,以免指针受冲击过大。

(9)电极插头及仪器插口内部应保持绝缘阻抗在 $10^{12} \Omega$ 以上,因此必须注意勿使其受潮,保持清洁。

(10)仪器应存放在干燥清洁处,并无腐蚀性气体的场所。

第7章 锅炉热工测试方法

7.1 概 论

锅炉的运行工况对锅炉设备运行的经济性和安全性具有重大影响。锅炉热效率每提高1%,则可节约煤炭1.2%~1.5%。整个锅炉的运行过程是一个复杂的燃烧、传热、汽化过程。只有通过热工试验(测试),把取得的结果进行科学分析,从经济、安全性等方面加以比较,才能确定出最佳的运行参数与方式。通过较全面的热工试验也可以获得锅炉在最佳运行方式下的技术经济特性,包括燃料、空气、烟气、汽水工质的运行参数及锅炉热效率等。也可以发现锅炉运行存在的问题,针对问题采取措施,对锅炉设备及系统进行改造或优化运行参数,从而使锅炉运行经济性更好,并提高其运行安全性。

通过试验,还可以使操作人员更好地了解设备的运行性能,掌握燃烧过程的内在规律,使实践和理论知识更紧密地联系在一起,从而在技术革新、安全经济运行方面发挥出更大的作用。

对于锅炉运行中存在的问题,为查明原因及研究解决对策,也要对锅炉做某些专题试验。对新设计的锅炉产品,需要进行热工技术性能鉴定试验,以确定锅炉蒸发量、耗煤量、热效率及各项热损失,为进一步改进设计提供必要的数据。

7.1.1 试验前的准备工作

试验必须有组织、有领导,按照一定的计划和程序进行。

(1)确定试验项目负责人。根据试验项目委托书的要求及任务量,有关单位(机构或部门等)应确定该试验的项目负责人,全面负责组织测试项目的策划、准备工作、现场测试、数据整理分析、数据计算、试验报告编制等。

(2)试验前应制订试验大纲。试验项目负责人组织制订试验大纲。试验大纲的内容一般包括:试验的任务和要求;测量项目;测点布置及所需测试仪器;人员组织及分工、试验进度安排、安全措施、人员分工和总进度等,还应包括试验程序、安全防护措施等。

(3)确定试验项目组成员。按试验大纲要求,组织确定试验项目组成员,并按照制订的测试项目,明确分工,分头准备。试验过程中,测试人员不宜变动。

(4)试验使用的仪表均应是在检定和标定的有效期内,且应具备法定计量部门出具的检定合格证或检定印记;试验前后应对所用仪表加以检查,检查仪器设备的灵敏度是否符合要求。

(5)准备好测试锅炉蒸发量、蒸汽湿度、压力、烟气成分、粉尘浓度等所需仪器设备和装取煤、灰渣试样的密封储存容器等。

(6)检查测点布置是否合理。按试验大纲中测点布置图的要求安装测量仪器设备;做单项检查试验。

（7）全面检查并记录锅炉及有关辅助设备的运行状态是否正常。如有不正常现象,应排除。

消除设备缺陷是锅炉热工试验很重要的前提和条件。因为整个试验是在锅炉满负荷的情况下进行的,其存在的缺陷消除得彻底与否,不仅直接影响试验的质量,而且关系到人身和设备的安全运行,必须引起重视。当设备存在较大缺陷而不能保证锅炉正常可靠运行时,一般不应进行试验。

（8）预备性试验。为了确保正式试验的顺利进行,在正式试验前可进行做预备性试验（即调整试验）,作为对锅炉运行情况和仪器设备是否正常工作及可靠性的全面检查,并检查试验人员掌握仪器设备的使用的熟练程度、试验操作程序的熟悉程度以及人员相互配合的程度,并确定合适的运行工况。

预备性试验时,应和正式试验一样,记录全部测量数据,以便和正式试验对比。

（9）应注意被试验锅炉的汽、水、燃料、排渣必须与其他锅炉的汽、水、燃料、排渣完全隔绝,以防止泄漏而影响试验结果的真实性和精确性。

7.1.2　试验的技术要求

为了保证试验具有一定的准确性,应严格执行《工业锅炉热工性能试验规程》的有关规定,应遵守如下技术要求:

（1）正式试验应在锅炉热工况稳定和燃烧调整到试验工况 1 h 后开始进行。锅炉热工况稳定系指锅炉主要热力参数在许可波动范围内其平均值已不随时间不断变化的状态。其工况稳定所需时间（自冷态点火开始）一般规定为:

①对无砖墙（快、组装）的锅壳式锅炉:燃油、燃气锅炉不少于 1 h;燃煤锅炉不少于 4 h。

②对轻型炉墙锅炉不少于 8 h。

③对重型炉墙锅炉不少于 24 h。

（2）制造厂提出的锅炉出力、效率等保证值是对稳定工况而言的,所以在进行验收试验时应保证锅炉处于稳定工况下运行。验收、仲裁试验应由三方,即买方、卖方的代表和检测机构的人员到现场进行试验。

（3）锅炉试验所使用的燃料应符合设计要求,并说明按工业锅炉用煤分类所属的类别。

（4）试验期间锅炉工况应保持稳定,并应符合下列规定:

①锅炉出力的最大允许波动正负值应符合图 7.1 的要求。

②蒸汽锅炉的压力允许波动范围如下:

a. 设计压力小于 1.0 MPa 时,试验期间内压力不得小于设计压力的 85%。

b. 设计压力为 1.0～1.6 MPa 时,试验期间内压力不得小于设计压力的 90%。

c. 设计压力大于 1.6 MPa 及小于等于 2.5 MPa 时,试验期间内压力不得小于设计压力的 92%。

d. 设计压力大于 2.5 MPa 及小于 3.8 MPa 时,试验期间内压力不得小于设计压力的 95%。

③过热蒸汽温度波动范围。

a. 设计温度为 250 ℃,试验实测温度应控制在 230～280 ℃。

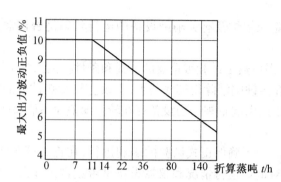

图 7.1　最大允许的出力波动值

（注：1 折算蒸吨相当于 1 t/h 或 0.7 MW）

b. 设计温度为 300 ℃，试验实测温度应控制在 280～320 ℃。

c. 设计温度为 350 ℃，试验实测温度应控制在 330～370 ℃。

d. 设计温度为 400 ℃，试验实测温度应控制在 380～410 ℃。

e. 每次试验中，实测的过热蒸汽温度的最大值与最小值之差不得大于 15 ℃。

④蒸汽锅炉的实际给水温度与设计值之差宜控制在 -20～30 ℃。当实际给水温度与设计给水温度的偏差超过 -20 ℃时，测得的锅炉效率应按每相差 -60 ℃效率数值下降 1% 进行折算，不足或大于 -60 ℃，则按比例折算。在试验报告结果分析中对此予以扣除，对无省煤器的锅炉则不予扣除。

⑤热水锅炉的进水温度和出水温度与设计值之差不宜大于 ±5 ℃。当实际进出水温平均值与设计温度平均值的偏差超过 -5 ℃时，应对测试效率进行折算。对于燃煤锅炉，出水温度与额定温度相差 -15 ℃，效率数值下降 1%；对燃油、燃气锅炉，出水温度与额定温度相差 -25 ℃，效率数值下降 1%；不足或大于上述温度时，按比例折算。无论有无省煤器，在试验报告结果分析中对此均予以扣除。带有空气预热器的大容量热水锅炉出水温度偏差的效率折算方法协商确定。

⑥热水锅炉测试时的压力应保证出水温度比该压力下的饱和温度至少低 20 ℃。

⑦试验期间安全阀不得起跳，锅炉不得吹灰，不得定期排污，连续排污一般也应关闭。对过热蒸汽锅炉，当必须连续排污时，连续排污量应计量（计入锅水取样量内），其数量不得超过锅炉出力的 3%。

（5）在试验结束时，锅筒水位和煤斗的煤位均应与试验开始时一致，如不一致，应进行修正。试验期间过量空气系数、给煤量、给水量、炉排速度、煤层或沸腾燃烧锅炉料层高度应基本相同。

对于手烧锅炉在试验开始前和试验结束前均应进行一次清炉。注意，结束时与开始时，煤层厚度和燃烧状况应基本一致。

（6）正式试验测试时间的规定。

①火床燃烧、火室燃烧、沸腾燃烧固体燃料锅炉应不少于 4 h。

②火床燃烧甘蔗渣、木柴、稻壳及其他固体燃料锅炉应不少于 6 h。

③对于手烧炉排、下饲炉排等锅炉应不少于 5 h；对于手烧锅炉，试验时间内至少应包含一个完整的出渣周期。

④液体燃料和气体燃料锅炉应不少于 2 h。

(7)试验次数、蒸发量修正方法及误差的规定。

①锅炉的新产品定型试验应在额定出力下进行两次,其他目的试验的次数由协商而定。对于沸腾燃烧锅炉、水煤浆燃烧锅炉和煤粉燃烧锅炉还应进行一次不大于 70% 额定出力下的燃烧稳定性试验,时间为 4 h,并允许只测正平衡效率。对额定蒸发量(额定热功率)大于或等于 20 t/h(14 MW)时,仍可只测反平衡效率。

②每次试验的实测出力应为额定出力的 97% ~ 105%。当蒸汽和给水的实测参数与设计不一致时,锅炉的蒸发量应按式(7.1)、(7.2)进行修正。

对饱和蒸汽锅炉:

$$D_{zs} = D_{sc} \frac{h_{bq} - h_{gs}}{h_{bq}^{\bullet} - h_{gs}^{\bullet}} \tag{7.1}$$

对过热蒸汽锅炉:

$$D_{zs} = D_{sc} \frac{h_{gq} - h_{gs}}{h_{gq}^{\bullet} - h_{gs}^{\bullet}} \tag{7.2}$$

式中 D_{zs}——折算蒸发量,t/h;

D_{sc}——输出蒸发量,t/h;

h_{gq}, h_{bq}, h_{gs}——过热蒸汽、饱和蒸汽、给水的实测参数下的焓,kJ/kg;

$h_{gq}^{\bullet}, h_{bq}^{\bullet}, h_{gs}^{\bullet}$——过热蒸汽、饱和蒸汽、给水的设计参数下的焓,kJ/kg。

③每次试验的锅炉正、反平衡测得的效率之差应不大于 5%,两次试验测得的正平衡效率之差应不大于 3%,两次试验测得的反平衡效率之差应不大于 4%。但是对于燃油、燃气锅炉各种平衡的效率值之差均不大于 2%。

(8)电加热锅炉试验要求。

①电加热锅炉定型试验应在额定出力下至少进行两次,试验应在锅炉运行达到稳定工况 1 h 后进行,每次试验时间为 1 h,可只进行正平衡试验,两次试验的正平衡效率差值应在 1% 之内,锅炉效率取两次效率的算术平均值。

②电耗量可用电度表(精度不低于 1.0 级)和互感器(精度不低于 0.5 级)测量。每千瓦时的发热量折算为 3 600 kJ。

(9)热油载体锅炉试验要求。

可按热水锅炉的试验方法进行。只是在计算载热量时,导热油的比热容以其实测温度下的进、出口油的比热容与在 0 ℃时的比热容的平均值为准。

(10)定型试验和验收试验时,基准温度一般选为测试地点的环境温度。

(11)锅炉的蒸汽品质应符合下列要求:

①没有过热器的锅炉,饱和蒸汽的湿度:对水管锅炉不超过 3%;对火管锅炉不超过 5%。

②有过热器的工业锅炉,过热蒸汽含盐量不超过 0.5 mg/kg。

(12)各种测量仪表,应事先进行校正。及时、准确地记录各测量项目数据,一般可以每 10 min 或 15 min 记录一次。

(13)试验中,负责人应经常进行巡回检查各测量岗位情况。随时分析测量数据,以便随时发现问题,及时调整改进。

7.2　测量项目

7.2.1　各种热工性能试验测量项目的确定

新产品热工性能定型试验的测量项目,因锅炉燃料及供热方式不同而有所不同,应在试验大纲内明确。

锅炉验收试验及仲裁试验的测量项目可协商确定,运行试验可按需要而定。

7.2.2　锅炉热效率测试的测量项目

热工试验锅炉效率计算所需的测量项目如下:

1. 燃料分析类

(1)燃料元素分析、工业分析及发热量。

(2)液体燃料的密度、温度及含水量。

(3)气体燃料组成成分。

(4)混合燃料组成成分。

(5)燃料消耗量及电热锅炉耗电量。

2. 工质质量流量参数类

(1)蒸汽锅炉输出蒸汽量(饱和蒸汽测给水流量,过热蒸汽测给水流量或过热蒸汽流量);热水锅炉的循环水流量;热油载体锅炉的循环油流量。

(2)自用蒸汽量。

(3)蒸汽取样量。

(4)锅水取样量。

(5)排污量(连续排污量,计入锅水取样量)。

3. 工质温度、压力参数类

(1)蒸汽锅炉的给水温度及给水压力。

(2)热水锅炉的进、出口水温或进、出口水温温差及进水温度;热油载体锅炉的进、出口油温。

(3)过热蒸汽温度。

(4)蒸汽锅炉的蒸汽压力;热水锅炉的进、出口水压力;热油载体锅炉进、出口油压力。

4. 烟气温度、成分分析类

(1)排烟温度。

(2)排烟处烟气成分(含 RO_2,O_2,CO)。

5. 灰、渣类

(1)炉渣、漏煤、烟道灰、溢流灰和冷灰的质量。

(2)炉渣、漏煤、烟道灰、溢流灰、冷灰和飞灰可燃物含量。

(3)燃烧室排出炉渣温度、溢流灰和冷灰温度。

6. 饱和蒸汽湿度、冷空气温度类

（1）饱和蒸汽湿度或过热蒸汽含盐量。

（2）入炉冷空气温度。

7. 其他类

（1）当地大气压力。

（2）环境温度。

（3）试验开始到结束的时间。

7.2.3　热工性能试验工况分析测量项目

锅炉热工性能试验工况分析所需的测量项目如下：

（1）风的温度压力类。

① 空气预热器热风温度。

② 燃烧器前油、气压力。

③ 燃烧器前油、气温度。

④ 沸腾燃烧锅炉的沸腾层温度。

⑤ 一次风风压或沸腾燃烧锅炉风室风压。

⑥ 二次风风压。

⑦ 炉膛压力。

（2）烟的温度压力类。

① 炉膛出口烟温。

② 烟道各段压力。

③ 省煤器（或节能器）进、出口烟温。

④ 空气预热器进、出口烟温和热风温度。

（3）燃料物理特性类。

对煤粉锅炉，应测煤粉细度和灰熔点；对沸腾燃烧锅炉，应测燃料的粒度组成；对火床锅炉，在必要时可测燃料的粒度组成；对燃烧重油锅炉，测重油的黏度及凝固点。

（4）耗电量类。

辅机（送风机、引风机、破碎机、炉排传动装置、给水泵等）耗电量。

7.3　测试方法

7.3.1　蒸汽量的测量

蒸汽锅炉蒸汽量的测量仪表、方法：蒸汽量可通过测量蒸汽流量或给水量来确定。

（1）饱和蒸汽的流量一般通过测量锅炉的给水流量来确定。给水流量可用水箱、涡轮流量计（精度不低于 0.5 级）、电磁流量计（精度不低于 0.5 级）、孔板流量计（其测量系统精度不低于 1.5 级）、涡街流量计（精度不低于 1.5 级）等任一种仪表来测定。当锅炉额定蒸发量大于或等于 20 t/h 的蒸汽锅炉也可用超声波流量计（精度不低于 1.5 级）来测量给水流量。

（2）过热蒸汽的流量也可采用直接测量蒸汽流量来确定。测量方法可用孔板流量计（精度不低于0.5级）、差压变送器（精度不低于0.5级）、积算仪（精度不低于0.5级）等来测量。如锅炉有自用蒸汽时，应予以扣除。

小型工业锅炉蒸发量小，又常常是间断给水，因此给水量宜采用测量水箱中水位变化的办法来测量。

标准水箱应进行校准。校准的方法可用质量法。对标准水箱的校准应进行两次，两次校准之间误差应小于±0.2%。标准水箱可做成中间带隔板的。这样两格可以交替供水和进水，做到连续给水，如图7.2所示。

在测定给水量时，给水管路，尤其是水泵不能有泄漏。

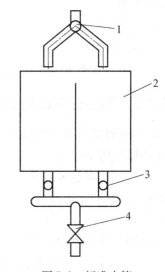

图7.2 标准水箱
1—三通阀;2—标准水箱;3—二通阀;4—阀门

7.3.2 热水锅炉的循环水量

热水锅炉的循环水量，可在热水锅炉进水管道上安装涡轮流量计、涡街流量计、电磁流量计、超声波流量计、孔板流量计等任一种仪表进行测量。热油载体锅炉的循环油量可用涡街流量计及孔板流量计等进行测量。所用仪表精度等级与蒸汽量测量中相应仪表精度级别相同。

7.3.3 燃料量的计量

固体燃料应使用衡器称重（精度不低于0.5级），衡器应经检定合格，燃料应与放燃料的容器一起称重，试验开始和结束时该容器质量应各校核一次。

基本方法是用磅秤一桶一桶地称出试验期间所用固体燃料的总消耗量。然后按时间平均，求出每小时的燃料消耗量。需确保测量准确，必须注意以下几点：

（1）尽量保持试验工况始末一致。也就是说，要求试验开始和结束时炉子的燃烧情况尽量相同。即要求锅炉在试验开始和结束时，料层厚度、炉子的燃烧面积及燃烧程度相同。对于手烧炉，试验结束前最后一次清炉或加料至试验结束的时间长短，应与试验前最后一次清炉或加料至试验开始的时间长短相同。由此可见，试验时间越长，数据的误差就越小。

（2）对于链条炉、往复炉排及其他机械化层燃炉，要求着火区域一致，并要求试验开始和结束时料斗中料位相同。为了减少料位带来的误差，起始料位应取料斗下部（即小截面处）为准。

（3）称料工作要认真，皮重要称准，数字要记清。称的次数要尽量少，以减小称量误差。

（4）台秤必须经过校验，合格方可使用。在开始校验前先手按撅台秤台面四角，检查台面下刀刃是否脱离接触;四角的轮子是否都着地，同时用肉眼观看台面是否基本保持水平。

对于液体燃料应由称重法或在经标定过的油箱上测量其消耗量，也可用油流量计（精度不低于0.5级）来确定。

对于气体燃料,可用气体流量表(精度不低于 1.5 级)或标准孔板流量计来确定消耗量。气体燃料的压力和温度应在流量测点附近测出,用以将实际状态的气体流量换算到标准状态下的气体流量。

当锅炉额定蒸发量(额定热功率)大于或等于 20 t/h(14 MW),仅用反平衡法测定效率时,试验燃料消耗量应按相应的公式进行反算得出。公式中的锅炉效率先行估取,当计算所得反平衡效率与估取值相差在 ±2% 范围内,计算结果有效,否则应重新估取锅炉效率做重复计算。

7.3.4　工质压力测量

锅炉给水及蒸汽系统的压力测量应采用精度不低于 1.5 级的压力表。

7.3.5　温度测量

锅炉蒸汽、水、空气、烟气介质温度的测量,可以使用热电阻温度计、水银温度计或热电偶温度计(其显示仪表精度均不低于 0.5 级)。对热水锅炉进、出水温度应采用铂电阻温度计测量,读数分辨率为 0.1 ℃。

热电偶工作端一般多用焊接的方法使其牢固相接。工业热电偶焊接方法虽然很多,但以碳粉埋弧焊接较好。其方法为以填充细碎碳粒或石墨粒或石墨粉的金属容器为一极;而将待焊的热电偶工作端作为另一极。工作端需绞紧,稍涂硼砂,插入碳粒床层内,深度为 20 ~30 mm,此两极接通 18 ~24 V 电源即可进行焊接。焊好的工作端形成球状或近似球状。有时为测量管壁温度或其他金属表面温度,可以先在测点表面堆焊银或铜的凸台,挫平、开槽,将电极线端头嵌入槽内。敲挤堆焊物使与电极固接夹牢,如图 7.3 所示。利用此法安装测点,必须注意工艺质量:堆焊要牢,开槽宽度适中,保持清洁,避免渗入杂质。

测温点应布置在管道或烟道截面上介质温度比较均匀的位置。对锅炉额定蒸发量(额定热功率)大于或等于 20 t/h(14 MW)时,排烟温度应进行多点测量,一般可布置 2 ~3 个测点,取其算术平均值作为锅炉的排烟温度。排烟温度的测点,应接近最后一节受热面,距离应不大于 1 m。

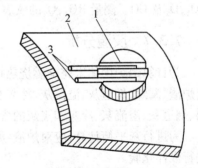

图 7.3　热电偶电极线分开嵌入对焊凸台
1—凸台;2—工件表面;3—热电偶电极线

在锅炉设备的各类管道或通道内,流通工质的温度在管道或通道截面上的分布,由于各种因素的影响常是不均匀的,这样就会给温度测量带来困难和误差。因此在锅炉试验中需要测取的主要是工质的平均温度。

在蒸汽、水、烟气或空气等的管道中,如直径小于 250 mm,且保持稳定的湍流工况,可以在截面的中心附近测量一点的温度作为整个截面上工质的平均温度;或在相邻的测点上分别测量,取其平均值。

对于直径或当量直径($D_{dl} = 4F/U$)超过上述数值的各类通道,当需精确测量流通工质的平均温度时,就必须确定出测量截面上的温度场,即通过截面上各点的工质流速的温度分布规律。当截面上各点的工质流速分布不均匀时,还必须同时确定出测量截面的速度场,此时工质的真实平均温度应按流量加权平均,称为场平均温度。

$$t_p = \sum \frac{w_i f_i t_i}{w_p F} \tag{7.3}$$

式中　　t_p——通过测量截面的工质平均温度,℃;

　　　　t_i——截面上通过诸单元面积的工质流束的温度,℃;

　　　　w_i——截面上通过诸单元面积的工质流束的速度;m/s;

　　　　f_i——截面上诸测量单元面积的值,m²;

　　　　F——测量截面的总面积,m²;

　　　　w_p——工质流过测量截面的平均速度,m/s。

通常都选定相等的单元面积,在其中间点上进行速度场和温度场的测量,故式(7.3)可简化成

$$t_p = \frac{\sum w_i t_i}{\sum w_i} \tag{7.4}$$

因此,当测点按单元面积相等的原则分布时,工质的场平均温度可以直接按速度场加权平均计算。

7.3.6　烟气成分分析

烟气是燃料燃烧后的产物。通过烟气成分测定,可确定锅炉的气体不完全燃烧损失及排烟损失。

对烟气进行成分分析时,三原子气体 RO_2 和氧气可用奥氏分析仪测定,奥氏分析仪吸收剂配制方法按附录7.1进行。一氧化碳可用气体检测管测定,也可用烟道气测试仪来测量 RO_2,O_2 及 CO。测量 RO_2,O_2 的仪表精度不低于1.0级,测量 CO 的仪表精度不低于5.0级。

7.3.7　灰渣分析

为计算锅炉固体未完全燃烧热损失及灰渣物理热损失,应进行灰平衡测量。灰平衡是指炉渣、漏煤、烟道灰、溢流灰、冷灰和飞灰中的含灰量与入炉含灰量相平衡,通常以炉渣、漏煤、烟道灰、溢流灰、冷灰和飞灰的含灰量占入炉煤总灰量的质量分数来核算。

为进行灰平衡计算,应对炉渣、漏煤、烟道灰、溢流灰、冷灰进行称重和取样化验,对飞灰进行取样化验。

7.3.8　饱和蒸汽湿度和过热蒸汽含盐量的测定

蒸汽湿度就是指蒸汽中的带水量,用质量分数表示。通常饱和蒸汽都带有少量水分,有些锅炉在提高出力后,蒸汽湿度明显增加;有些锅炉由于蒸汽空间小,或汽水分离装置效果差,或锅水含盐量过高,湿度也增加。因此在工业锅炉热效率计算中,必须考虑蒸汽湿度的影响。

在试验期间应定期同时对锅水和蒸汽进行取样和测定。饱和蒸汽湿度测试方法有三种,即氯根法(硝酸银容量法)、钠度计法和电导率法。相应的测试仪器分别为锅炉水质分析仪、钠离子浓度计和电导率仪。用仪器测定时,测量方法按仪器的说明书进行操作。过热

蒸汽含盐量可用钠度计来测定。

　　锅炉水中含有一定的氯根,水受热后变成蒸汽,干饱和蒸汽不带氯根,湿蒸汽因蒸汽中有水,水里有氯根,所以蒸汽中也含氯根。蒸汽湿度越大,氯根含量就越多。因此,通过测量蒸汽和凝水中氯根含量,就可算出蒸汽湿度。其计算公式为

$$饱和蒸汽湿度 = \frac{饱和蒸汽冷凝水氯根含量}{锅水氯根含量} \times 100\% \tag{7.5}$$

钠离子浓度计和电导率仪的蒸汽湿度计算公式分别为

$$饱和蒸汽湿度 = \frac{饱和蒸汽冷凝水钠离子含量}{锅水钠离子含量} \times 100\% \tag{7.6}$$

$$饱和蒸汽湿度 = \frac{饱和蒸汽冷凝水电导率值}{锅水电导率值} \times 100\% \tag{7.7}$$

7.3.9　风的压力测量

　　风机风压、锅炉风室风压和烟、风道各段烟气、风的压力一般用 U 形玻璃管压力计等仪表测量。

7.3.10　散热损失

　　散热损失按附录 7.2 确定。

7.3.11　读数记录

　　除需化验分析以外的有关测试项目,应每隔 10 ~ 15 min 读数记录一次。对热水锅炉进、出水温度和热油载体锅炉进、出油温度应每隔 5 min 读数记录一次。循环水量、循环热油量用累计方法确定。

7.3.12　工质特性

　　为便于热工性能测试和计算,附录 7.3 提供了烟气、灰和空气的平均定压比热容。附录 7.4 给出了常用气体的有关量值。

7.4　取样技术[①]

　　在热工试验中,有一些测量项目需要取样分析。例如,煤的工业分析、烟气成分的分析、汽水品质的分析、灰渣的成分分析等。这些分析是热工试验中必不可少的组成部分。为了要分析煤、烟、灰等所含成分及气水品质,必须采集各种试样。而这些试样是否能反映整个试验期间的情况,对热工试验来说很重要。所以正确地有代表性地采集试样是保证试验能得到正确结果的前提条件。取样技术主要包括烟气取样、蒸汽取样、锅水取样、燃料取样、灰渣取样、飞灰取样等。

---

　　①　本节公式引自 GB/T 10180《工业锅炉热工性能试验规程》。

7.4.1 烟气取样

在烟道中,气流的速度是变化的,烟气在管道中流动时,也不是完全均匀的状态。位于管中心的速度大,近管壁处速度小。为取得平均试样,对于截面较大的烟道,可以在取样管上开一排孔,如图 7.4 所示。在不同地点不同时间多采集试样,以提高它的代表性。大量试样采取后,稍等片刻,使之混合后取出分析。

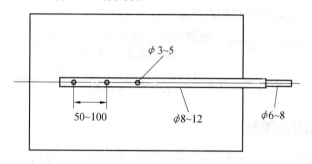

图 7.4　烟气取样管示意图

烟气取样时先经过一条装在气体管道中的取样管,再用橡皮管与盛试样的容器连接,开启旋塞后烟气因本身压力或借一种抽气的方法而进入试样容器或直接进入烟气分析器中。

1. 取样管

在取样地点插入玻璃瓷管或金属管。金属管的成分应不与烟气起化学反应,而且烟气的温度不高于 600 ℃。取样管应插至管道直径的 1/3 处。当烟气温度太高时(高于 600 ℃),为防止烟气通过取样管时由于高温而使烟气中可烧物继续燃烧,使得烟气成分在取样点后继续发生变化。此时必须在取样管外装设冷却装置。同时取样管应向取样容器倾斜,以使烟气中水蒸气凝结后而产生的凝结水流入取样容器中。取样管不应有凹处和弯处,以免积集冷凝水,而堵塞取样管。连接用的橡皮管应尽可能短,并保证连接处的密封性。

2. 常用取样法

(1)用排水吸气法取样。

图 7.5 是常用的一种取样方法,瓶 1 是取样容器。瓶 2 是用来产生真空的容器,为了防止容器中水吸收烟气中的二氧化碳等气体,在容器中装入氯化钠或硫酸钠溶液。首先将取样瓶 1 充满溶液,然后使溶液慢慢流入瓶 2,烟气自取样管被吸入。此时被吸入的烟气中还含有部分空气(取样管及连接管中储存的空气),必须提高瓶,把这部分含有空气的烟气排走,然后开始正式取样。用阀门来调节瓶内流体的流出速度,使取样过程在规定时间内进行。在取样完后关闭旋塞。将取样瓶从取样管上取下,送至实验室进行分析。为了不使由于阀不严密而

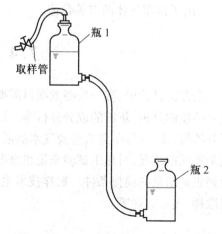

图 7.5　排水吸气法取样示意图

漏进空气,一般常使瓶 2 高于取样瓶 1。这样烟气只能往外漏而不会漏进空气。

（2）用取样泵取样。

当取样处负压很大,不容易把烟气取出时,常用取样泵（或真空泵）抽取烟气。在取样泵前必须加装过滤器和干燥器,以免灰尘和水分进入取样泵,如图 7.6 所示。

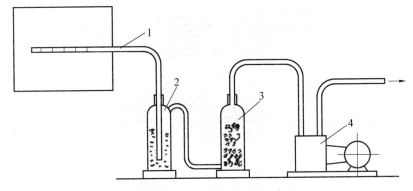

图 7.6　取样泵取样系统示意图
1—取样管;2—过滤瓶;3—干燥瓶;4—真空泵

7.4.2　蒸汽和锅水的取样

1.等速取样原理

为了取得有代表性的样品,饱和蒸汽进入取样嘴的速度必须和管道内该点蒸汽的速度相等,这种情况称为等速取样。非等速取样时饱和蒸汽中的水滴,由于惯性影响有部分不能随气流流线运动,因而所采集样品不能真实地反映管道内饱和蒸汽的真实情况。图 7.7(b) 所示表示取样速度大于管道内气流速度的情况。当取样速度大于管道内气流速度时,由于取样管边缘的一些水滴自身运动的惯性作用,不能随改变方向的流线进入取样管,而继续沿着原来的方向前进。结果就跑到取样管外,致使取样所得蒸汽湿度低于管道内实际蒸汽的湿度。

当取样速度小于管道内气流速度时,情况与上述相反,如图 7.7(a) 所示。处于取样管道边缘的一些水滴在达到取样管入口时,本应随流线绕过取样管而运动,但由于惯性作用,继续沿原来方向前进,结果就进入取样管内,致使测量结果比实际情况偏高。因此,只有当取样速度等于管道内气流速度时,如图 7.7(c) 所示,取样管的样品才能与管道内实际情况相等。

2.取样头及取样系统

饱和蒸汽的取样头可采用如图 7.8 所示结构（其中 d_q 一般为 10 mm）,如饱和蒸汽引出管径大于 100 mm 以上,也可采用如图 7.9 所示结构。过热蒸汽取样头可采用图 7.9 所示结构（其中 $L \approx 0.433d$;$d_n = 10 \sim 15$ mm;d_q 一般为 $3 \sim 4$ mm）。饱和蒸汽取样系统如图 7.10 所示。取样系统中冷却器的结构如图 7.11 所示。取样管道与设备应使用不影响所取试样分析的耐腐蚀材料制成。

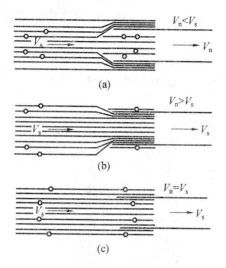

图 7.7 不同取样速度时水滴运动情况

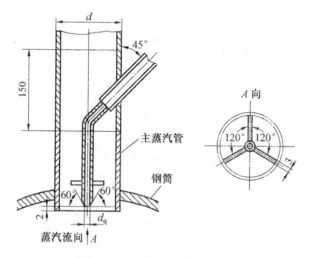

图 7.8 饱和蒸汽取样头

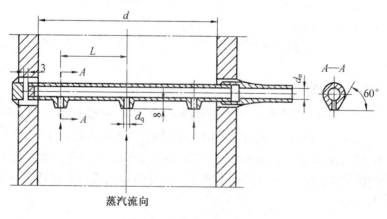

图 7.9 过热蒸汽取样头

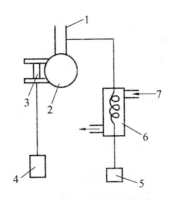

图 7.10　饱和蒸汽取样系统

1—主蒸汽管；2—锅筒；3—水位表；4—锅水试样瓶；5—蒸汽试样瓶；6—冷凝器；7—冷却水管

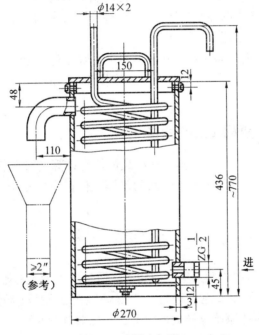

图 7.11　取样冷却器

3. 等速取样时蒸汽试样流量

为使蒸汽取样管取出的蒸汽含水量与蒸汽引出管中的含水量一致，蒸汽取样管中的速度应和蒸汽引出管中蒸汽速度相等，等速取样时蒸汽试样流量可按下式确定：

对单孔取样：

$$G_q = \frac{d_q^2}{d^2} D_{sc} \tag{7.8}$$

对多孔取样：

$$G_q = \frac{n d_q^2}{d^2} D_{sc} \tag{7.9}$$

式中　　G_q——蒸汽试样流量，kg/h；

d_q——蒸汽取样管孔内径,mm;

d——蒸汽引出管内径,mm;

D_{sc}——锅炉输出蒸汽量,kg/h;

n——取样孔数。

蒸汽取样应调节调节阀至计算的试样流量,其偏差值不宜超过±10%。

4. 取样点及取样要求

取样点及取样要求主要有以下几点:

(1)锅水取样点应从具有代表锅水浓度的管道上引出。

(2)蒸汽和锅水样品,应通过冷却器冷却到低于40 ℃。蒸汽和锅水样品应保持常流,并加以计量,以确保样品有充分的代表性。

(3)盛取蒸汽凝结水样品的容器应是塑料制成的瓶,盛取锅水样品的容器也可以用硬质玻璃瓶。采样前,应先将取样瓶彻底清洗干净,采样时再用水样冲洗三次以后,按计算的试样流量取样,取样后应迅速盖上瓶塞。

(4)在试验期间应定期同时对锅水和蒸汽进行取样和测定。

(5)对于过热蒸汽及锅水,较饱和蒸汽的取样简单,不需等速。但要控制取样速度,使得样品更有代表性。

7.4.3　燃料、灰渣和飞灰的取样

燃料(以及炉渣、飞灰)的采样和分析对锅炉效率计算的准确性影响很大,因而是锅炉测试最基本又是最关键的测量项目。燃料的采样工作程序较复杂,很容易引入系统性或偶然性的误差。

1. 燃料取样

(1)燃料取样量。

① 入炉原煤取样,每次试验采集的原始煤样数量应不少于总燃煤量的1%,且总取样量不少于10 kg。取样应在称重地点进行。当锅炉额定蒸发量(额定热功率)大于或等于20 t/h(14 MW)时,采集的原始煤样数量应不少于总燃料量的0.5%。

② 对于液体燃料,从油箱或燃烧器前的管道上抽取不少于1 L样品,倒入容器内,加盖密封,并做上封口标记,送化验室。

③ 城市煤气及天然气的成分和发热量通常可由当地煤气公司及石油天然气公司提供;对于其他气体燃料,可在燃烧器前的管道上开一取样孔,接上燃气取样器取样,进行成分分析,气体燃料的发热量可按其成分进行计算。

④ 对于混合燃料,可根据入炉各种燃料的元素分析、工业分析、发热量和全水分再按相应基质的混合比例求得对应值,然后作为单一燃料处理。

(2)煤的取样。

在链条炉、抛煤机炉以及带直吹式制粉系统的煤粉炉的测试中,需要采集入炉煤试样。在带中间储仓制粉系统的煤粉炉测试中就需要采集进入磨煤机的原煤试样。所采集试样应能够代表测试期间所采用燃料的平均品质。

工业锅炉的上煤如用小车从煤场拉至磅秤,过磅后再送至炉前煤斗。取样应紧接在过

磅前小车上或炉前地面上进行,取样部位一般在小车上距离四角 5 cm 处和中心部位共五点取样;如在地面上,则在煤堆四周高于地面 10 cm 以上处,取样不得少于五点。如皮带输送机上取样,应使用铁铲横截煤流,时间间隔要均匀。上述取样方法每点或每次质量不得少于0.5 kg,取好后的煤样应放入带盖容器中,以防煤中水分蒸发。

采样铲子应根据煤的粒度确定。其宽度应为最大粒度(少于 5% 的最大粒度不予考虑)的 3~4 倍,铲子容积应按每份样品量考虑。当装满时最好是每份样品容积的 1.25 倍左右。在实际取样时不应让它装满。贮样桶应由金属或塑料制成,带有密封严密的盖子。每个桶的容积以能盛下 15~20 kg 试样为宜。在采样和保存过程中贮样桶必须盖好盖子,使保持密封状态,以避免水分蒸发。

(3)煤样制备。

① 从燃煤中取出的煤样多达几十千克,为了取出化验室煤样,应经过混合缩分。混合时应把煤样放入方形铁皮盘中或铁板上。由于煤粒大小不均匀,应将大粒煤破碎,通过13 mm 以下分样筛,进行充分搅拌。煤样缩分方法是采用堆掺四分法。操作时用平板铁锹将煤铲起,不应过多,自上而下撒落在锥体的顶端,使其均匀地落在锥体四周,反复三次,以使煤样的粒度分布均匀。然后用锹从锥体顶端压平,形成一个饼状,再分成四个形状相等的扇形体,将相对的两个扇形体除去。再继续按同样方法进行掺和缩分,直至所需煤样质量为止。一般缩分到不小于 1 kg,分为两份装入容器内,并严密封口,一份送化验室,一份保存备查。

② 对要求更高的煤样制备,应按国家标准《煤样的制备方法》进行。

(4)煤粉的取样和缩制。

① 带直吹制粉系统的煤粉炉在排粉机出口或粗粉分离器出口管道上安装可移动的抽气取样器采样。

② 带中间储仓制粉系统的煤粉炉在旋风分离器下粉管上用活动煤粉取样管采样,或在给粉机落粉管上用沉降取样器采样。

③ 采取的煤粉样应仔细掺混、缩分,最后得到 0.5 kg 左右的实验室试样,再将其分为两份,一份送化验室,一份保存备查。

④ 掺混、缩分方法按《煤样的制备方法》有关掺混与缩分的规定操作。

2.飞灰采样

在锅炉测试时,采集飞灰样并分析其可燃物含量是基本测量项目之一。在各种燃烧方式的锅炉上,应在尾部烟道的适宜部位安装一套或数套专用的取样系统,连续抽取少量的烟气流,并在系统中将其所含的飞灰全部分离出来作为飞灰试样。采样点及取样系统的数量根据烟道宽度及分支烟道数量而定。在锅炉测试中最常采用的飞灰取样器系统主要由取样管和旋风捕集器构成。如果锅炉装有效率较高的干式除尘器,也可以采取其排灰的样品作为飞灰试样。

(1)飞灰取样管。

从烟道内抽取飞灰样品也应遵守等速取样原则,这是因为不同粒径的飞灰颗粒含有可燃物量不尽相同。一般来讲,粒径越粗,可燃物含量也越大。如果取样嘴的吸入速度与周围烟气流速相差过大,抽取的灰样粒度分布与实际飞灰有较大的偏离时,就会引起飞灰可燃物含量的测量误差。

一般取样管有固定式飞灰取样管及可移动的便携式飞灰取样管。它们的干管和管嘴直径都较大,以增加取样量并减少堵塞的可能性,移动的便携式飞灰取样管。它的管头可以根据需要加以更换,这种取样管多用于准确度要求较高的测量试验。

在试验台上对多种取样管进行标定试验,标定结果表明,取样管性能较好。在流速为 $4 \sim 24 \ \text{m/s}$ 的范围内,保持两静压之差为零,即能得到等速取样。

取样管嘴的内径应根据采样点的烟流速度、灰的最大粒径以及等速取样的原则选择。干管内的速度,则应保持在 $12 \sim 18 \ \text{m/s}$。速度过低,在水平管管内发生飞灰沉积。为减少管嘴的磨损和腐蚀,管头最好使用不锈钢制作。

（2）旋风捕集器及系统。

用于飞灰取样系统的旋风捕集器结构如图 7.12 所示。这种结构的旋风捕集器在入口速度为 $18 \sim 22 \ \text{m/s}$ 时捕集效率最高。在固定安装的系统中,旋风捕集器宜直接安装在取样管出口端,这样可以降低系统阻力,并避免烟气冷却。

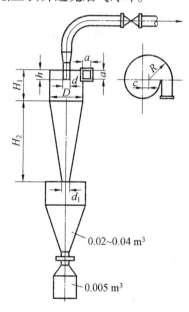

图 7.12 旋风捕集器

$D = 50 \sim 100 \ \text{mm}; d = 0.233D; d_1 = 0.217D; H_1 = 0.834D; H_2 = 2.33D;$

$a = 0.25D; h = 0.283D; c = 0.167D; R = 0.667D$

烟气在系统内如遇到低于其露点温度的冷表面,则所含的硫酐和水蒸气将会凝结在上面,因而发生飞灰黏附现象,这是造成取样器系统堵塞的主要原因。为避免这类故障,应将系统设备全面妥善保温。

（3）测点选择。

在选择飞灰采样的测点时,应考虑以下因素:

①在测量截面之前,烟流最好经过充分扰动混合,使从一点抽取的样品能有更好的代表性。

②在测量截面处的烟速和飞灰浓度希望尽量均匀、烟流平稳。因此希望尽量远离烟道的转弯和挡板。取样管不要距离锅炉管束过近,在水平烟道上设置采样点时,须考虑到沿烟

道高度可能产生的粒度分层现象,应尽量在垂直管段上取样。

③测量截面希望越小越好。因为小截面烟气及颗粒混合好,同时测点数量可以减少;而且烟速高,等速取样易实现。

固定安装式取样系统的数量取决于烟道数量及宽度。取样管嘴应伸入到烟道中心的部位。移动式多点取样在截面上测点的选定,则与用毕托管测量风速时的原则相同。

3. 灰渣取样

(1)灰渣取样。

燃料燃烧后生成的固态残余物(灰渣)中一部分依靠自身的重力落入灰斗从炉膛排出称为炉渣。从炉床的通风间隙漏出炉体外的未燃碎粒称为漏煤。虽然运行单位把这部分漏煤回收再入炉燃烧,但因为漏煤量的多少,反映了炉排本身结构是否合理以及燃烧的充分性,因此这一部分应作为热损失来考虑。

对于装有机械除渣设备的锅炉,即可在其出渣口定期采样(一般每隔 15 min 一次)。采样的起始时间可考虑稍迟于测试的起始时间。

如使用小车除灰,在每次测试开始前应将灰斗的灰排放干净。测试期间定期放灰,采样次数则视放灰次数而定。当在灰车上采样时,应将炉渣分为上下两层。每层在中间和四角共采取五点样品。当炉渣中含有较多大块焦渣时,可采用全部炉渣混合破碎四分采样的方法,在除灰场选择适当地点,铺以钢板或水泥地面,将逐车次清除的炉渣倾倒其上,敲碎其中的大块(到 100 mm 以下),混合均匀,按锥体四分法缩分采样。

每次试验采集的原始灰渣样质量应不少于总灰渣量的 2%,当煤的灰分 $A_{ar} \geqslant 40\%$ 时,原始灰渣样质量应不少于总灰渣量的 1%,且总灰渣样质量应不少于 20 kg。当总灰渣量少于 20 kg 时,应予全部取样,缩分后灰渣质量应不少于 1 kg。在湿法除渣时,应将灰渣铺开在清洁地面上,待稍干后再称重和取样。漏煤与飞灰取样缩分后的质量应不少于 0.5 kg。

漏煤在测试期间一般不予清除,在测试结束后一次取出。

(2)灰渣制备。

灰渣制备可参照《煤样的制备方法》有关规定。

7.4.4　烟气含尘浓度的测量

1. 采样抽气速度对采样精度的影响

烟尘浓度测量的精度,主要取决于采样的精度,而采样的精度与采样头内的进气速度有关。当进气速度低于烟道内的气流速度,因尘粒的质量大于气体的质量,有部分气流绕过采样头。对于质量较大的尘粒,由于惯性作用,仍可进入采样头,使采样量偏大。当采样头内抽气速度高于烟道烟气速度时,采样量就会偏低。只有当抽气速度和烟道烟气速度相等时才能使采样更准确。

2. 采样方法

烟气含尘浓度测定需用等速采样,等速采样法有预测流速法与压力平衡法等多种。压力平衡法相对简单,操作方便。

(1)压力平衡法的原理。

根据流体力学的原理,当带有锐边的采样头对准烟道气流动的方向时,调整采样系统内

的抽气流量,使得采样头内抽气速度与来流速度相同(图 7.13),则

$$p_0+\frac{w_0^2\gamma}{2g}=p_x+\frac{w_x^2\gamma}{2g}+\Delta P \tag{7.10}$$

采样头入口至采样头内静压测点处的距离很小,认为 $\Delta p=0$。若 $p_0=p_x$,则 $\omega x=\omega_0$。因此,当 $p_0=p_x$ 时,则可以认为是等速取样。在实际测量时,可在采样头的 p_0,p_x 两测压管上接上差压计,调正采样抽气装置,使差压计读数为零,就达到等速取样的目的。

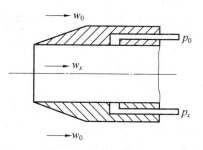

图 7.13　取样管嘴的静压测量示意图

(2)采样位置的选择。

采样位置对采样的精度也有很大的影响,由于烟尘在烟道中的分布与烟道的布置有很大关系。在烟道的转弯、突变截面、有障碍物、有调节阀门等处烟气的流动很不均匀,致使烟尘浓度沿烟道的断面分布也不均匀。在垂直烟道中比在水平烟道中的烟尘的浓度分布较均匀。因此,测定位置应选在距弯头、管道断面突变、障碍物以及阀门等下游方向大于 6 倍直径的位置,以及上游方向大于 3 倍直径处。当测量现场满足不了上述要求时,测定位置距各异形管体的距离应不小于 1.5 倍烟道直径。如果烟气流速在 5 m/s 以上,测量位置最好选择在垂直烟道上。

(3)测点数的选择。

由于沿烟道断面上各点烟速各不相同,致使烟尘采样就必须按烟道断面上烟速的分布规律进行采样,这就要在烟道断面上设置很多采样点,使采样工作极为繁杂。为了简化采样工作,又不影响采样精度,根据实践经验,将烟道断面分成若干等面积的同心圆环或等面积矩形块。将测点放在等面积同心圆环的中心线上或等面积矩形的中心上。

3. 测量的基本要求

测量的基本要求如下:

(1)必须在运行工况稳定的情况下进行测定。

(2)除尘器前、后以及烟囱上测孔处的烟气温度、压力及烟气成分的测量应同时进行。

(3)锅炉烟尘的排放浓度取样应在锅炉负荷不低于 85% 的情况下进行。

(4)应有燃煤(燃料)的工业分析、元素分析以及燃煤量的数据。

(5)为了保证精度,每个点连续采样时间应不少于 2 min;对于手烧炉,每个点的采样时间一定要保证至少有两个加煤(燃料)周期。

(6)每个测试断面采样次数应不少于三次,测量结果取三次采样的平均值。

4. 测量步骤

烟尘浓度测量的主要步骤如下:

(1)将采样器的外紧固件、端盖、垫片和压环取下,把已在 150 ℃ 干燥箱中干燥 1 h 并已称重的滤筒装入滤筒托座内。然后再将采样头按顺序安装好,接好采样系统。图 7.14 所示为采样接头结构。

(2)将测量箱放平,接通电源,调正压力指示器,并根据烟道尺寸在采样杆上做好测点

标记。

（3）记录累计流量计上的读数。

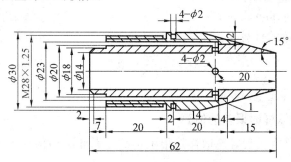

图 7.14　便携式飞灰取样管头

（4）将采样头放入待测烟道上，采样头必须对准气流方向，打开电源，启动抽气泵，调节抽气流量，使压力指示器上的压差接近零。

（5）采样期间由于烟尘逐渐在滤筒上沉积，阻力会渐渐增加，抽气速度可能会发生变化，因此，必须随时根据压力指示器的指示进行调正，保持等速取样。

（6）根据烟道分区或分环情况移动采样头，同时记录各测点的温度和压力。

（7）采样完毕后，先把采样头的入口朝上或水平方向放置，立即关闭电源并小心取出滤筒，精心放在妥当处，记录流量计读数。

（8）将已采样的滤筒放入预先加热到 105 ℃ 的干燥箱内干燥 1 h，取出放入盛有硅胶的干燥器内冷却 30 min，然后取出用分析天平（0.000 2 g）精确称取质量，根据滤筒增加的质量和抽气量算出烟尘浓度。

5. 数据整理

（1）烟气含尘浓度的计算。

$$C = 206.2 \frac{(G_2 - G_1) \times (273 + t_{pj}) \times \alpha}{(B_a + P_{pj}) \times V} \tag{7.11}$$

式中　C——相当于排烟处空气过剩系数为 1.8 时烟尘的浓度，mg/m³；

$\quad\quad G_1$——滤筒的初始质量，mg；

$\quad\quad G_2$——滤筒采样终了质量，mg；

$\quad\quad V$——采样时总抽气量，m³；

$\quad\quad B_a$——当地大气压力，Pa；

$\quad\quad P_{pj}$——流量计前的压力表读数的平均值，Pa；

$\quad\quad t_{pj}$——流量计前的烟气温度的平均值，℃；

$\quad\quad \alpha$——采样点实测过量空气系数。

（2）锅炉排烟量的计算。

$$V = 0.161 7 \frac{F}{f} (V_2 - V_1) \frac{B_a + P_{pj}}{(273 + t_{pj})\tau} \tag{7.12}$$

式中　V——锅炉干烟气排放量，m³/h；

$\quad\quad F$——采样点烟道截面积，m²；

$\quad\quad f$——采样头截面积，m²；

V_2——流量计终了读数,m³;

V_1——流量计初始读数,m³;

τ——总采样时间,min。

(3)锅炉烟尘排放量的计算。

$$G = C \times V \times \frac{\alpha}{1.8} \times 10^{-6} \tag{7.13}$$

式中　G——锅炉烟尘排放量,kg/h。

6.气固双相不等速取样时误差的估算

在实际测量中,要严格实现等速取样是很困难的。因此必须估计由于不等速取样而带来的误差。

粉尘直径越细,由于不等速取样而产生的误差越小。这是因为细粉尘惯性小,随气流一起被抽入取样头内。当粉尘直径不大于 2.5 μm 时,因不等速取样而造成的取样浓度误差不大于 3%。

在通常遇到的灰粒直径范围内,抽气速度大于来流速度产生的误差比抽气速度大于来流速度产生的误差小得多。灰粒平均直径越大,该差别越大。因此,当不能实现等速取样时,可提高抽气速度,减少粉尘浓度测量误差。

采样头必须对准气流方向,否则因气流拐弯而产生离心分离效应,产生误差。速度越高,灰粒所具有的惯性越大,产生的误差越大。

7.5　锅炉热平衡及热效率计算

在锅炉中燃料燃烧放出热量加热给水,产生蒸汽(热水)供生产和生活使用。常用平衡法来计算和分析锅炉工作的经济性。煤在炉排上燃烧放出大量的热并生成高温烟气,烟气流经炉膛和烟道时,向辐射受热面水冷壁和对流受热面排管、过热器、省煤器放出热量,被锅炉里的水、汽所吸收,形成饱和蒸汽或过热蒸汽。

所谓锅炉热平衡,就是指加入锅炉中的燃料所拥有的热量,与锅炉吸收的热量与各项热损失之和之间热量的平衡。

燃料在锅炉中燃烧所输入的热量,包括燃料收到基低位发热值 $Q_{net,v,ar}$;每千克燃料的物理显热 Q_{rh};用外来热加热燃料相应于每千克燃料所给入的热量 Q_{wl} 和自用蒸汽带入炉内相应于每千克燃料的热量 Q_{zy}。因此燃料输入的热量 Q_r 可表示为

$$Q_r = Q_{net,v,ar} + Q_{wl} + Q_{rh} + Q_{zy} \tag{7.14}$$

对一般锅炉 Q_{wl} 及 Q_{zy} 不存在,Q_{rh} 在多数情况下也可以忽略不计。此时公式(7.14)可简化为

$$Q_r = Q_{net,v,ar} \tag{7.15}$$

锅炉输出的热量,包括被锅炉中的水和汽吸收而得到的有效利用热 Q_1 及各项损失的热。损失的热,包括锅炉排烟热损失 Q_2、气体未完全燃烧热损失 Q_3、固体未完全燃烧热损失 Q_4、散热损失 Q_5 以及灰渣物理热损失 Q_6。所以锅炉的热平衡可表示为

$$Q_r = Q_1 + Q_2 + Q_3 + Q_4 + Q_5 + Q_6 \tag{7.16}$$

式(7.16)各项均除以 Q_r,并用百分数表示为

$$100 = \eta + q_2 + q_3 + q_4 + q_5 + q_6 \tag{7.17}$$

从式(7.17)可看出锅炉热效率可用两种方式求得,即

$$\eta = Q_1 / Q_r \times 100 \tag{7.18}$$

$$\eta = 100 - \sum q \tag{7.19}$$

公式(7.18)是通过测定锅炉的有效利用热和每小时燃料量及燃料的低位发热值而计算出的锅炉热效率,这个热效率称为锅炉正平衡热效率。这种方法称为正平衡法。用正平衡法测定的锅炉热效率,对中小型工业锅炉而言是比较正确的。但是,这种方法测定的热效率,不能判断出影响锅炉热效率的因素,不能指出消除锅炉缺陷和提高热效率的具体措施。

为了克服这个缺点,往往在测定锅炉正平衡热效率的同时,测定锅炉的各项热损失,然后再按式(7.19)计算锅炉的热效率,这个热效率称为锅炉反平衡热效率,这种方法称为反平衡法。

7.5.1　锅炉各项热损失

1. 固体未完全燃烧热损失 q_4

燃料进入锅炉除其中有一小部分从炉箅上漏入风室外,大多在炉膛中形成灰渣。其中有部分固体粒子随烟气流过受热面,一部分沉积在对流受热面内,有一部分从烟囱中排走。从炉膛中扒出的灰称为炉渣;从风室中扒出的产物称为漏煤;沉积在对流受热面上的灰称为烟道灰;从烟囱排走的灰称为飞灰。炉渣、漏煤、烟道灰和飞灰中都含有可燃的碳。由于碳未燃烧造成的热量损失占总输入热量的百分率,称为固体未完全燃烧热损失 q_4,其中炉渣、漏煤、烟道灰和飞灰的不完全燃烧热损失分别以符号 q_{4lz},q_{4lm},q_{4yh} 和 q_{4fh} 表示。

固体未完全燃烧热损失是锅炉的一项主要热损失。它与锅炉的炉型、容量、煤种、燃烧方式和运行操作水平有关。

2. 气体未完全燃烧热损失 q_3

在锅炉排出的烟气中,往往含有一部分可燃气体,如一氧化碳、氢气和甲烷等。这些气体在炉膛中没有燃烧就随烟气排出炉外。这部分可燃气体未完全燃烧而造成的热损失占总输入热量的百分率,称为气体未完全燃烧热损失 q_3。

产生气体未完全燃烧热损失的原因很多,空气不足、空气和可燃气混合不良、炉膛温度太低、炉膛容积不够大、炉膛高度太低等,都会造成这项损失。对燃煤锅炉,可燃气体的主要成分是一氧化碳,其他成分可以忽略。如供应的空气量适当,混合又良好,气体未完全燃烧热损失是不大的。

3. 排烟热损失 q_2

燃料在锅炉内燃烧后,排入大气的烟气与大气环境温度相比具有较高的温度,造成相应的热损失。这些热烟气排入大气而造成的热量损失占总输入热量的百分率,称为排烟热损失 q_2。

排烟热损失 q_2 的大小取决于排烟温度的高低和空气过剩系数的大小。排烟温度越高,排烟热损失越大。一般排烟温度每降低 12~15 ℃,可减少排烟热损失 1% 左右。若降低排烟温度,就要增加受热面,这将使锅炉的金属耗量加大。

排烟的空气过剩系数越大,则排烟热损失 q_2 也越大,为使排烟热损失不致太大,必须调整排烟的空气过剩系数不能太大。但若空气过剩系数大一些,则可减少气体未完全燃烧热损失和固体未完全燃烧热损失。因此,需要将空气过剩系数保持一个合理的数值,在这个数值下,使 $q_2 + q_3 + q_4$ 最小。对于各种类型的锅炉,在燃烧不同煤时,炉膛出口处的空气过量系数应选择适宜的数值。

4. 散热损失 q_5

由于锅炉内温度很高和炉墙绝热程度的限制,总有一部分热量通过炉墙散失到四周的空气中去,这部分散失的热量占总输入热量的百分率称为散热损失 q_5。

散热损失和锅炉的外表面积及表面温度有关。因此有尾部受热面的锅炉散热损失就大一些。炉墙表面温度不能太高,一般不超过 50 ℃,以使散热损失不致太大。锅炉散热损失应按热流计法、查表法和计算法等三种方法之一确定,详见附录 7.2。

当锅炉的蒸发量和额定蒸发量相差大于 25% 时,q_5 按下式换算:

$$q_5 = q_{5ed} \frac{D_{ed}}{D} \tag{7.20}$$

式中 D_{ed} ——额定蒸发量,kg/h;

D ——实际蒸发量,kg/h;

Q_{5ed} ——额定蒸发量时的散热损失,%。

5. 灰渣物理热损失 q_6

燃料在锅炉中燃烧后,炉渣排出锅炉时所带走的热量损失占总输入热量的百分率,称为灰渣物理热损失 q_6。

对于一般的工业锅炉,这项热损失很小,常忽略不计。对于沸腾炉及煤中含灰高的燃烧设备,必须考虑此项损失。

7.5.2 锅炉热效率的计算

1. 锅炉正平衡热效率的计算

锅炉有效利用热量占总输入热量 Q_r 的百分率称为锅炉正平衡热效率。若进入锅炉的燃料没外来热源加热,则 $Q_r = Q_{net,v,ar}$。

(1)对饱和蒸汽锅炉。

$$\eta_1 = \frac{D_{gs}\left(h_{bq} - h_{gs} - \frac{\gamma\omega}{100}\right) - G_s\gamma}{BQ_r} \times 100\% \tag{7.21}$$

式中 D_{gs} ——蒸汽锅炉给水流量,kg/h;

h_{bq} ——饱和蒸汽焓,kJ/kg;

h_{gs} ——蒸汽锅炉给水焓,kJ/kg;

γ ——汽化潜热,kJ/kg;

ω ——蒸汽湿度,%;

G_s ——测定蒸汽湿度时,锅水取样量,kg/h;

B ——燃料消耗量,kg/h。

（2）对过热蒸汽锅炉。

测量给水流量时：

$$\eta_1 = \frac{D_{gs}(h_{gq}-h_{gs})-G_s\gamma}{BQ_r}\times100\% \tag{7.22}$$

式中　h_{gq}——过热蒸汽焓,kJ/kg。

测量过热蒸汽流量时：

$$\eta_1 = \frac{(D_{sc}+G_q)(h_{gq}-h_{gs})+D_{zy}\left(h_{zy}-h_{gs}-\frac{\gamma\omega}{100}\right)+G_s(h_{bq}-\gamma-h_{gs})}{BQ_r}\times100\% \tag{7.23}$$

式中　D_{sc}——蒸汽锅炉输出蒸汽量（锅炉实测蒸发量）,kg/h;

　　　G_q——测定蒸汽湿度或过热蒸汽含盐量时,蒸汽取样量,kg/h;

　　　D_{zy}——蒸汽锅炉自用蒸汽量,kg/h;

　　　h_{zy}——自用蒸汽焓,kJ/kg。

（3）对热水锅炉和热油载体锅炉。

$$\eta_1 = \frac{G(h_{cs}-h_{js})}{BQ_r}\times100\% \tag{7.24}$$

式中　G——热水锅炉循环水量或热油载体锅炉循环油量,kg/h;

　　　h_{cs}——热水锅炉出水焓或热油载体锅炉出油焓,kJ/kg;

　　　h_{js}——热水锅炉进水焓或热油载体锅炉进油焓,kJ/kg。

（4）对电加热锅炉。

输出饱和蒸汽时：

$$\eta_1 = \frac{D_{gs}\left(h_{bq}-h_{gs}-\frac{\gamma\omega}{100}\right)-G_s\gamma}{3\,600N}\times100\% \tag{7.25}$$

式中　N——电加热锅炉电耗量,(kW·h)/h。

输出热水时：

$$\eta_1 = \frac{G(h_{cs}-h_{js})}{3\,600N}\times100\% \tag{7.26}$$

2. 锅炉反平衡热效率的计算

用正平衡法计算锅炉的热效率是比较简单的,但它不能确定影响锅炉效率的各种因素。因此,也常用反平衡法来求得锅炉的各项热损失,从而求得锅炉反平衡热效率并可以分析影响热效率的关键影响因素,进而采取措施来提高热效率。

（1）锅炉的灰平衡和固体未完全燃烧热损失的计算。

锅炉的灰平衡是指入炉燃料含灰量与燃烧后残余物（炉渣、漏煤、烟道灰及飞灰）中含灰量之间的平衡。通常炉渣、漏煤、烟道灰及飞灰的含灰量均以它所占整个入炉燃料含灰量的百分比表示。

炉渣灰的百分比：

$$\alpha_{lz} = \frac{G_{lz}(100-C_{lz})}{BA_{ar}}\times100 \tag{7.27}$$

漏煤的百分比：

$$\alpha_{lm} = \frac{G_{lm}(100 - C_{lm})}{BA_{ar}} \times 100 \qquad (7.28)$$

烟道灰的百分比

$$\alpha_{yh} = \frac{G_{yh}(100 - C_{yh})}{BA_{ar}} \times 100 \qquad (7.29)$$

式中　B——锅炉煤耗量,kg/h;

A_{ar}——收到基灰分,%;

$G_{lz}, G_{lm}, G_{yh}, G_{fh}$——炉渣、漏煤、烟道灰及飞灰质量,kg/h;

$C_{lz}, C_{lm}, C_{yh}, C_{fh}$——炉渣、漏煤、烟道灰及飞灰可燃物含量,%。

飞灰量的测量较困难,通常用下列公式计算飞灰量:

$$\alpha_{fh} = 100 - \alpha_{lz} - \alpha_{lm} - \alpha_{yh} \qquad (7.30)$$

对沸腾炉,溢流灰比为

$$\alpha_{yl} = \frac{G_{yl}(100 - C_{yl})}{BA_{ar}} \times 100 \qquad (7.31)$$

冷灰比为

$$\alpha_{lh} = \frac{G_{lh}(100 - C_{lh})}{BA_{ar}} \times 100 \qquad (7.32)$$

$$\alpha_{yl} + \alpha_{lh} + \alpha_{yh} + \alpha_{fh} = 100 \qquad (7.33)$$

式中　G_{yl}, G_{lh}——溢流灰及冷灰量,kg/h;

C_{yl}, C_{lh}——溢流灰及冷灰可燃物含量,%。

建立了灰平衡后,就可计算固体未完全燃烧热损失

$$q_4 = (\alpha_{lz}\frac{C_{lz}}{100 - C_{lz}} + \alpha_{lm}\frac{C_{lm}}{100 - C_{lm}} + \alpha_{yh}\frac{C_{yh}}{100 - C_{yh}} + \alpha_{yl}\frac{C_{yl}}{100 - C_{yl}} +$$

$$\alpha_{lh}\frac{C_{lh}}{100 - C_{lh}} + \alpha_{fh}\frac{C_{fh}}{100 - C_{fh}}) \times \frac{328.664 A_{ar}}{Q_r} \qquad (7.34)$$

(2)锅炉排烟热损失的计算。

①理论上燃料燃烧所需空气量是燃料中各元素成分在燃烧时所需空气量之和。燃料燃烧时理论上所需的空气量称为理论空气量。

碳在完全燃烧时产生二氧化碳,反应式为

$$C + O_2 \longrightarrow CO_2$$

由此可知,1 kg 碳燃烧需 22.4 m³/12 = 1.866 m³氧。同样道理也可求得 1 kg 氢、1 kg 硫燃烧时所需的氧量。

需要指出的是,燃料本身含有氧。实际需要氧量应减去本身所含氧量。同时,由于空气中氧气所占容积是 21%,所以燃烧 1 kg 燃料所需的理论空气量 V^0 为

对煤、油:

$$V^0 = 0.088\ 9(C_{ar} + 0.375S_{ar}) + 0.265H_{ar} - 0.033\ 3O_{ar} \qquad (7.35)$$

对燃气:

$$V^0 = 0.047\ 6[0.5CO + 0.5H_2 + 1.5H_2S + 2CH_4 + \sum(m + \frac{n}{4})C_mH_n - O_2] \qquad (7.36)$$

②过量空气系数及其计算。

锅炉在实际运行中,仅供给理论空气量不能使燃料实现完全燃烧,这是因为在实际燃烧时,不能做到空气与燃料的充分混合。因此实际供给的空气量总是比理论空气量大,以便使燃料尽可能完全燃烧。

实际供给的空气量与理论空气量的比值称为过量空气系数,用符号 α 表示。

排烟处过量空气系数可根据排烟处烟气分析的结果来确定。

$$\alpha_{py} = \frac{21}{21 - 79 \dfrac{O'_2 - (0.5CO' + 0.5H'_2 + 2C_mH'_n)}{100 - (RO'_2 + O'_2 + CO' + H'_2 + C_mH'_n)}} \tag{7.37}$$

式中　$RO'_2, O'_2, CO', H'_2, C_mH'_n$——三原子气体、氧气、一氧化碳、氢气及重碳氢化合物体积分数,%。

燃料特性系数 β 是表征燃料自身特性的一个参数,计算公式为:

对煤、油:

$$\beta = 2.35 \frac{H_{ar} - 0.126O_{ar} + 0.038N_{ar}}{C_{ar} + 0.375S_{ar}} \tag{7.38}$$

对燃气:

$$\beta = \frac{0.209N_2 + 0.395CO + 0.396H_2 + 1.584CH_4 + 2.389 \sum C_mH_n - 0.791O_2}{CO_2 + 0.994CO + 0.995CH_4 + 2.001 \sum C_mH_n} - 0.791 \tag{7.39}$$

③燃烧产物的计算。

燃料燃烧生成的烟气中,除了燃料中元素成分燃烧产生的烟气外,尚有氮气及过量氧气。这些烟气的容积都可以通过化学反应方程加以计算。1 kg 燃料燃烧产生的总烟气容积包括干烟气容积和水蒸气容积,即

$$V_{py} = V_{gy} + V_{H_2O} \tag{7.40}$$

而干烟气体积包括三原子气体容积 V_{RO_2}、氮气 V_{N_2} 及过量氧气 V_{O_2} 即

$$V_{gy} = V_{RO_2} + V^0_{N_2} + (\alpha - 1)V^0 \tag{7.41}$$

所以　　　　　　　$V_{py} = V_{RO_2} + V^0_{N_2} + (\alpha - 1)V^0 + V_{H_2O} \tag{7.42}$

三原子气体体积包括二氧化碳和二氧化硫气体容积,即

对煤、油:

$$V_{RO_2} = 1.866 \frac{C_{ar} + 0.375S_{ar}}{100} \tag{7.43}$$

对燃气:

$$V_{RO_2} = 0.01(CO_2 + CO + H_2S + \sum mC_mH_n) \tag{7.44}$$

理论氮气容积 $V^0_{N_2}$,有两个来源,燃料成分中氮及理论空气量中氮。计算公式为:

对煤、油:

$$V^0_{N_2} = 0.79V^0 + \frac{0.8N_{ar}}{100} \tag{7.45}$$

对燃气:

$$V_{N_2}^0 = 0.79V^0 + \frac{N_2}{100} \tag{7.46}$$

水蒸气容积有三个来源，即燃料中水分带来的水蒸气、燃料中氢燃烧生成的水蒸气及空气中带入的水蒸气。空气中水蒸气含量，在工程上常取为每标准立方米空气中含有 0.016 1 标准立方米的水蒸气容积。因此水蒸气容积为

$$V_{H_2O} = V_{H_2O}^0 + 0.016(\alpha_{py} - 1)V^0 \tag{7.47}$$

理论水蒸气容积的计算公式为：

对煤、油：

$$V_{H_2O}^0 = 0.111H_{ar} + 0.012\ 4M_{ar} + 0.016\ 1V^0 + 1.24D_{wh} \tag{7.48}$$

式中 D_{wh}——雾化蒸汽耗汽量，从测试中得到数据。

对燃气：

$$V_{H_2O} = 0.01\left(H_2S + H_2 + \sum \frac{n}{2}(C_mH_n + 0.124M_d)\right) + 0.0161V^0 \tag{7.49}$$

④燃烧产物热焓的计算。

燃烧产物热焓为产物中各气体热焓之和，即

$$H_{py} = V_{R_2O}(ct_{py})_{R_2O} + V_{N_2}(ct_{py})_{N_2} + V_{H_2O}(ct_{py})_{H_2O} + (\alpha_{py} - 1)V^0(ct_{py})_k \tag{7.50}$$

式中 H_{py}——排烟焓，kJ/kg；

t_{py}——排烟温度，℃；

c——各种气体的平均比定压热容，空气的比热容以湿空气的比热容为准，kJ/(Nm³·℃)。

(ct) 的值可以从附录 7.3 查到。

当锅炉带走灰量的折算值（每 4 187 kJ 燃烧热所相当的飞灰量）满足

$$4187\alpha_{fh}A_{ar}/Q_{net,v,ar} > 6$$

则燃烧产物的总热焓中，必须加上灰的焓值，即

$$H_{fh} = 0.01(ct_{py})_{fh}\alpha_{fh}A_{ar}/(100 - C_{fh}) \tag{7.51}$$

⑤冷空气热焓的计算。

实际供给锅炉空气的热焓，即为

$$H_{lk} = \alpha_{py}V^0(ct)_{lk} \tag{7.52}$$

式中 c——冷空气的比热容，kJ/(Nm³·℃)；

t_{lk}——冷空气温度，℃。

因此，排烟热损失 q_2 可用下式计算：

$$q_2 = \frac{K_{q4}}{Q_r}(H_{py} - H_{lk}) \times 100 \tag{7.53}$$

K_{q4}——修正系数，$K_{q4} = \dfrac{100 - q_4}{100}$。

用这种方法计算排烟热损失比较麻烦。如果测试精度要求不高，且不是锅炉签定试验，排烟热损失也可应用近似公式计算，即

$$q_2 = 0.035\ 2\left[(\alpha_{py} + a)t_{py} - \alpha_{py}t_{lk}\right]\frac{100 - q_4}{100} \tag{7.54}$$

式中　α——与燃料有关的系数,见表7.1。

表 7.1　燃料系数

燃料	褐煤	烟煤	无烟煤	油
a	0.25	0.15	0.12	0.15

(3)锅炉气体未完全燃烧热损失的计算。

气体未完全燃烧热损失,是指排烟中残留可燃气体(如 CO,H_2,CH_4 等)未放出燃烧热量而造成的热损失占总输入热量的百分率。很显然,气体未完全燃烧的热损失为各可燃气体发出的相对燃烧发热值之和,可用下式计算:

$$q_3 = \frac{V_{gy}K_{q4}}{Q_r} \times (126.36CO' + 107.98H'_2 + 358.18C_mH'_2) \times 100 \tag{7.55}$$

对燃煤锅炉,排烟中除有少量一氧化碳外,氢和甲烷极少。

对精度要求不高的热工测试,q_3 也可采用下式计算

$$q_3 = 3.2\alpha_{py}CO\left(\frac{100-q_4}{100}\right) \tag{7.56}$$

(4)锅炉散热损失。

锅炉散热损失是指锅炉炉墙、金属结构及锅炉范围内的烟风道、汽水管道及联箱等向四周环境中散失的热量占总输入热量的百分率。它的测量和计算方法较复杂。

锅炉设备的散热损失应按热流计法、差表法和计算法等方法来确定,具体方法见附录7.2。

(5)锅炉灰渣物理热损失的计算。

由于从炉内排出的灰渣温度一般在 600~900 ℃,因此这部分灰渣的物理热如未被另外利用,则计入损失。其计算式如下:

$$q_6 = \frac{A_{ar}}{Q_r}\left[\frac{\alpha_{lz}(ct)_{lz}}{100-C_{lz}} + \frac{\alpha_{lm}(ct)_{lm}}{100-C_{lm}} + \frac{\alpha_{yl}(ct)_{yl}}{100-C_{yl}} + \frac{\alpha_{lh}(ct)_{lh}}{100-C_{lh}}\right] \tag{7.57}$$

上述已把各项热损失计算出,因而反平衡热效率就可用公式(7.57)计算。

$$\eta_2 = 100 - \sum q \tag{7.58}$$

根据《工业锅炉热工性能试验规程》(GB/T 10180)的试验要求,当同时进行正、反平衡试验时,两种方法所得的热效率偏差不得大于5%,而锅炉的热效率以正平衡效率为准。若偏差大于5%时,则试验应重做。对于燃油、燃气锅炉各种平衡效率之差均应不大于2%。

7.6　热工测试误差

探讨锅炉热效率测试中误差传递关系,对所遇到的各项测量参数的误差有一定的了解。

7.6.1　正平衡热效率的误差

小型锅炉正平衡热效率的误差主要由以下误差构成:燃料量的测量误差、蒸发量(循环水量)的测量误差、焓增测量误差、发热值测量误差等。

7.6.2 反平衡热效率的误差分析

锅炉反平衡热效率基本计算公式为

$$\eta_2 = 100 - q_2 - q_3 - q_4 - q_5 - q_6$$

按误差传递方法的要求,进行误差传递的函数式应是由独立的自变量组成,即自变量之间相关系数为零。但从排烟热损失以及固体未完全燃烧热损失的计算公式中看出,它们都含有一些非独立的变量。因此,为便于进行误差分析,按理论需要将非独立变量改写为全部用独立自变量表示的函数形式。按误差传递公式最后求得效率的误差。这种计算过程将必然是非常繁冗的。考虑到误差的计算,不必要也不可能做到十分精确,作为近似估计,我们可以采用以下简化原则:

(1)q_2的误差分析按简化公式。即只考虑过量空气系数及排烟温度两项参数的测量误差。

(2)在过量空气系数的误差传递计算中,假定固体未完全燃烧损失为独立自变量,它在过量空气系数及排烟损失的误差传递过程中作用不大,因此是允许的。

(3)认为燃料收到基低位发热值为独立自变量。

(4)气体未完全燃烧损失、散热损失、灰渣物理热损失的数值较排烟损失、固体未完全燃烧损失要小很多。故计算效率的误差不必仔细推导其传递误差,可以估计一个合理数值。

按以上原则,使反平衡热效率的误差传递计算得以简化,并且在各项热损失(主要是q_2和q_4)的误差传递公式内并无重复使用的参数,因此可以分别先求出其各自的误差。

与正平衡热效率的相对误差相比,反平衡试验结果具有较高的准确度。但是反平衡热效率的相对误差是随锅炉效率的下降不断增大的。而正平衡效率的相对误差并不随锅炉效率而改变。这样,如果将正、反平衡的效率相对误差与效率的关系用曲线形式表示(图7.15),则可看出随着锅炉效率的降低,反平衡效率的测量误差会逐渐超过正平衡效率的测量误差。因此,对容量较大的锅炉,燃煤量测量有困难,而且热效率在80%以上时,用反平衡法测量具有较高的准确性。一般工业锅炉,热效率在80%以下,采用正平衡法具有较高的准确性。

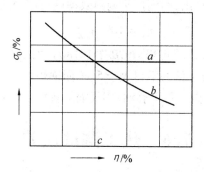

图7.15　锅炉效率测定值的相对误差与效率的关系
a—正平衡测定;b—反平衡测定;c—等准确度的效率点

附录 7.1　奥氏分析仪吸收剂配制方法①

（1）奥氏分析仪是利用化学吸收法，按容积测定气体成分的仪器。在锅炉试验中常用来直接测定烟气试样中 RO_2 及 O_2 的体积分数。奥氏分析仪操作应按该仪器的说明书进行。

（2）奥氏分析仪吸收剂配制前，第一个吸收瓶（即最靠近量气管的）内充以吸收 RO_2 的溶液；第二个吸收瓶内充以吸收 O_2 的溶液。

（3）奥氏分析仪吸收剂的配制方法。

RO_2 的吸收溶液（KOH 溶液）：一份化学纯固体氢氧化钾溶于两份水中，配制时取 100 g 氢氧化钾溶于 200 mL 的蒸馏水中。配制时应在耐热玻璃器皿中进行，以防骤然破裂。

O_2 的吸收溶液（焦性没食子酸钾溶液）：配制时取 25 g 焦性没食子酸、75 g 氢氧化钾一起溶于 200 mL 水中。与空气接触面上倒入液体石蜡，以避免吸收空气中的氧。

附录 7.2　散热损失②

1. 总则

锅炉散热损失应按热流计法、查表法和计算法等三种方法之一确定。

2. 热流计法

（1）按温度水平和结构特点将锅炉本体及部件外表面划分成若干近似等温区段，并量出各区段的面积 $F_1, F_2, \cdots, F_n$，各区段的面积一般不得大于 2 m^2。

（2）将热流计探头按该热流计规定的方式固定于各等温区段的中值点，待热流计显示读数近于稳定后，连续读取 10 个数据，并用算术平均值法求出各个区段的散热强度 $q_1, q_2, \cdots, q_n$。

（3）用下式求得整台锅炉的散热损失 q_5：

$$q_5 = \frac{q_1 F_1 + q_2 F_2 + \cdots + q_n F_n}{B Q_r} \times 100\%$$

式中　$q_1, q_2, \cdots, q_n$——各区段的散热强度，$kJ/(m^2 \cdot h)$；

$F_1, F_2, \cdots, F_n$——各区段的面积，m^2；

B——燃料消耗量，kg/h 或 m^3/h；

Q_r——输入热量，kJ/kg 或 kJ/m^3。

3. 查表法

（1）散装蒸汽锅炉散热损失按附表 7.1 取用。

---

① 引自《工业锅炉热工性能试验规程》附录 B。
② 引自《工业锅炉热工性能试验规程》附录 D。

附表 7.1　蒸汽锅炉散热损失

锅炉出力 t/h	≤4	6	10	15	0	35	65
散热损失 q_5 /%	2.9	2.4	1.7	1.5	1.3	1.1	0.8

（2）散装热水锅炉散热损失按附表 7.2 取用。

附表 7.2　热水锅炉散热损失

锅炉出力 t/h	≤2.8	4.2	7.0	10.5	14	29	46
散热损失 q_5 /%	2.9	2.4	1.7	1.5	1.3	1.1	0.8

4. 计算法

快、组装锅炉（包括燃油、气锅炉和电加热锅炉）的散热损失可近似地按下式计算：

$$q_5 = \frac{1\,670F}{BQ_r} \times 100\%$$

式中　q_5——散热损失，%；

　　　F——锅炉散热表面积，m^2；

　　　B——燃料消耗量，kg/h 或 m^3/h；

　　　Q_r——输入热量，kJ/kg 或 kJ/m^3。

如为电热锅炉，式中 BQ_r 用 $3\,600\,N$ 代替，N 为耗电量 [单位为 (kW·h)/h]。

附录 7.3　烟气、灰和空气的平均比定压热容①

烟气、灰和空气的平均比定压热容见附表 7.3。

附表 7.3　烟气、灰和空气的平均比定压热容

温度 /℃	平均比定压热容/[kJ·(m^3·℃)$^{-1}$]								
	R_2O	N_2	O_2	H_2O	CO	H_2	CH_4	灰	空气
0	1.599 8	1.294 6	1.305 9	1.494 3	1.299 2	1.276 6	1.550 0	0.795 5	1.318 3
10	1.609 9	1.294 7	1.307 1	1.495 4	1.299 5	1.278 0	1.559 1	0.799 7	1.319 4
20	1.619 9	1.294 8	1.308 3	1.496 5	1.299 7	1.279 4	1.568 2	0.803 9	1.320 0
30	1.629 9	1.294 9	1.309 5	1.497 6	1.300 0	1.280 8	1.577 3	0.808 1	1.320 6
40	1.639 9	1.295 0	1.310 7	1.498 7	1.300 2	1.282 2	1.586 4	0.812 3	1.321 2
50	1.649 9	1.295 1	1.311 9	1.499 8	1.300 5	1.283 6	1.595 5	0.816 5	1.321 8

---

① 引自《工业锅炉热工性能试验规程》附录 E。

续附表 7.3

温度 /℃	平均比定压热容/[kJ·(m³·℃)⁻¹]								
	R₂O	N₂	O₂	H₂O	CO	H₂	CH₄	灰	空气
100	1.700 3	1.295 8	1.317 6	1.505 2	1.301 7	1.290 8	1.641 1	0.837 4	1.324 3
150	1.743 8	1.297 8	1.326 6	1.513 7	1.304 0	1.294 0	1.700 0	0.852 1	1.328 1
160	1.752 5	1.298 2	1.328 4	1.515 4	1.304 6	1.294 6	1.711 8	0.855 0	1.328 9
170	1.761 2	1.298 6	1.330 2	1.517 1	1.305 2	1.295 2	1.723 6	0.857 9	1.329 7
180	1.769 9	1.299 0	1.332 0	1.518 8	1.305 8	1.295 8	1.735 4	0.860 8	1.330 5
190	1.778 6	1.299 4	1.333 8	1.520 5	1.306 6	1.296 4	1.747 2	0.863 7	1.331 3
200	1.787 3	1.299 6	1.335 2	1.522 3	1.307 1	1.297 1	1.758 9	0.866 7	1.331 8
300	1.862 7	1.306 7	1.356 1	1.542 4	1.316 7	1.299 2	1.886 1	0.891 8	1.342 3
600								0.950 4	
800								0.979 7	
900								1.004 8	

低于 0 ℃时可用外延法延伸

第8章　锅炉能效测试与评价

8.1　锅炉节能监督管理

8.1.1　监督管理

根据《锅炉节能技术监督管理规程》的有关规定,需要对锅炉制造、安装、改造与重大维修等全过程进行节能监督管理。有关管理规定如下:

(1)办理锅炉使用登记时,使用单位应当提供锅炉产品能效相关情况。已进行过产品能效测试的,应当提供测试报告;需要在使用现场进行能效测试的,应当提供在规定时间内进行测试的书面承诺和时间安排,以便于质量技术监督部门进行监督检查。

锅炉能效指标不符合要求的,不得办理使用登记。

(2)从事锅炉能效测试工作的机构,由国家质检总局确定并统一公布。

(3)锅炉能效测试机构应当保证能效测试工作的公正性,以及测试结果的准确性和可溯源性,并且对测试结果负责。

(4)在用工业锅炉定期能效测试应当按照《工业锅炉能效测试与评价规则》(以下简称《能评规则》)中锅炉运行工况热效率简单测试方法进行(电加热锅炉除外)。当测试结果低于附录1中限定值的90%,或者用户要求对锅炉进行节能诊断时,应当按照《能评规则》中锅炉运行工况热效率详细测试方法进行测试,并且对测试数据进行分析,提出改进意见。

(5)锅炉能效测试机构发现在用锅炉能耗严重超标时,应当告知使用单位及时进行整改,并且报告所在地的质量技术监督部门。

(6)锅炉能效测试机构、设计文件鉴定机构,应当按照规定取得相应项目的测试和设计文件鉴定资格,接受质量技术监督部门的监督检查,并且对测试结果的准确性和设计文件鉴定结论的正确性负责。

(7)检验检测机构在对锅炉制造、安装、改造与重大维修过程进行监督检验时,应当按照节能技术规范的有关规定,对影响锅炉及其系统能效的项目、能效测试报告等进行监督检验。

(8)电站锅炉定期能效测试按照相应标准规定的方法进行。

8.1.2　锅炉能效技术档案

根据《锅炉节能技术监督管理规程》的有关要求,锅炉使用单位应当按照《高耗能特种设备节能监督管理办法》的规定,建立高耗能特种设备能效技术档案。有条件的使用单位应当将锅炉产品能效技术档案与产品质量档案和设备使用档案集中统一管理(相同部分档案资料可保存一份)。按《锅炉节能技术监督管理规程》有关规定,锅炉能效技术档案至少包括以下内容：

(1)锅炉产品随机出厂资料(含产品能效测试报告)。

(2)锅炉辅机、附属设备等质量证明资料。

(3)锅炉安装调试报告、节能改造资料。

(4)锅炉安装、改造与维修能效评价或者能效测试报告。

(5)在用锅炉能效定期测试报告和年度运行能效评价报告。

(6)锅炉及其系统日常节能检查记录。

(7)计量、检测仪表校验证书。

(8)锅炉水(介)质处理检验报告。

(9)燃料分析报告。

8.2 锅炉能效测试

根据《能评规则》的有关规定,进行工业锅炉能效测试与评价工作。锅炉及其系统能效测试与评价方法包括定型产品热效率测试、锅炉运行工况热效率详细测试、锅炉运行工况热效率简单测试和锅炉及其系统运行能效评价。

8.2.1 能效测试的基本要求

1.能效测试工作程序

能效测试工作程序一般包括编制测试大纲、现场测试、测试数据分析等过程。

(1) 编制测试大纲。

测试工作开始前,测试机构应当根据《能评规则》的有关规定,结合本项目的测试任务、测试目的和要求制定该测试项目的测试大纲。测试大纲的编写工作应当由具有测试经验的专业人员承担。测试大纲至少包括以下内容：

①测试任务、测试目的与要求。

②根据测试的目的、炉型、燃料品种和辅机系统特点,确定必需的测量项目。

③测点布置与测试所需的仪表。

④人员组织与分工。

⑤测试工作程序。在程序中应详细描述各测试过程和工作活动,尽可能采用过程网络方法来阐述,包括各活动的接口以及各活动的输入、输出。

(2)锅炉及其系统测试前检查。

在测试开始抢,应检查锅炉及其辅机设备的运行状况是否正常,如有不正常现象,应当予以排除。对锅炉进行测试时,锅炉的介质(汽、水、有机热载体)、燃料、排渣(灰)、烟(风)道必须与其他锅炉相隔绝,以保证测试结果准确。

(3)预备性试验。

为了全面检查测试仪器、仪表是否正常工作,熟悉操作程序以及测试人员的相互配合程度,并且确定合适的运行工况,可以在正式测试开始前进行预备性试验。

(4)现场测试。

按照测试大纲的要求进行现场测试和取样工作,并且记录相关的测试数据。

（5）编写测试报告。

按照测试大纲中的任务、测试目的和要求，对测试数据以及燃料、灰渣、水样化验结果进行计算和分析，按照测试任务要求形成结论性意见，编写并出具锅炉能效测试报告。

2. 测试人员

测试工作负责人员应当由具有测试经验的专业人员担任。测试过程中的具体测试人员不宜变动。

3. 测试仪器及仪表

（1）测试使用的仪器、仪表均应当符合精度要求，在检定和校准的有效期内，并且具备法定计量部门出具的检定合格证或者检定印记。

（2）按照测试大纲中测点布置的要求进行安装所有必需的测试仪器、仪表。

8.2.2 锅炉定型产品热效率测试

锅炉定型产品热效率测试是为评价工业锅炉产品在额定工况下能效状况而进行的热效率测试，应按《能评规则》的有关规定进行测试。

1. 测试方法

（1）手烧锅炉、下饲式锅炉及电加热锅炉采用正平衡法进行测试。

（2）额定蒸发量（额定热功率）大于或等于 20 t/h（14 MW）的锅炉，可以采用反平衡法进行测试。

（3）其余锅炉均应当同时采用正平衡法与反平衡法进行测试。

2. 测试要求

（1）基本要求。

在额定工况下，热效率测试应当不少于 2 次。测试方法和计算公式按照《工业锅炉热工性能试验规程》第 5 章至第 11 章的相关要求（或参考本书第 7 章）进行。

（2）测试结果确定。

每次测试的正平衡与反平衡的效率之差应当不大于 5%，正平衡或者反平衡各自两次测试测得的效率之差均应当不大于 2%，燃油、燃气和电加热锅炉各种平衡的效率之差均应当不大于 1%。

取两次测试结果的算术平均值作为锅炉热效率最终的测试结果。

3. 测试条件

（1）制造单位需要提供的资料。

制造单位应按《能评规则》的有关规定，提供以下产品资料：

①锅炉设计说明书（包括设计出力范围、设计燃料要求及燃料所属分类）。

②锅炉总图。

③锅炉热力计算书。

④锅炉烟风阻力计算书。

⑤锅炉水动力计算书。

⑥锅炉使用说明书。

⑦燃烧器型号(适用于燃油、燃煤锅炉)。

(2)锅炉及其系统测试具备的条件。

按《能评规则》的有关规定,锅炉及其系统的测试应当具备以下条件:

①锅炉在额定参数下处于安全、热工况稳定的运行状态。

②辅机与锅炉出力相匹配并且运行正常,系统不存在跑、冒、滴、漏等现象。

③测试所用燃料符合设计燃料的要求。

④锅炉及辅机系统的各测点布置满足测试大纲的要求。

8.2.3　锅炉运行工况热效率详细测试

锅炉运行工况热效率详细测试是为评价工业锅炉在实际运行参数下能效状况或者进行节能诊断而进行的热效率测试,应按《能评规则》的有关规定进行测试。

1. 测试方法

(1)手烧锅炉、下饲式锅炉及电加热锅炉采用正平衡法进行测试。

(2)额定蒸发量(额定热功率)大于或等于 20 t/h(14 MW)的锅炉,可以采用反平衡法进行测试。

(3)其余锅炉均应当同时采用正平衡法与反平衡法进行测试。

2. 测试要求

(1)基本要求。

在额定工况下,热效率测试应当不少于 2 次。测试方法和锅炉热效率计算公式按照《工业锅炉热工性能试验规程》第 5 章至第 11 章的相关要求(或参考本书第 7 章)进行。

锅炉散热损失的计算或选取还需符合本章 8.2.4 中有关散热损失的有关规定。

(2)测试结果确定。

每次测试的正平衡与反平衡的效率之差应当不大于 5%,正平衡或者反平衡各自两次测试测得的效率之差均应当不大于 2%,燃油、燃气和电加热锅炉各种平衡的效率之差均应当不大于 1%。

取两次测试结果的算术平均值作为锅炉热效率最终测试结果。

3. 锅炉及其系统测试具备的条件

锅炉及其系统的测试应当符合以下条件:

(1)锅炉能够在设计工况范围内处于安全、热工况稳定的运行状态。

(2)辅机运行正常,系统不存在跑、冒、滴、漏现象。

(3)测试期间使用同一品种和质量的燃料。

(4)锅炉及辅机系统各测点布置满足测试大纲的要求。

8.2.4　锅炉运行工况热效率简单测试

锅炉运行工况热效率简单测试是对在用工业锅炉进行主要参数的简单测试,用于快速判定锅炉实际运行能效状况,应按《能评规则》的有关规定进行测试。

1. 测试条件

锅炉及其系统的测试应当符合以下条件:

（1）锅炉能够在设计工况范围内处于安全、热工况稳定的运行状态。

（2）辅机运行正常,系统不存在跑、冒、滴、漏现象。

（3）测试期间使用同一品种和质量的燃料。

（4）锅炉及辅机系统各测点布置满足测试大纲的要求。

2. 测试项目

锅炉运行工况热效率简单测试包括以下项目:

（1）排烟温度 t_{py} ,℃ ;

（2）排烟处过量空气系数 α_{py} ;

（3）排烟处 CO 的体积分数,%（ $\times 10^{-6}$ ） ;

（4）入炉冷空气温度 t_{lk} ,℃ ;

（5）飞灰可燃物含量 C_{fh} ,% ;

（6）漏煤可燃物含量 C_{lm} ,% ;

（7）炉渣可燃物含量 C_{lz} ,% ;

（8）燃料工业分析（燃料收到基低位发热量 $Q_{net,v,ar}$;收到基灰分 A_{ar} ） ;

（9）测试开始和结束的时间。

对于燃油、燃气锅炉,飞灰可燃物含量 C_{fh} ,% ;漏煤可燃物含量 C_{lm} ,% ;炉渣可燃物含量 C_{lz} ,% ;燃料收到基灰分 A_{ar} 等测量项目不适合。

3. 测试要求

（1）正式测试时间。

①层燃锅炉、室燃锅炉、流化床锅炉等燃烧固体燃料的锅炉不少于 1 h。

②手烧炉排、下饲炉排等燃烧固体燃料的锅炉不少于 1 h,并且试验时间内至少包含一个完整的燃料添加和出渣周期。

③液体燃料和气体燃料锅炉不少于 0.5 h。

④烟气测量不少于 5 次,每次间隔时间均等,测试开始、结束时各一次（对于排烟温度、排烟处过量空气系数、排烟处 CO 含量按测试数据取算术平均值作为计算数值）。

（2）测试次数。

锅炉运行工况热效率简单测试次数为一次。

4. 测试方法

锅炉运行工况热效率简单测试采用反平衡法,相关测量项目按照《工业锅炉热工性能试验规程》要求的方法进行。

5. 热效率计算

（1）排烟热损失（ q_2 ）。

锅炉排烟热损失 q_2 按照公式（8.1）进行计算:

$$q_2 = (m + n\alpha_{py})\left(\frac{t_{py} - t_{lk}}{100}\right)\left(1 - \frac{q_4}{100}\right) \qquad (8.1)$$

式中 m,n ——计算系数,根据燃料种类按照表 8.1 选取。

表 8.1 不同燃料的计算系数

燃料种类	褐煤	烟煤	无烟煤	油、气
m	0.6	0.4	0.3	0.5
n	3.8	3.6	3.5	3.45

(2)气体未完全燃烧热损失(q_3)。

气体未完全燃烧热损失 q_3 按照表 8.2 选取。

表 8.2 气体未完全燃烧热损失 q_3

项目	单位	数值		
w_{CO}	% w_{CO}	$w_{CO} \leqslant 0.05$ ($w_{CO} \leqslant 500$)	$0.05 < w_{CO} \leqslant 0.1$ ($500 < w_{CO} \leqslant 1\ 000$)	$w_{CO} > 0.1$ ($w_{CO} > 1\ 000$)
q_3	%	0.2	0.5	1

(3)固体未完全燃烧热损失(q_4)。

固体未完全燃烧热损失 q_4 按照公式(8.2)计算。

$$q_4 = \frac{328.66 \times A_{ar}}{Q_{net,v,ar}} \times \left(\alpha_{fh} \frac{C_{fh}}{100 - C_{fh}} + \alpha_{lm} \frac{C_{lm}}{100 - C_{lm}} + \alpha_{lz} \frac{C_{lz}}{100 - C_{lz}} \right) \qquad (8.2)$$

飞灰、漏煤、炉渣含灰量占入炉燃料总灰量的质量分数(α_{fh},α_{lm},α_{lz})按照表 8.3 选取,并符合 $\alpha_{fh} + \alpha_{lm} + \alpha_{lz} = 100\%$。

表 8.3 飞灰、漏煤、炉渣含灰量占入炉燃料总灰量的质量分数   %

燃烧方式	煤种		
	飞灰(α_{fh})	漏煤(α_{lm})	炉渣(冷灰)(α_{lz})
往复炉排	20 ~ 10	5	75 ~ 85
链条炉排	20 ~ 10	5	75 ~ 85
抛煤机炉排	30 ~ 20	5	65 ~ 75
流化床	50 ~ 40	—	50 ~ 60
煤粉炉	90 ~ 80	—	10 ~ 20
水煤浆	80 ~ 70	—	20 ~ 30

(3)燃油、燃气锅炉,q_4 为 0。

(4)散热损失(q_5)。

锅炉实际运行出力不低于额定出力的 75% 时,散热损失 q_5 可直接按表 8.4 选取。

表 8.4 锅炉额定出力下散热损失 q_5

	t/h	≤4	6	10	15	20	35	≥65
锅炉额定出力	MW	≤2.8	4.2	7.0	10.5	14	29	≥46
散热损失 q_{5ed}	%	2.9	2.4	1.7	1.5	1.3	1.1	0.8

当锅炉实际运行出力低于额定出力的 75% 时,散热损失 q_5 可用表 8.4 的值按照公式 (8.3) 修正:

$$q_5 = q_{5ed} \frac{D_{ed}}{D_{sc}} \tag{8.3}$$

当锅炉实际运行出力低于额定出力 30% 时,按 30% 出力条件进行修正;无法计量锅炉出力时,实际出力按额定出力的 65% 计算。

(5)灰渣物理热损失(q_6)。

灰渣物理热损失 q_6,只计算炉渣的物理热损失,飞灰、漏煤的物理热损失不计,见公式 (8.4)。

$$q_6 = \frac{\alpha_{lz} A_{ar} (ct)_{lz}}{Q_{net,v,ar}(100-C_{lz})} \tag{8.4}$$

式中,炉渣的焓$(ct)_{lz}$的选取温度,层燃炉和固态排渣煤粉炉炉渣按 600 ℃ 取值,流化床锅炉炉渣按 800 ℃ 取值。燃油、燃气锅炉,q_6 为 0。

6. 锅炉热效率(η_j)

锅炉运行工况热效率简单测试结果按照公式(8.5)计算:

$$\eta_j = 100 - (\eta_2 + \eta_3 + \eta_4 + \eta_5 + \eta_6) \tag{8.5}$$

8.2.5 锅炉热效率指标

层状燃烧锅炉产品、抛煤机链条炉排气锅炉产品、流化床燃烧锅炉产品和燃油燃气工业锅炉产品,在额定工况下热效率目标值和限定值分别在附表 8.1、8.2、8.3 和 8.4 中列出。

8.3 锅炉及其系统运行能效评价

锅炉及其系统运行能效评价是通过对工业锅炉及其系统在一定运行周期内产生蒸汽量或者输出热量,燃料、电、水消耗计量数据的统计、计算和分析,对其能效状况进行总体评价。

锅炉及其系统能效测试与评价方法包括定型产品热效率测试、锅炉运行工况热效率详细测试、锅炉运行工况热效率简单测试和锅炉及其系统运行能效评价。

应按《能评规则》的有关规定对锅炉及其系统运行进行能效评价。

8.3.1 评价方法

通过安装在锅炉设备和系统上的监测仪表及系统装置,对规定周期内的运行参数或者数据进行记录和计量,计算出单台锅炉或者锅炉房系统单位蒸发量或者单位输出热量所消耗的燃料量、电量、水量等,对锅炉及其系统进行能效评价。

8.3.2　评价条件

1. 单台锅炉设备应当具备的计量仪表及装置

单台锅炉设备应当具备的计量仪表及装置至少包括:

(1)蒸汽锅炉累计输出蒸汽量的计量仪表及装置,热水锅炉、有机热载体锅炉累计输出热量的计量仪表及装置。

(2)累计燃料消耗量计量仪表及装置,燃料发热值的检测与记录。

(3)锅炉主要辅机和辅助设备耗电量计量仪表及装置,主要辅机包括锅炉送(引)风机、炉排驱动装置、炉前燃料加工装置、二次风机、机械出渣装置、燃料加压输送泵(装置)、重油加热及机械雾化装置、蒸汽锅炉给水泵、热水锅炉或者有机热载体锅炉介质循环泵以及水处理系统装置等。

(4)蒸汽锅炉给水量、热水锅炉或者有机热载体锅炉介质补充量的检测、计量。

2. 锅炉系统具备的计量仪表及装置

锅炉系统具备的计量仪表及装置至少包括:

(1)蒸汽锅炉系统总累计蒸发量的计量仪表及装置;热水锅炉、有机热载体锅炉系统总累计输出热量的计量仪表及装置。

(2)锅炉系统总累计燃料消耗量计量仪表及装置,燃料发热值的检测与记录。

(3)锅炉系统所配备主要辅机、辅助设备消耗电量,包括锅炉送(引)风机、炉排驱动装置、炉前燃料加工装置、二次风机、机械出渣装置耗电量,燃料加压输送泵(装置)、重油加热及机械雾化装置耗电量、蒸汽锅炉给水泵、热水锅炉或者有机热载体锅炉介质循环泵耗电量,水处理系统装置耗电量的检测、计量。

(4)蒸汽锅炉系统总给水量、热水锅炉或者有机热载体锅炉介质总补充水量检测、计量。

(5)相关温度、压力、流量等参数的记录。

3. 锅炉仪表的配置要求

有关锅炉仪表的配置要求见附录8.5。

8.3.3　评价周期及要求

1. 能效测试与评价周期

在用工业锅炉及其系统运行能效评价周期是使用单位根据生产周期或者管理与考核周期所规定的周期,一般以月、季、半年、一年为周期单位。

2. 检测、计量仪表

检测、计量仪表精度、安装、使用、检定等应当符合国家有关法规、标准的规定。检测、计量仪表、装置及其系统应当定期进行检验、维修和保养,以确保正常工作。

3. 能效测试与评价数据

设备与系统能效测试与评价记录、计量数据应当准确、连续、完整。

8.3.4　测试与评价项目

1. 单台锅炉项目

对于单台锅炉,能效测试与评价的项目有关数据包括如下:

(1)蒸汽锅炉累计蒸发量 $D_{d,lj}$,热水锅炉、有机热载体锅炉累计输出热量 $Q_{d,lj}$。

(2)累计燃料消耗量、按低位发热值计算的燃料总发热量 $Q_{rd,lj}$。

(3)单台锅炉所配备主要辅机、辅助设备总消耗电量 $E_{d,lj}$,包括锅炉送(引)风机、炉排驱动装置、炉前燃料加工装置、二次风机、机械出渣装置耗电量,燃料加压输送泵(装置)、重油加热及机械雾化装置耗电量,蒸汽锅炉给水泵、热水锅炉或者有机热载体锅炉介质循环泵耗电量,水处理系统装置耗电量的检测、计量。

2. 锅炉系统项目

锅炉系统是指锅炉房内全部锅炉或者同一类型锅炉及辅机、辅助设备组成的运行系统。锅炉系统的能效测试与评价项目的相关数据包括:

(1)蒸汽锅炉系统总累计蒸发量 $D_{x,lj}$,热水锅炉、有机热载体锅炉系统总累计输出热量 $Q_{x,lj}$。

(2)锅炉系统总累计燃料消耗量、按低位发热值计算的燃料总发热量 $Q_{rx,lj}$。

(3)锅炉系统所配备主要辅机、辅助设备总消耗电量 $E_{x,lj}$,包括锅炉送(引)风机、炉排驱动装置、炉前燃料加工装置、二次风机、机械出渣装置耗电量,燃料加压输送泵(装置)、重油加热及机械雾化装置总耗电量,蒸汽锅炉给水泵、热水锅炉或者有机热载体锅炉介质循环泵总耗电量,水处理系统装置总耗电量的检测、计量。

(4)蒸汽锅炉系统给水量 $D_{xgs,lj}$、热水锅炉或者有机热载体锅炉介质补充量 $D_{xbc,lj}$。

8.3.5　评价方法

1. 单台锅炉能效指标

(1)蒸汽锅炉。

对于单台蒸汽锅炉,能效指标主要有两项,即单位蒸发量燃料消耗量和单位蒸发量电消耗量。其计算公式如下:

①单位蒸发量燃料消耗量的计算公式为

$$B_{dpj,D} = \frac{Q_{rd,lj}}{29\ 308 \times D_{d,lj}} \tag{8.6}$$

式中　$B_{dpj,D}$——考核周期内单台锅炉单位蒸发量平均消耗燃料折算标准煤量,kg/kg;

　　　$Q_{rd,lj}$——考核周期内单台锅炉入炉燃料累计总热量,MJ;

　　　$D_{d,lj}$——考核周期内单台锅炉累计蒸发量,kg。

②单位蒸发量电消耗量的计算公式为

$$E_{dpj,D} = \frac{E_{d,lj}}{D_{d,lj}} \tag{8.7}$$

式中　$E_{dpj,D}$——考核周期内单台锅炉单位蒸发量平均电消耗量,kW·h/kg;

　　　$E_{d,lj}$——考核周期内单台锅炉辅机、辅助设备累计总耗电量,kW·h。

（2）热水锅炉、有机载热体锅炉。

对于单台热水锅炉、有机载热体锅炉,能效评价指标有两项,即单位输出热量燃料消耗量和单位输出热量电消耗量。其计算公式如下:

①单位输出热量燃料消耗量的计算为

$$B_{\text{dpj,Q}} = \frac{Q_{\text{rd,lj}}}{29\ 308 \times Q_{\text{d,lj}}} \tag{8.8}$$

式中　　$E_{\text{dpj,Q}}$——考核周期内单台锅炉单位输出热量平均消耗燃料折算标准煤量,kg/MJ;

　　　　$Q_{\text{d,lj}}$——考核周期内单台锅炉累计输出热量,MJ。

②单位输出热量电消耗量的计算公式为

$$E_{\text{dpj,Q}} = \frac{E_{\text{d,lj}}}{Q_{\text{d,lj}}} \tag{8.9}$$

式中　　$E_{\text{dpj,Q}}$——考核周期内单台锅炉单位输出热量平均电消耗量,kW·h/MJ。

2. 锅炉系统能效指标

（1）蒸汽锅炉系统。

对于蒸汽锅炉系统,能效评价指标主要有三项,即系统单位蒸发量的燃料消耗量、系统单位消耗电量和系统单位蒸发量消耗水量等。其计算公式如下:

①系统单位蒸发量的燃料消耗量计算公式为

$$B_{\text{xpj,D}} = \frac{Q_{\text{rx,lj}}}{29\ 308 \times D_{\text{x,lj}}} \tag{8.10}$$

式中　　$B_{\text{xpj,D}}$——考核周期内锅炉系统单位蒸发量平均消耗燃料折算标准煤量,kg/kg;

　　　　$Q_{\text{rx,lj}}$——考核周期内锅炉系统入炉燃料累计总热量,MJ;

　　　　$D_{\text{x,lj}}$——考核周期内锅炉系统累计蒸发量,kg。

②系统单位消耗电量的计算公式为

$$E_{\text{xpj,D}} = \frac{E_{\text{x,lj}}}{D_{\text{x,lj}}} \tag{8.11}$$

式中　　$E_{\text{xpj,D}}$——考核周期内锅炉系统单位蒸发量平均电消耗量,kW·h/kg;

　　　　$E_{\text{x,lj}}$——考核周期内锅炉系统辅机、辅助设备累计总耗电量,kW·h。

③系统单位蒸发量消耗水量的计算公式为

$$D_{\text{xpj,D}} = \frac{D_{\text{xgs,lj}}}{D_{\text{x,lj}}} \tag{8.12}$$

式中　　$D_{\text{xpj,D}}$——考核周期内锅炉系统单位蒸发量平均消耗水量,kg/kg;

　　　　$D_{\text{xgs,lj}}$——考核周期内锅炉系统给水量,kg。

（2）热水锅炉、有机载热体锅炉系统。

对于热水锅炉、有机载热体锅炉系统,能效评价指标有三项,即系统单位输出热量燃料消耗量、系统单位输出热量消耗电量和系统单位输出热量介质补充量等。其计算公式如下:

①系统单位输出热量燃料消耗量的计算公式为

$$B_{\text{xpj,Q}} = \frac{Q_{\text{rx,lj}}}{29308 \times Q_{\text{x,lj}}} \tag{8.13}$$

式中　　$B_{\text{xpj,Q}}$——考核周期内锅炉系统单位输出热量平均消耗燃料折算标准煤量,kg/MJ;

$Q_{x,lj}$——考核周期内锅炉系统累计输出热量，MJ。

②系统单位输出热量消耗电量的计算公式为

$$E_{xpj,Q} = \frac{E_{x,lj}}{Q_{x,lj}} \tag{8.14}$$

式中　　$E_{xpj,Q}$——考核周期内锅炉系统单位输出热量平均电消耗量，kW·h/MJ。

③系统单位输出热量介质补充量的计算公式为

$$D_{xpj,Q} = \frac{D_{xbc,lj}}{Q_{x,lj}} \tag{8.15}$$

式中　　$D_{xpj,Q}$——考核周期内锅炉系统单位输出热量平均介质(水或者有机热载体)补充量，
　　　　　　kg/MJ；

　　　　$D_{xbc,lj}$——考核周期内锅炉系统介质(水或者有机热载体)总累计补充量，kg。

8.3.6　测试与评价报告

1. 测试报告

测试报告编写要求及报告格式应符合《能评规则》的有关规定。

(1)测试报告封页及目录。

锅炉能效测试报告封页内容包括锅炉能效测试报告、项目名称、测试方法、锅炉型号、委托单位、测试地点、测试日期、测试机构名称等。右上角，应有"报告编号"。

目录内容及格式如下：

一、锅炉能效测试综合报告…页码

二、锅炉能效测试项目…页码

三、锅炉能效测试测点布置以及测试仪表说明…页码

四、测试数据综合表…页码

五、锅炉设计数据综合表…页码

六、能效测试结果汇总表…页码

(2)测试报告内容。

测试报告至少包括以下内容：

① 锅炉能效测试综合报告。

锅炉能效测试综合报告至少包括锅炉型号、制造单位、测试地点、测试日期、测试类型、测试依据(《能评规则》等)、测试说明(测试用燃料主要参数，是否符合设计要求；测试方法；锅炉机组布置；实际测试的运行工况及参数；锅炉生产及投用日期；燃料分析分包情况说明；其他需要说明的内容)、测试结论(测试工况、锅炉效率、排烟温度、过量空气系数、结论分析)、测试人员。本报告需由测试负责人、编制、审核及批准人员签字，并盖测试机构专用章或公章。

② 锅炉能效测试项目。

锅炉能效测试项目包括锅炉出力、正平衡效率测试及反平衡效率测试。这部分应由编制及审核人员签字。

③ 锅炉能效测试测点布置以及测试仪表说明。

应画出测点布置示意图。在示意图下方的表格中详细列出测点名称、测点位置、测点数

量。这部分需由记录、校对人员签字。

对于测试仪表说明,应在表格中详细说明测试项目、仪表名称、仪表精度、仪表编号和备注等。这部分需由编制、审核人员签字。

④ 测试数据综合表(按照《工业锅炉热工性能试验规程》表 2 编制);

⑤ 锅炉设计数据综合表(按照《工业锅炉热工性能试验规程》表 3 编制);

⑥ 能效测试结果汇总表。

能效测试结果汇总表的内容及格式见表 8.5。

表 8.5　能效测试结果汇总表

报告编号:

测试次数	锅炉出力 (t/h) /MW	正平衡效率 (η_1) /%	反平衡效率 (η_2) /%	平均效率(注) $(\eta_{1,2})$ /%	排烟温度 (T_{py})/℃	排烟处过量空气系数 (α_{py})	炉渣可燃物含量 C_{lz}/%
1							
2							
锅炉平均出力		t/h(MW)	锅炉热效率				%

注:平均效率 $\eta_{1,2}=(\eta_1+\eta_2)/2$

如为简单测试,其测试报告可参照执行。

(3) 编写测试报告书注意事项。

①应当计算机打印输出,或者用钢笔、签字笔填写,字迹工整。

②受检单位对报告结论如有异议,在收到报告书之日起 15 日内,向测试机构提出书面意见。

③涂改无效。

④报告书无审核人员、批准人员签字无效。

⑤报告书无测试机构的试验专用章或公章无效。

⑥报告书一式三份,由测试机构和使用单位保存。

2. 系统能效评价报告

报告格式由评价单位自行制订,但是至少包括以下内容:

(1) 锅炉系统投运日期和改造(如果有)日期以及运行状况说明。

(2) 产品制造单位和使用单位名称。

(3) 评价任务和目的要求。

(4) 评价负责人和主要参加人员。

(5) 依据的法规、标准。

(6) 考核周期内锅炉运行工况热效率测试结论。

(7) 系统运行状况和燃料、水(介质)、电、运行参数等检测、计量方法。

（8）检测、计量仪器仪表的配备说明（包括量程、精度等）以及配置图，校验和鉴定状况。

（9）系统范围划分和确定（如介质循环泵是否包括二次泵等）、系统运行参数等。

（10）锅炉设计燃料元素分析。

（11）考核周期内锅炉燃料与设计燃料的符合性。

（12）辅机、辅助设备与产品设计要求的符合性。

（13）燃料、灰渣、水等样品化验机构名称。

（14）系统能效结果分析与评价结论。

附表　工业锅炉热效率指标

附表 8.1　层状燃烧锅炉产品额度工况下热效率目标值和限定值

燃料品种		燃料收到基低位发热量 $Q_{net,v,ar}/(kJ \cdot kg^{-1})$	锅炉额定蒸发量(D)/(t·h^{-1})或者额定热功率(Q)/MW									
			$D<1$ 或 $Q<0.7$		$1 \leqslant D \leqslant 2$ 或 $0.7 \leqslant Q \leqslant 1.4$		$2<D \leqslant 8$ 或 $1.4<Q \leqslant 5.6$		$8<D \leqslant 20$ 或 $5.6<Q \leqslant 14$		$D>20$ 或 $Q>14$	
			锅炉热效率/%									
			目标值	限定值	目标值	限定值	目标值	限定值	目标值	限定值	目标值	限定值
烟煤	II	$17\ 700 \leqslant Q_{net,v,ar} \leqslant 21\ 000$	79	73	82	76	84	78	85	79	86	80
	III	$Q_{net,v,ar}>21\ 000$	81	75	84	78	86	80	87	81	88	82
贫煤		$Q_{net,v,ar} \geqslant 17\ 700$	77	71	80	74	82	76	84	78	85	79
无烟煤	II	$Q_{net,v,ar} \geqslant 21\ 000$	66	60	69	63	72	66	74	68	77	71
	III	$Q_{net,v,ar} \geqslant 21\ 000$	71	65	76	70	80	74	82	76	86	79
褐煤		$Q_{net,v,ar} \geqslant 11\ 500$	77	71	80	74	82	76	84	78	86	80

注 1：表中未列燃料的锅炉热效率指标，参照相应燃料收到基低位发热量相近的锅炉热效率指标。

2：各燃料品种的干燥无灰基挥发分范围，烟煤，$V_{daf}>20\%$；贫煤，$10\%<V_{daf} \leqslant 20\%$；II 类无烟煤，$V_{daf}<6.5\%$；III 类无烟煤，$6.5\% \leqslant V_{daf} \leqslant 10\%$；褐煤，$V_{daf}>37\%$

附表8.2 抛煤机链条炉排锅炉产品额度工况下热效率目标值和限定值

燃料品种		燃料收到基低位发热量 $Q_{net,v,ar}$/(kJ·kg^{-1})	锅炉额定蒸发量(D)/(t·h^{-1})或者额定热功率(Q)/MW			
			6≤D≤20 或 4.2≤Q≤14		D>20 或 Q>14	
			锅炉热效率/%			
			目标值	限定值	目标值	限定值
烟煤	II	17 700≤$Q_{net,v,ar}$ ≤21 000	86	80	87	81
	III	$Q_{net,v,ar}$>21 000	88	82	89	83
贫煤		$Q_{net,v,ar}$≥17 700	85	79	86	80

附表8.3 流化床燃烧锅炉产品额度工况下热效率目标值和限定值

燃料品种		燃料收到基低位发热量 $Q_{net,v,ar}$/(kJ·kg^{-1})	锅炉额定蒸发量(D)/(t·h^{-1})或者额定热功率(Q)/MW			
			6≤D≤20 或 4.2≤Q≤14		D>20 或 Q>14	
			锅炉热效率/%			
			目标值	限定值	目标值	限定值
烟煤	I	14 400≤$Q_{net,v,ar}$ <17 700	85	79	86	80
	II	17 700≤$Q_{net,v,ar}$ ≤21 000	88	82	89	83
	III	$Q_{net,v,ar}$>21 000	90	84	90	84
贫煤		$Q_{net,v,ar}$≥17 700	87	81	88	82
褐煤		$Q_{net,v,ar}$≥11 500	88	82	89	83

附表8.4 燃油、燃气工业锅炉产品额度工况下热效率目标值和限定值

燃料品种	燃料收到基低位发热量 $Q_{net,v,ar}$/(kJ·kg^{-1})	锅炉额定蒸发量(D)/(t·h^{-1})或者额定热功率(Q)/MW			
		D≤2 或 Q≤1.4		D>2 或 Q>1.4	
		锅炉热效率/%			
		目标值	限定值	目标值	限定值
重油	按燃料实际化验值	90	86	92	88
轻油		92	88	94	90
燃气		92	88	94	90

附表 8.5　锅炉仪表配置要求

监测项目	单台锅炉额定蒸发量(D)/(t·h^{-1})或者额定热功率(Q)/MW								
	$D{\leqslant}4$ 或 $Q{\leqslant}2.8$			$4{<}D{<}20$ 或 $2.8{<}Q{<}14$			$D{\geqslant}20$ 或 $Q{\geqslant}14$		
	指示	积算	记录	指示	积算	记录	指示	积算	记录
燃料量(煤、油、燃气等)(注1)	√	√	√	√	√	√	√	√	√
燃气、燃油的温度和压力	√	—	—	√	—	—	√	—	√
蒸汽流量	—	—	—	√	√	√	√	√	√
给水流量	√	√	√	√	√	√	√	√	√
热水锅炉循环水量	√	√	√	√	√	√	√	√	√
热水锅炉补水量	—	—	—	√	√	√	√	√	√
过热蒸汽温度	√	—	—	√	—	—	√	—	√
蒸汽压力	√	—	—	√	—	—	√	—	√
热水温度	√	—	—	√	—	—	√	—	√
排烟温度	√	—	—	√	—	—	√	—	√
排烟含 O_2 量(注2)	—	—	—	√	—	—	√	—	√
炉膛出口烟气温度	—	—	—	√	—	—	√	—	—
各级对流受热面进、出口烟气温度	—	—	—	—	—	—	√	—	—
空气预热器出口热风温度	—	—	—	√	—	—	√	—	—
炉膛出口烟气压力	—	—	—	—	—	—	√	—	—
一次风压及风室压力	—	—	—	—	—	—	√	—	—
二次风压	—	—	—	—	—	—	√	—	—
炉排速度	√	—	—	√	—	—	√	—	—
送、引风机进口挡板开度或调速电机转速	—	—	—	√	—	—	√	—	—
送、引风机负荷电流	—	—	—	—	—	—	√	—	—

注 1：$D{\leqslant}4$ t/h 或 $Q{\leqslant}2.8$ MW 燃煤锅炉可不配置燃煤量指示仪表，积算和记录可采用人工方式记录。

2：$D{\leqslant}10$ t/h 或 $Q{\leqslant}7$ MW 锅炉建议安装

参考文献

［1］刘文铁. 锅炉热工测试技术［M］. 2 版. 哈尔滨:哈尔滨工业大学出版社,1996.

［2］李洁. 热工测量及控制［M］. 上海:上海交通大学出版社,2010.

［3］张华,赵文柱. 热工测量仪表［M］. 北京:冶金工业出版社,2013.

［4］潘汪杰,文群英. 热工测量及仪表［M］. 北京:中国电力出版社,2009.

［5］唐经文. 热工测试技术［M］. 重庆:重庆大学出版社,2007.

［6］吕崇德. 热工参数测量与处理［M］. 2 版. 北京:清华大学出版社,2001.

［7］邢桂菊. 热工实验原理和技术［M］. 北京:冶金工业出版社,2007.

［8］赵联朝. 分析仪器及维护［M］. 北京:中国环境科学出版社,2007.

［9］王森. 在线分析仪器手册［M］. 北京:化学工业出版社,2008.

［10］冯玉红. 现代仪器分析实用教程［M］. 北京:北京大学出版社,2008.

［11］CYRIL D. 逸出气体分析［M］. 唐远旺,译. 上海:东华大学出版社,2010.